“十四五”职业教育部委级规划教材

2025年江苏高校“青蓝工程”优秀教学团队（苏教师函〔2025〕4号）建设项目

智能纺纱技术

陈贵翠　刘玉申　**主　编**

张立峰　丁　晨　范宗勤　**副主编**

中国纺织出版社有限公司

内 容 提 要

本书基于"岗位群引领、德技创合一"的教育理念，采用项目化教学模式编写。内容以典型工作岗位为主线，结合校企合作企业的智能化车间设备和纱线产品，按照生产流程和综合应用难度逐步推进项目设计。本书通过纱线生产工艺设计案例，详细介绍了普梳纱、混纺纱、新型纺纱及纱线的工艺设计方法与思路，将原料选配、工艺原理、工艺计算及质量控制等专业知识有机结合，内容由浅入深，逐步提升学生的实践能力。

本书适用于高等职业院校纺织类专业教学，也可作为纺织企业工程技术人员的参考用书。

图书在版编目（CIP）数据

智能纺纱技术／陈贵翠，刘玉申主编；张立峰等副主编. -- 北京：中国纺织出版社有限公司，2025. 7.
（"十四五"职业教育部委级规划教材）. --ISBN 978-7-5229-2910-1

Ⅰ. TS104. 2-39

中国国家版本馆 CIP 数据核字第 2025120AK2 号

ZHINENG FANGSHA JISHU

责任编辑：沈 靖 责任校对：高 涵 责任印制：王艳丽

中国纺织出版社有限公司出版发行
地址：北京市朝阳区百子湾东里 A407 号楼 邮政编码：100124
销售电话：010—67004422 传真：010—87155801
http：//www.c-textilep.com
中国纺织出版社天猫旗舰店
官方微博 http://weibo.com/2119887771
三河市宏盛印务有限公司印刷 各地新华书店经销
2025 年 7 月第 1 版第 1 次印刷
开本：787×1092 1/16 印张：18.5
字数：400 千字 定价：58.00 元

前言

《智能纺纱技术》较为全面地介绍了现代纺纱技术与智能化应用，旨在为现代纺织技术专业的学生、研究人员以及行业从业者提供系统的理论知识和实践指导。本书结合纺纱技术的最新发展，特别是智能化技术在纺纱过程中的应用，涵盖从原料选配到最终纱线生产的各个环节。本书不仅系统地介绍了纺纱技术的基本理论和工艺，还结合智能化技术在纺纱中的应用，展示现代纺纱工业的自动化、数字化和智能化发展趋势。

本书内容丰富、结构清晰，既适合作为高等职业院校纺织类专业的教材，也可作为纺织企业工程技术人员的参考用书。通过对本书的学习，读者可以全面掌握纺纱技术的基本理论和实践技能，了解智能化技术在纺纱中的应用，为从事纺纱生产和研究打下坚实的基础。

本书的编写得到多位纺织工程领域的专家和学者的支持，尤其是校企合作企业——悦达棉纺集团羊山宁提供的教学案例，赵菊梅老师提供的新型纺纱工艺设计指导，他们在纺纱技术和智能化应用方面具有丰富的经验和深厚的理论功底，在此表示感谢。

本书配有教学资源丰富的课程网站，若读者想详细了解该课程的教改情况和下载教学资源，可登录该课程网站（超星泛雅学习通网站地址为：https：//mooc1.chaoxing.com/course-ans/ps/214580387）。

由于编者水平有限，书中难免有不足之处，恳请各位读者提出宝贵意见，以便今后不断改进与完善。

编者

2025 年 4 月

目录

项目一 绪论

任务导入

（1）了解纱线产品分类。

（2）掌握常用纱线品种代号及其具体含义。

（3）掌握纺纱原理及其基本作用。

（4）掌握棉纺纺纱工艺流程。

（5）了解纺纱各工序半制品名称。

技能目标

要进行纱线产品的原料选配和工艺参数设计工作，首先要了解纱线的分类、规格及代号、纱线产品的用途以及系统纺纱工艺流程，需要掌握的技能如下。

（1）给出具体的纱线品种，能按照粗细不同对纱线品种进行分类，并说出每一类纱线的具体细度（线密度或英制支数）范围。

（2）根据校企合作企业提供的3~5种纱线产品，说明纱线代号及含义，并写出其纺纱加工工艺流程。

工作任务单

序号	任务名称	任务目标
1	纱线的概念	1. 了解纱线的概念 2. 了解按照不同分类标准进行的纱线分类名称及含义 3. 掌握纱线线密度的表示方法 4. 掌握线的规格表示法
2	纺纱原理及其基本作用	1. 掌握纱线生产的开松、除杂、混合与梳理作用 2. 掌握纱线生产的均匀、并合与牵伸作用 3. 掌握纱线生产的加捻和卷绕作用
3	棉型纱线生产过程	1. 了解棉型纱线生产过程的开清棉、梳棉、精梳、并条、粗纱、细纱和后加工等工序 2. 掌握纺纱系统及其工艺流程
4	典型纱线的代号	掌握常用纱线品种代号及含义
5	纺纱各工序的半制品名称及定量单位	掌握棉纺前纺及后纺各工序的半制品名称及定量单位

任务一　纱线的概念

[微课]纱线的分类
规格及代号

知识准备

用纺织纤维加工制成的具有一定线密度和强度的、连续的细长柔软须条称为纱线。传统概念中,纱线是"纱"和"线"的统称。"纱"是由短纤维沿轴向排列并经加捻而成的,或是用加捻或不加捻的单根短纤维或长丝组成的单纱;"线"是由两根或两根以上的单纱并合加捻而成的。

纺纱过程是将各种纺织纤维,通过纤维的松解与集合而纺成纱线的过程。因采用的纺织纤维种类不同,其生产设备与工艺流程也有所不同,而分为棉纺工程、毛纺工程、绢纺工程、麻纺工程等。本书以棉纺工程为主要讲述内容。

一、纱线的分类

(一)按外形分

1. 短纤纱

由棉、毛、麻等天然短纤维,或由废丝切成的丝短纤维和化纤短纤维,经过开松、梳理、集合成条带状,再经牵伸加捻纺成的纱线,称为短纤纱。

短纤纱按结构分为单纱、股线及复捻股线(缆线)。单纱是指由短纤维集束成条并加捻而成。股线是由两根或两根以上的单纱合并加捻而成。复捻股线是由两根或多根股线合并加捻而成,如缆绳。

2. 长丝纱

蚕丝及化纤长丝则经过合并、加捻而纺成纱线,称为长丝纱。

长丝纱按结构分为单丝、复丝、复合捻丝及长丝/短纤合股纱。单丝是指单根长丝。复丝是由多根长丝组成的丝束,又分为无捻复丝和有捻复丝。复合捻丝是由有捻复丝再经一次或多次合并、加捻而成。长丝/短纤合股纱是由长丝纱和短纤纱平行捻合而成。

(二)按纤维原料组成分

1. 纯纺纱

纯纺纱是由单一品种的纤维原料纺制的纱,如棉纱、毛纱、涤纶纱、黏胶纱、石墨烯纱、莫代尔纱等。

2. 混纺纱

为克服单一原料纤维纺制纱线的性能缺陷,将两种或两种以上的纤维原料混合纺制成的纱线称为混纺纱。混纺纱可以综合利用不同纤维的优点,如涤/棉混纺纱利用棉纤维良好的保湿性,以及涤纶的高强韧度。混纺纱在表示纱线规格时根据具体情况确定。例如,涤/棉纱(T/C纱),表示涤纶的含量大于棉的含量。CVC纱(chief value of cotton),表示棉占主要成分的涤/棉混纺纱(或倒比例的涤/棉混纺纱)。含量多的原料列在前,如50%涤纶、15%锦纶和35%棉的混纺纱称为"涤/棉/锦 50/35/15";当原料含量相同时,按天然纤维、合成纤维、再生纤维的顺序排列,原料之间以"/"分隔,如50%涤纶、50%棉纤维的混纺纱称为"棉/涤 50/50"。

(三)按纺纱方法分

当前棉纺领域有 5 种实用的、备受关注的纺纱方法——环锭纺、转杯纺、喷气纺、涡流纺和紧密纺。环锭纺是在第一次工业革命末期出现的一种传统纺纱方法,转杯纺、喷气纺、涡流纺和紧密纺是在近几十年发展起来的新型纺纱方法。不同纺纱方法制成的纱线在质量、产量、成纱结构以及特性方面各自具有独特之处。

(四)按纺纱工艺分

1. 普梳纱

普梳纱是相对于精梳纱而言,指用一般的纺纱工艺纺制的纱线。在普梳纺纱过程中,棉花经过开清棉、梳棉等工序后直接纺成纱线,对纤维的梳理和除杂程度相对较低。因此,普梳纱的纤维长度和整齐度不如精梳纱,纱线的条干均匀度和光洁度相对较差,但生产成本较低。普梳纱常用于一般的纺织品,如中低档的针织物、机织物等,能够满足一些对纱线质量要求不是特别高的产品的需求。

2. 精梳纱

精梳纱是指通过精梳工序纺制的纱线。在精梳过程中,纤维经过梳理,去除了较短的纤维、杂质和疵点,使纱线的纤维更加平行、顺直,纱线的条干均匀度、强度和光洁度都得到提高。精梳纱适用于高档产品,如高档衬衫、内衣、床上用品等。精梳纱在纺织行业中具有重要的地位,是提高纺织品质量的重要手段之一。

(五)按加捻方向分

纱线的捻向是指纱线加捻后,单纱中纤维或股线中单纱呈现的倾斜方向。捻向分 Z 捻(反手捻)和 S 捻(顺手捻)两种。

Z 捻是指纱线的捻向为顺时针方向,也就是从左下角倾向右上角,倾斜方向与字母"Z"中间部分的倾斜方向一致。S 捻是在纱线加捻时,捻回的方向由下而上、自右向左,倾斜方向与字母"S"中间部分的倾斜方向一致。在织物设计中,纱线的捻向可以影响织物的外观、手感、光泽以及力学性能等。

(六)按用途分

按照用途,将纱线分为机织用纱(经纱、纬纱)、针织用纱、起绒用纱、缝纫用纱等。

1. 机织用纱

机织用纱是指用于织机织造的纱线,分为机织用经纱和机织用纬纱。在机织生产中,纱线的质量和性能对织物的质量和性能有着重要的影响。机织用纱通常需要具备一定的强度、均匀度、捻度和光洁度等特性。

2. 针织用纱

针织用纱是用于针织生产的纱线。针织用纱具有良好的柔软性和弹性,以便在针织过程中顺利地弯曲和伸展,形成针织线圈;均匀的纱线细度和捻度,确保针织织物的外观质量和尺寸稳定性;较少的纱疵以减少针织过程中的断头和疵点,提高生产效率和产品质量;具有能够满足针织加工和使用过程中的强度和耐磨性要求。针织用纱的种类繁多,常见的有纯棉纱、涤棉纱、黏胶纱、羊毛纱等。根据不同的针织产品需求,可以选择不同材质和规格的纱线。

3. 起绒用纱

起绒用纱是专门用于生产起绒织物的纱线。起绒织物具有柔软、丰满的绒面,如绒布、灯芯绒等。起绒用纱通常选用纤维长度适中、细度较细的原料,如棉、黏胶纤维等,以保证织物的起绒效果和手感。一般采用捻度较低的纱线,以便在后续的加工过程中容易产生绒毛。起绒用纱要求纱线的条干均匀,疵点少,以确保织物的质量和外观。在生产起绒织物时,通过特定的加工工艺,如割绒、拉绒等,使织物表面形成细密的绒毛,从而增加织物的保暖性、柔软性和舒适性。起绒用纱的选择对于起绒织物的质量和性能起着重要的作用。

4. 缝纫用纱

缝纫用纱是用于缝制衣物和其他纺织品的纱线。缝纫用纱要有足够的强度,以确保缝制过程中纱线不会轻易断裂;能够经受频繁的摩擦和拉扯,以保证缝制的牢固性和耐久性;表面较为光滑,以便在缝纫机上顺畅通过,减少卡顿和断线的情况;细度合适且粗细均匀,以保证缝制的线迹整齐美观。缝纫用纱的种类繁多,常见的有棉线、涤纶线、尼龙线等。不同的材质和规格的缝纫用纱适用于不同的面料和缝制需求。

二、纱线细度的表示方法

纱线的细度是纱线重要的物理特性和几何特征,是纱线最重要的指标之一,不仅影响纺织加工过程和产品质量,还与织物的力学性能、手感、风格等服用性能密切相关,是进行织物设计的重要依据之一。

纱线的细度指标有直接指标和间接指标,直接指标指直径,间接指标分为定长制和定重制。定长制是一定长度的质量(线密度、纤度),值越大,纱线越粗。定重制是一定质量的长度(公制支数、英制支数),值越大,纱线越细。

(1)线密度(Tt)。公定回潮率时 1000m 纱线的重量克数,常简称为特数,单位 tex,为国际统一标准单位。

测试 100m 长纱线烘干后重量为 G_0,则:

$$Tt = \frac{G_K}{L} \times 1000 = \frac{G_0(1 + 8.5\%)}{100} \times 1000 = 10.85 G_0$$

特克斯常见粗细分类:粗特:32tex 以上;中特:21~31tex;细特:11~20tex;特细特:10tex 及以下的纱。

(2)纤度(N_D)。公定回潮率时 9000m 纱线的重量克数,单位为旦。常用于蚕丝、化纤的细度表示。

(3)英制支数(N_e),简称英支。对于棉纱,在公定回潮率(9.89%)时 1 磅重的纱线所具有的长度的 840 码的倍数。

三、线的规格表示法

(1)线密度制。相同细度的纱合并成股线,股线的线密度以组成股线的单根纱线的线密度乘以合股数来表示,如两根 15tex 的纱合并的股线表示为 15tex×2。当股线中单纱的线密度不相同时,用单纱的线密度相加来表示,如(14+16)tex。

（2）支数制。相同细度的纱合并成的股线,股线的细度以组成股线的单纱的支数除以股数来表示。如 32 英支/3,表示 3 根支数为 32 英支的单纱合并的股线。如果组成股线的单纱的支数不同,则把单纱的支数并列,用斜线划开,如 N_{m_1}/N_{m_2}。

（3）化学纤维复丝细度,用"复丝细度/单丝的根数"表示。如 240 旦/35F 表示复丝总线密度为 240 旦,单丝根数为 35 根;21.5tex/30F,表示复丝总线密度为 21.5tex,单丝根数为 30 根。化学纤维或蚕丝的复丝线密度为组成该复丝的单丝线密度之和。复捻丝细度,用"复丝细度/单丝的根数×复捻丝束合股数"表示,如 240 旦/35F×2。

任务二　棉型纱线生产过程

[微课]纺纱生产
工艺流程

知识准备

棉型纱线所用的原料是原棉(棉纤维)和棉型化学纤维,原棉和化学纤维由于品种、产地、批号等不同,性能上存在一定的差异。不同用途和质量要求的纱线,所使用的原料不相同,在加工方法、加工工序配置方面也有所不同。但不同品种的棉型纱线,其加工过程大致相同,主要工序有开清棉、梳棉、精梳、并条、粗纱、细纱和后加工等。

1. 纯棉纺纱工艺流程

(1)粗梳纺纱系统。粗梳系统也称普梳系统,一般用于纺制中、低特纱,也可用于纯化纤纺纱,供织造普通织物用。其工艺流程为:

开清棉→梳棉→并条(头道)→并条(二道)→粗纱→细纱→后加工

(2)精梳纺纱系统。用于纺制高支纱以及高档织物产品,较之普梳纺纱系统工艺流程增加了精梳工序。其工艺流程为:

开清棉→梳棉→精梳准备→精梳→并条(头道)→并条(二道)→粗纱→细纱→后加工

2. 棉与棉型化纤混纺工艺流程

以涤/棉混纺纱为例,棉和化纤分别成条。工艺流程为:

棉:开清棉→梳棉→精梳准备→精梳

涤:开清棉→梳棉→化纤纯并→粗纱→细纱→后加工 } →混并一→混并二→混并三

纺纱后加工是指将纺成的纱线进一步处理,以改善其性能、外观和适用性的过程,包括络筒、并纱、捻线、烧毛、丝光、热定型、染色等。这些纺纱后加工步骤根据纱线的最终用途和产品要求进行选择和组合,以达到最佳的效果。不同的加工步骤可以改善纱线的不同性能,从而满足各种纺织产品的需求。

3. 新型纺纱工艺流程

新型纺纱采用棉条直接成纱的技术,省略了粗纱工序,缩短了工艺流程,大幅度提高了产量。新型纺纱方法中转杯纺是将条子经过喂给装置进入纺纱器,在高速回转的转杯内形成凝聚须条,并加捻成纱。新型纺纱工艺流程为:

开清棉→梳棉→并条→转杯纺

需要注意的是,不同的新型纺纱方法在工艺流程上可能会有所差异,具体的工艺参数和设备配置会根据产品要求和原料特性进行调整。

任务三 典型纱线的代号

知识准备

以下是一些常用纱线品种的代号及含义。

(1)纯棉纱,代号为 C(cotton),表示纱线的原料为纯棉。

(2)涤/棉纱,代号为 T/C(polyester/cotton),表示纱线的原料是涤纶和棉混纺,通常在代号后面会标注混纺比例,如 T/C 65/35,表示涤纶含量为 65%,棉含量为 35%。

(3)纯涤纱,代号为 T(polyester),表示纱线的原料为涤纶。

(4)黏胶纱,代号为 R(rayon),表示纱线的原料为黏胶纤维。

(5)腈纶纱,代号为 A(acrylic),表示纱线的原料为腈纶。

(6)锦纶纱,代号为 PA(polyamide),表示纱线的原料为锦纶。

(7)亚麻纱,代号为 L(linen),表示纱线的原料为亚麻纤维。

这些代号在纺织行业中被广泛使用,用于标识纱线的种类和成分,以便于生产、销售和使用过程中的识别和管理。纱线品种代号一般由原料代号、混纺比、纺纱方法代号、线密度以及用途代号组成,不同地区和企业可能会有一些特定代号或表示方法,常用代号见表 1-3-1~表 1-3-3。

表 1-3-1 纱线的代号(按原料分类)

产品品种	代号	举例
纯棉纱	一般不标	20tex
有光黏胶纱	BD	BD20tex
无光黏胶纱	RD	RD20tex
天丝纱	LY	LY24tex
涤/棉混纺纱	T/C	T/C 65/35 13tex
低比例涤/棉纱	CVC	CVC70/30 13tex
黏/棉混纺纱	R/C	R/C 16tex
涤/黏混纺纱	T/R	T/R 14.5tex

表 1-3-2 纱线的代号(按纺纱技术分类)

产品品种	代号	举例
环锭纺纱	一般不标	20tex
转杯纺纱	O.E.	O.E.60tex
喷气纺纱	J.S	J.S30tex
紧密纺纱	M	JCM11.7tex

表 1-3-3 纱线的代号（按纯棉纺纱系统及纱线捻向分类）

产品品种	代号	举例
梳棉纱	一般不标	20tex
精梳棉纱	J	J10tex
顺手纱	S 捻	20tex（S）
反手纱	Z 捻（不标）	20tex

任务四 纺纱各工序的半制品名称及定量单位

知识准备

棉纺各工序的半制品名称及定量单位见表1-4-1。

表1-4-1 棉纺各工序的半制品名称及定量单位

序号	工序名称		半制品名称	定量单位	干定量 $G_干$ 与线密度 Tt 的关系
1	开清棉	开清棉	棉卷或筵棉	g/m	$G_干 = Tt/[1000(1+W_k)]$
2	前纺	梳棉	生条	g/5m	$G_干 = Tt/[200(1+W_k)]$
3		精梳准备	小卷	g/m	$G_干 = Tt/[1000(1+W_k)]$
4		精梳	精梳条	g/5m	$G_干 = Tt/[200(1+W_k)]$
5		并条 头道	半熟条	g/5m	$G_干 = Tt/[200(1+W_k)]$
		并条 末道	熟条	g/5m	$G_干 = Tt/[200(1+W_k)]$
6		粗纱	粗纱	g/10m	$G_干 = Tt/[100(1+W_k)]$
7	后纺	细纱	细纱	g/100m	$G_干 = Tt/[10(1+W_k)]$
8	后加工	络筒	筒子纱	g/100m	$G_干 = Tt/[10(1+W_k)]$

技能训练

一、目标

(1)掌握不同纱线的生产工艺流程。

(2)掌握典型纱线代号的含义。

二、器材或设备

(1)纺织服装实训工厂的纺纱生产设备,校企合作企业的智能化纺纱生产设备。

(2)校企合作企业的典型生产纱线产品。

三、步骤

1. 不同纱线的生产工艺流程步骤

(1)确定纱线类型。根据最终产品的用途和性能要求,选择合适的纱线类型(如棉纱、涤纶纱、混纺纱、毛纱等)。

(2)原料选择与预处理。

棉纱:选择棉花等级(如长绒棉、细绒棉),并进行清棉、除杂处理。

涤纶纱:选择涤纶的规格(如长度、细度),并进行开松和混合。

混纺纱:根据混纺比例(如 T/C 65/35)选择原料,并进行均匀混合。

(3)纺纱工艺流程选择。

2. 典型纱线代号的选择步骤

(1)纱线代号的基本结构。纱线代号通常由原料代号、纱线规格和用途代号组成。

(2)典型纱线代号的含义。

(3)选择步骤。

①确定纱线用途。根据最终产品的性能要求(如强度、柔软性、吸湿性)选择纱线类型。

②选择原料代号。根据用途选择原料代号(如 T、C、R 等)。

③确定混纺比例(如适用)。对于混纺纱线,需确定各原料的比例(如 T/C 65/35)。

④选择纱线细度。根据织物厚度和用途选择纱线细度(如 40 英支、30 英支)。

四、考核标准

典型纱线生产工艺流程考核表

考核项目	评分标准	配分	扣分	得分
棉纱	根据棉花等级(长绒棉、细绒棉),确定纱线细度和纺纱工艺流程,流程正确,机器型号选择正确	15		

续表

考核项目	评分标准	配分	扣分	得分
涤纶纱	根据涤纶规格(长度、细度)确定纱线细度和纺纱工艺流程,流程正确,机器型号选择正确	15		
混纺纱	根据混纺纱规格和用途,确定混纺比例(如 T/C 65/35)和纺纱工艺流程,流程正确,机器型号选择正确	20		
合计		50		

典型纱线代号考核表

考核项目	评分标准	配分	扣分	得分
棉纱	原料代号、纱线细度选择正确	10		
涤纶纱	原料代号、纱线细度选择正确	10		
黏胶纱	原料代号、纱线细度选择正确	10		
混纺纱	原料代号、混纺比、纱线细度选择正确	20		
合计		50		

课后习题

项目二　原料选配技术

任务导入

（1）了解配棉的目的和意义。

（2）理解分类排队法配棉的基本概念，了解配棉方法的注意事项。

（3）掌握回花、再用棉的使用原则。

（4）理解计算机配棉的原理和基本方法。

（5）了解化纤原料选配依据和重点控制其哪些性能。

（6）掌握原料混合的主要方法及适用场合。

技能目标

（1）掌握配棉方法，学会配棉。

（2）掌握配棉方案的优化方法。

（3）掌握配料混纺比、混合棉性能指标的计算。

工作任务单

序号	任务名称	任务目标
1	配棉的目的与依据	1. 了解配棉的目的和意义，对配棉形成基本认识 2. 掌握原棉性能与成纱质量的关系
2	配棉的方法	1. 学会应用分类排队法配棉，了解分类排队法的注意事项 2. 掌握原棉性质差异控制范围 3. 掌握回花、再用棉的使用原则 4. 学会进行配棉案例分析
3	配棉排包机器人	1. 了解配棉排包机器人的系统组成 2. 了解配棉排包机器人的激光导航系统 3. 了解配棉排包机器人的仓库管理和调度系统
4	化学纤维的选配	1. 掌握化学纤维长度和细度的选配 2. 掌握化学纤维强度和伸长率的选配 3. 掌握混纺比的确定
5	原料的混合	掌握原料混合的主要方法及适用场合

任务一 配棉的目的与依据

[微课]配棉的目的、
依据与方法

知识准备

一、配棉的目的

原棉的主要性质随棉花不同的品种、生长条件、产地、轧工等而有较大的差异。配棉是将不同唛头、地区或批号的原棉,按比例搭配使用的一项工作。

配棉的目的是合理使用原棉,满足纱线产品的质量要求,同时降低成本,保持生产过程和成纱质量的相对稳定。在配棉过程中,需要考虑原棉的各种性能指标,如纤维长度、细度、强度、成熟度、色泽、含杂率等,以及产品的用途、质量要求、纺纱工艺等因素。通过科学合理的配棉,可以充分发挥各种原棉的优点,取长补短,提高纱线的质量和产量,降低生产成本。

配棉的工作通常包括以下三个步骤。首先,选择原棉,根据产品要求和纺纱工艺,选择合适的原棉唛头、地区或批号。其次,确定配棉比例,根据原棉的性能和产品要求,确定各种原棉的搭配比例。最后是进行试纺,按照确定的配棉比例纺制纱线,检验试纺纱线的质量是否符合要求,根据试纺后的纱线性能进行配棉方案调整,直至达到满意的效果。配棉是纺纱生产中的一项重要工作,对保证纱线质量和降低成本具有重要意义。

二、原棉性能与成纱质量的关系

原棉的性能对成纱质量有着重要的影响,主要体现在以下几个方面。

1. 纤维长度

纤维长度越长,纺纱过程中纤维之间的抱合力越大,纺纱断头越少,成纱强度更高。长纤维可以纺制较细的纱线,且纱线的条干均匀度好。但纤维过长可能会导致梳理和牵伸过程中的困难,棉纤维手扯长度一般为 23~33mm。

2. 纤维细度

纤维细度越细,成纱的强度越高。这是因为细纤维具有较大的比表面积,纤维之间的摩擦力和抱合力较大。细纤维可以纺制更细的纱线,且纱线的外观光洁,成纱条干均匀,手感柔软。然而,过细的纤维可能会增加纺纱过程中的断头率,棉纤维细度一般为 1.5~2dtex。

3. 纤维强度

纤维强度是指纤维抵抗外力破坏的能力,对纺纱过程和纱线质量具有重要的影响。纤维强度越高,纱线在拉伸过程中能够承受的外力就越大,从而使成纱强力增加;强韧的纤维可以更好地承受纺纱过程中的张力和摩擦力,减少断头和纱线缺陷的产生,提高纺纱的效率和纱线的质量。较高的纤维强度有助于纤维在纺纱过程中的顺利牵伸和加捻;强度不足的纤维容易断裂或产生过多的短纤维,导致纺纱过程中的断头增加,影响生产效率和纱线的均匀度。纤维强度对纱线的外观和手感也有一定的影响,强度高的纤维可以使纱线更加光洁、均匀,手感更加丰满和挺括;相反,强度低的纤维可能会导致纱线表面粗糙、不匀,手感松软。由高强度纤维制成的纱线织成的织物通常具有更好的耐磨性、抗拉伸性和耐用性。这些织物在使用过程中能够更好地保持其形状和性能,延长使用寿命。为了获得高质量的纱线和织物,在纺纱过程中,通常会选择具有适当强度的纤维原料,并通过合理的纺纱工艺和设备参数来充分发挥纤维的强度优势,提高纱线的质量和性能。纤维强度的测试和评估是纺织行业重要的质量控制环节之一,有助于确保纤维原料的质量符合纺纱和织造的要求。

4. 纤维成熟度

纤维成熟度是表示棉纤维细胞壁加厚程度的一个指标,与棉花的生长发育和纤维的质量性能密切相关,影响棉纤维的光泽、强度、弹性、天然转曲等。成熟度高的纤维,细胞壁较厚,纤维强度高,弹性好,色泽好,吸湿性能较低,在纺纱过程中具有较好的可纺性,能够生产出质量较高的纱线和织物。相反,成熟度低的纤维,细胞壁较薄,纤维强度低,弹性差,吸湿性能较高,在纺纱过程中容易产生断头、疵点等问题,影响纱线和织物的质量。

5. 原棉的含杂率

原棉的含杂率是指原棉中含有的非棉纤维性物质(如杂质、疵点等)的重量占原棉总重量的百分比。原棉中的杂质包括尘屑、沙土、枝叶、铃壳、不孕籽、棉籽、软籽表皮等。含杂率是衡量原棉质量的一个重要指标,影响纺纱工艺和纱线质量。不同产地、品种和等级的原棉,其含杂率可能会有所差异。

6. 原棉的短绒率

棉花中纤维长度小于16mm的纤维所占的百分率,称为短绒率。短绒率高会使纱线的条干不均匀,强度降低,增加纺纱过程中的飞花和落棉,降低制成率。棉纤维的短绒率越高,成纱强力越低,成纱条干越差,纺纱断头越多。

7. 原棉的天然转曲

天然转曲是指棉纤维生长过程中形成的呈螺旋形的扭曲形态,这种天然转曲的特性,使棉纤维具有一定的抱合力,有利于纺纱工艺的进行和纱线质量的提高。天然转曲和纤维的成熟度有关,成熟度高的棉纤维天然转曲多,抱合力好,强度也较高;成熟度低的棉纤维天然转曲少,抱合力差,强度也较低。

任务二　配棉的方法

知识准备

配棉分类排队法是纺织厂在进行纺纱生产时,为了合理使用原料、保证产品质量和降低成本而采用的一种方法,是我国棉纺厂使用较多的一种配棉方法。

一、原棉的分类

原棉的分类就是根据原棉的性质和各种纱线的不同要求,将原棉分成若干类,即根据原棉的长度、细度、强度、含杂率等,把适纺某类纱的原棉划为一类。在原棉分类时,先安排特细特纱和细特纱,后安排中特纱、粗特纱;先安排重点产品,后安排一般或低档产品。具体分类时,还应注意原棉资源、气候条件、加工机台的机械性能、配棉中各成分的性质差异等问题。

二、原棉的排队

原棉的排队是在分类的基础上将同一类原棉分成几队,把地区或性质相近的原棉排在一个队内,以便接批使用。原棉排队接批使用时,要确定各批原棉使用的百分率,并使接批后混合棉平均性质无明显差异。在排队时,既要考虑原棉的各项质量指标,又要考虑产品的要求和生产的实际情况,应注意以下问题。

(1)主体成分一般在配棉成分中选择若干队中长度、细度或地区三个指标中基本相近的原棉作为主体成分。主体成分要占70%以上。

(2)队数的数量与原棉混用百分率的高低相关,一般选用5~6队。队数多,生产管理麻烦;队数少,混用棉性质差异大。每队原棉最大混用百分率控制在25%以内。

(3)勤调少调,每次调动的成分少些,但调动的次数可多些,使混用棉质量稳定。

通过配棉分类排队法,可以充分利用各种原棉的特点,取长补短,使混合棉的质量满足纺纱生产的要求,同时降低生产成本,提高产品的质量和市场竞争力。配棉分类排队法是纺织厂进行原料管理和产品质量控制的重要手段,对于提高纺织企业的生产效益和产品质量具有重要意义。

三、原棉性质差异的控制

原棉性质差异的控制范围见表2-2-1。

表2-2-1　原棉性质差异控制范围

控制内容	混合棉中原棉性质间差异	接批原棉性质差异	混合棉平均性质差异
产地	—	相同或接近	地区变动≤25% (针织纱≤15%)

控制内容	混合棉中原棉性质间差异	接批原棉性质差异	混合棉平均性质差异
品级	1~2	1级	0.3
长度	2~4mm	2mm	0.2~0.3mm
含杂率	1%~2%	1%以下疵点数接近	0.5%以下
细度	2.00~1.25tex	3.33~2.00tex	2.00~6.66tex
断裂长度	1~2km	接近	不超过0.5km

注 混合棉平均性质可按混合棉中各原棉性质和混用重量百分率加权平均计算。

四、回花和再用棉的混用

回花和再用棉都是纺织生产中的原料,但在性质和使用上有区别。

回花是指在纺纱过程中,各道工序产生的可以再利用的原料,如清棉工序的回卷、梳棉工序的回条、粗纱工序的粗纱头、胶辊花以及细纱工序的风箱花等。回花的质量与原棉比较接近,所以可以与原棉按一定比例混合使用,以节约原料成本。但混用量应视所纺纱支确定,最多不宜超过5%。

再用棉是指在加工过程中产生的可再用的落物,主要是指在开清棉工序中产生的落棉,以及在梳棉工序中产生的车肚花、盖板花、斩刀花及精梳落棉等。再用棉的含杂率较高,纤维长度较短,质量较差。在使用再用棉时,需要根据其质量情况进行适当的处理,如开松、除杂等工序,再与原棉或回花按一定比例混合使用。如精梳落棉的纤维长度较短,棉结多而小,杂质细而小,一般在粗特纱中混用5%~20%,中特纱中混用1%~5%。

五、配棉案例分析

常规产品(特细特纱、细特纱、中特纱、粗特纱、低档纱线)的配棉方案见表2-2-2,包含不同纱线类型所需的棉花等级、纤维长度、纤维细度等数据。长度越长,越适合细特纱;长度越短,越适合粗特纱。细度越低,纱线越细腻,适合细特纱;细度较高,适合粗特纱。强度越高,纱线强力越好,适合细特纱。细特纱以高等级棉为主,粗特纱和低档纱线可混用低等级棉或回花。主体棉根据纱线类型选择主要使用的棉花的等级和产地,确保纱线的基本性能。补充棉是根据成本和原料供应情况,适当混用较低等级的棉花,以降低成本。每队棉花的比例不超过20%,确保原料来源多样化,降低对单一产地或棉花等级的依赖。引入不同产地的原棉(如中国、美国、埃及、印度、巴基斯坦等),分散供应风险,适应市场波动。

表 2-2-2 常规产品的配棉方案

纱线类型	棉花等级	纤维长度（mm）	纤维细度（马克隆值）	强度（cN/tex）	产地	配棉比例（%）	备注
特细特纱	长绒棉（一级）	33~35	3.5~4.0	34~36	中国新疆	20%	主体棉
	长绒棉（一级）	33~35	3.5~4.0	34~36	美国皮马棉	20%	主体棉
	长绒棉（二级）	31~33	4.0~4.2	32~34	埃及	20%	补充棉
	长绒棉（二级）	31~33	4.0~4.2	32~34	印度	20%	补充棉
	细绒棉（一级）	29~31	4.2~4.8	30~32	中国山东	20%	补充棉
细特纱	长绒棉（二级）	31~33	4.0~4.5	32~34	中国新疆	20%	主体棉
	细绒棉（一级）	29~31	4.2~4.8	30~32	中国河北	20%	主体棉
	细绒棉（一级）	29~31	4.2~4.8	30~32	美国	20%	补充棉
	细绒棉（二级）	28~30	4.5~5.0	28~30	印度	20%	补充棉
	低级棉	26~28	5.0~5.5	26~28	巴基斯坦	20%	补充棉
中特纱	细绒棉（一级）	28~31	4.5~5.0	28~30	中国新疆	20%	主体棉
	细绒棉（二级）	26~28	5.0~5.5	26~28	中国河北	20%	主体棉
	低级棉	24~26	5.5~6.0	24~26	印度	20%	补充棉
	回花、落棉	22~24	6.0~6.5	22~24	中国山东	20%	补充棉
	低级棉	24~26	5.5~6.0	24~26	巴基斯坦	20%	补充棉
粗特纱	细绒棉（二级）	26~28	5.0~5.5	26~28	中国新疆	20%	主体棉
	低级棉	24~26	5.5~6.0	24~26	中国河北	20%	主体棉
	回花、落棉	22~24	6.0~6.5	22~24	中国山东	20%	补充棉
	低级棉（短绒）	20~22	6.5~7.0	20~22	印度	20%	补充棉
	废棉	18~20	7.0~7.5	18~20	巴基斯坦	20%	补充棉
低档纱线	低级棉	24~26	5.5~6.0	24~26	中国新疆	20%	主体棉
	回花、落棉	22~24	6.0~6.5	22~24	中国河北	20%	主体棉
	低级棉（短绒）	20~22	6.5~7.0	20~22	印度	20%	补充棉
	废棉	18~20	7.0~7.5	18~20	巴基斯坦	20%	补充棉
	废棉	18~20	7.0~7.5	18~20	中国山东	20%	补充棉

任务三　配棉排包机器人

知识准备

一、系统组成

配棉排包系统架构如图 2-3-1 所示。根据纺纱车间网络总线和接口信息,建立信息互联互通、基于自动引导机器人 AGV(automated guided vehicle)的智能机器人及控制系统;根据生产工艺开发末端执行系统、激光导航系统、安全防护系统,实现自动取料、自动配棉、准确定位、精准行走、智能放置等功能;结合上层制造执行系统 MES(manufacturing execution system),开发仓库管理和调度系统,及时下达订单和反馈实时信息,实现配棉机器人与仓储管理系统 WMS(warehouse management system)、纺纱产线数据融合分析。配棉排包系统实现了单次配棉时间小于 53s。

图 2-3-1　配棉排包系统架构

二、激光导航系统

配棉排包机器人在行驶过程中,通过激光扫描器发射激光束,同时采集部署在行驶路径上的反射板反馈的动态信号,来确定机器人的实时位置及航向,结合高精度几何路径规划算法实现机器人自动驾驶及误差动态校正,重复定位精度≤±10mm;导航系统除反射板外,不安装其他辅助定位装置,以降低后期设备部署更新对生产带来的影响;AGV 采用无线局域网的通信方式,提升通信系统抗干扰能力及通信道容量;车载控制器采用模块化结构,方便调试维修及重组扩容。

三、仓库管理和调度系统

配棉排包机器人调度系统可根据生产订单需求,自动完成现场规划、任务调度和实时路线决策,同时实现对机器人任务状态的实时监控。仓库管理和调度系统架构如图 2-3-2 所示。

无人仓库管理系统在通信网络、现场总线的基础上建立通用信息模型,实现信息互联互通和纺纱装备集成,完成对工艺、计划、质量、设备及物流的智能管控。系统集成订单监控、任务监控、故障异常监控和棉包出入库管理功能为一体,实现仓库、产线数据融合分析。

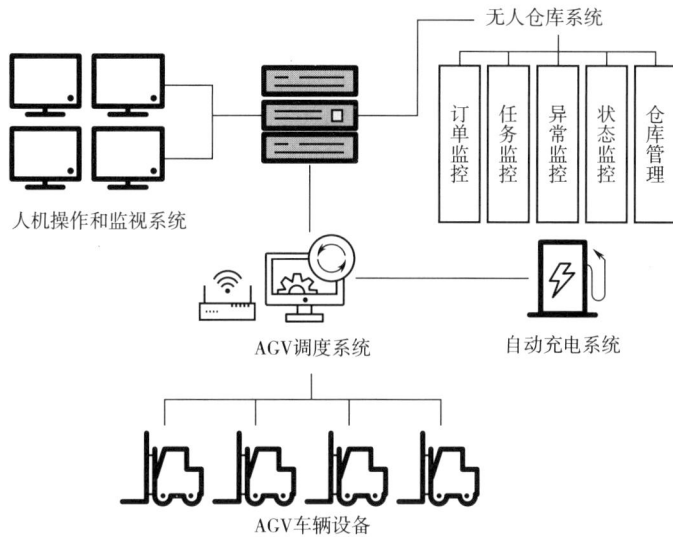

图 2-3-2　仓库管理和调度系统架构

任务四　化学纤维的选配

[微课]化学纤维的选配

知识准备

选用各种化学纤维进行混料是为了充分发挥不同纤维的优良特性,取长补短,满足产品的不同要求,增加花色品种,扩大原料来源,降低成本。化学纤维选配包括品种选择、混纺比例确定及化学短纤维长度、线密度等性质选择。

一、化学纤维长度和细度的选配

根据化学纤维长度和细度的不同,棉纺设备主要使用棉型和中长型等规格的化学纤维原料。棉型化学纤维用于纺制细特纱,织造质地较为紧密的薄型织物。中长型化学纤维用于纺制中特纱、粗特纱,织造具有毛型风格的织物。化学纤维的长度选配是纺织生产中的一个重要环节,需要考虑多方面因素,以下是一些常见的考虑因素和选配方法。

1. 产品用途

不同的纺织品对化学纤维长度有不同的要求。例如,棉型化学纤维一般用于仿棉织物,其长度通常在 30~40mm;毛型化学纤维用于仿毛织物,长度多在 70~150mm;中长型化学纤维则用于中长纤维织物,长度在 51~76mm。长度与细度之比的经验式(传统纤维)为长/细度 $=L$(英寸)$/N_D$(旦)≈ 1,化学短纤维的长度 L(mm)和线密度 Tt(dtex)的比值一般为 23 左右。一般纤维细度细,长度长,则成纱强力高,条干均匀光洁,毛羽少。但化学纤维长度过长,纺纱过程易产生绕罗拉、绕胶辊、绕胶圈现象,使成纱棉结增多。当 $L/Tt>23$ 时,织物强度高,手感柔软,可纺更细的纱,生产细薄织物;当比值过大时,纺纱过程中易产生绕罗拉、绕胶辊、绕胶圈等现象,成纱中棉结增加。

2. 纺纱工艺

不同的纺纱方法对化学纤维长度的适应性不同。例如,环锭纺纱适用于较长的化学纤维,而转杯纺纱则更适合较短的化学纤维。化学纤维长度与纺纱细度也有一定的关系。一般来说,纺纱细度越细,所需的化学纤维长度越短;纺纱细度越粗,所需的化学纤维长度越长。

3. 化学纤维性能

化学纤维的强度、伸长率、卷曲度等性能会影响长度的选配。强度较高的化学纤维可以适当选用较短的长度,而强度较低的化学纤维则需要较长的长度来保证纱线的强度。卷曲度较高的化学纤维可以增加纤维之间的抱合力,有利于纺纱,但过长的卷曲可能会导致纺纱过程中的缠绕问题,因此需要根据具体情况选择合适的长度和卷曲度。

4. 成本因素

较长的化学纤维通常价格较高,因此在满足产品质量要求的前提下,应尽量选择合适长度的化学纤维,以降低生产成本。

二、化学纤维强度和伸长率的选配

因组成混纺纱的不同纤维的断裂不同时性,降低了成纱的强力。在选择两种纤维的混纺比时,应防止选用临界混纺比,以免不利于成纱强力,如涤/棉混纺纱多选用65/35混纺比。

高强低伸的涤纶强度大于$5.5 \sim 6g/旦$,伸长小于30%;低强高伸小于$5g/旦$,伸长小于40%;中强中伸$5 \sim 6g/旦$,伸长小于30%~40%。

三、混纺比的确定

化学纤维混纺比的选配是纺织生产中的一个重要环节,考虑纱线用途和质量要求及考虑纺纱、染整加工、原料成本等。

1. 产品用途和性能要求

根据产品的最终用途,确定所需的性能指标,如强度、耐磨性、吸湿性、透气性、保暖性、抗静电性等。不同化学纤维具有不同的特性,通过合理搭配不同纤维的混纺比,可以使产品达到所需的性能要求。

了解各种化学纤维的物理性能和化学性能,如纤维的长度、细度、强度、伸长率、模量、吸湿性、染色性等。选择性能相互补充的纤维进行混纺,以提高产品的综合性能。例如,将强度高的纤维与伸长率高的纤维混纺,可以提高织物的强伸性能;将吸湿性好的纤维与抗静电性好的纤维混纺,可以改善织物的吸湿和抗静电性能。

2. 可纺性和加工性能

确保所选纤维的混纺比在纺纱、织造和染整等加工过程中具有良好的可纺性和加工性能。例如,某些纤维的混纺比可能会影响纱线的断头率、织物的疵点率和染整的均匀性等。因此,需要进行充分的试验和优化。

3. 成本因素

考虑不同化学纤维的价格,在满足产品性能要求的前提下,尽量选择成本较低的纤维进行混纺,以降低生产成本。

4. 市场需求和流行趋势

关注市场需求和流行趋势,选择符合消费者喜好和市场需求的化学纤维混纺产品。

四、其他性质

1. 热收缩性

化学纤维的热收缩率选配是一个重要的环节,需要考虑多方面的因素。在实际选配过程中,可以通过试验和测试来确定最佳的化学纤维热收缩率组合。

2. 色差

化学纤维的色差选配是纺织生产中的一个重要环节,旨在确保产品颜色的一致性和质量。化学纤维的色差选配需要综合考虑颜色标准、纤维原料、色差测量与评估以及选配方法等多个因素,通过科学的管理和严格的质量控制,确保产品颜色的一致性和质量稳定性。

任务五　原料的混合

知识准备

目前采用的原料混合方法有棉包散纤维混合、条子混合以及称重混合等。

（1）棉包散纤维混合是指按照混料表分配的棉包或化纤包放在抓棉机的平台处，用抓棉机进行混合的方法。这种混合方法，混纺比例不易控制准确，故此方法主要用于纯棉、纯化纤、化纤的混纺纱。

（2）条子混合是指将经过用开清棉、梳棉、精梳（化纤不需经过此工序）工序分别加工制成的不同纤维条子在并条机进行混合的方法。此方法有利于控制混纺比，混合均匀，但需经过三道并条工艺。此方法主要用于棉与化纤的混纺中。

（3）称重混合是指在开清棉车间将几种纤维成分按混合比例进行称重后混合的方法。此方法主要用于混纺比要求较高的中长化纤的混纺中。

一、配棉的准备

配棉的准备主要有：对纤维进行常规检验，对原棉做试纺检验，对各种试纺情况及纤维各项指标对比分析，以确认原棉等纤维的正确使用，预测成纱性能，提供配棉工艺设计可靠数据和情况。

二、混纺比的计算

1. 棉包混合、称量混合时的混比计算

化纤混纺时以干重为准，根据设计的干重混比和实测的回潮率求湿重混比。纤维湿重混比计算式为：

$$X_i = \frac{y_i(100 + w_i)}{\sum_{i=1}^{n} y_i(100 + w_i)}$$

式中：X_i——第 i 种纤维的湿重混比；

$\quad y_i$——第 i 种纤维的干重混比；

$\quad w_i$——第 i 种纤维的实测回潮率，%；

$\quad n$——混纺纤维的种数。

2. 条子混合时的条子干定量

条子混合时，在初步确定条子根数后，计算各种纤维条子的干定量。条子的干定量计算式为：

$$\frac{y_1}{N_1} : \frac{y_2}{N_2} : \frac{y_3}{N_3} : \cdots : \frac{y_n}{N_n} = G_1 : G_2 : G_3 : \cdots : G_n$$

式中: y_1、y_2、y_3、$\cdots$、y_n——各种纤维的干重混比;

N_1、N_2、N_3、$\cdots$、N_n——各种纤维条子的混合级数;

G_1、G_2、G_3、$\cdots$、G_n——各种纤维条子的干定量;

N——混合纤维条的种数。

三、混合体性能指标的计算

配棉时混料的各项性能指标以混合体中各原料性能指标和混用重量百分比加权平均计算:

$$X = X_1 A_1 + X_2 A_2 + X_3 A_3 + \cdots + X_n A_n$$

式中: X——混合体的某项性能指标;

X_n——第 n 种纤维的某项性能指标;

A_n——第 n 种纤维的混用重量百分比。

举例:

已知四种配棉成分,配棉比例如下:

129A 占 22%;

228A 占 24%;

327B 占 26%;

229A 占 28%。

试计算混合棉的平均品级、平均手扯长度(mm)。

技能训练

一、目标

掌握传统及新的配棉方法,学会配棉。

二、器材或设备

原棉各项性能指标检测仪器。

三、步骤

(1)确定产品要求。明确产品用途(如服装、家纺、工业用布),确定纱线或织物的强度、均匀度、光泽等要求。

(2)原棉性能分析。如长度、细度、强度、成熟度、含杂率等。

(3)原棉分类。按产地:不同产地的棉花性能各异。按品种:如细绒棉、长绒棉等,性能不同。按等级:根据颜色、含杂率等分级。

(4)配棉方案设计,制订出配棉方案表。根据产品要求确定不同原棉的混合比例。确保每批原棉性能一致,保证生产稳定性。

(5)试纺与测试。按配棉方案进行小规模试纺。测试纱线的强度、均匀度等,评估是否达标。

(6)调整与优化。根据测试结果优化配棉方案,重新试纺并测试,直至满足要求。

(7)批量生产。确定配棉方案后,进行大规模生产。持续监控生产,确保质量稳定。

(8)记录与反馈。记录配棉方案、试纺结果等,根据生产反馈优化配棉方案。

四、考核标准

考核标准表

考核类别	考核指标	标准要求	备注	配分	扣分	得分
原棉性能指标	纤维长度	符合产品要求,通常越长越好	影响纱线强度和均匀度	20		
	纤维细度	马克隆值在合理范围内	影响纱线柔软度和光泽			
	纤维强度	断裂强度符合标准	决定纱线和织物的耐用性			
	纤维成熟度	成熟度适中,确保染色性和强度	成熟纤维更易加工			
	含杂率	含杂率低,符合标准	影响纺纱效率和纱线质量			
分类排队法	原料分类	对原料进行分类,分类科学合理	支持可持续发展	20		
	原料排队	在分类的基础上对原料进行排队	确保客户满意			
	制订配棉方案表	配棉方案表准确、可行	反映产品竞争力			

续表

考核 类别	考核指标	标准要求	备注	配分	扣分	得分
纱线 质量 指标	纱线强度	断裂强度符合标准	确保纱线耐用性	20		
	纱线均匀度	乌斯特均匀度测试结果达标	影响织物外观			
	纱线毛羽	毛羽少,符合标准	影响织物手感和外观			
	纱线疵点	疵点数量控制在标准范围内	确保纱线质量			
成本控 制指标	原棉成本	在保证质量的前提下控制成本	优化成本效益	20		
	生产成本	各项成本控制在预算内	确保经济效益			
配棉 方案 合理性	混棉比例	不同原棉的混合比例合理,确保 纱线和织物质量	优化配棉方案	10		
	批次一致性	每批原棉性能一致,确保生产稳 定性	保证生产稳定性			
试纺与 测试 结果	试纺结果	试纺纱线的质量指标符合标准	验证配棉方案	10		
合计				100		

课后习题

项目三　智能开清棉技术

任务导入

（1）掌握开清棉的任务、开清棉机械的类型及其作用、典型开清棉联合机的组合及工艺流程。

（2）掌握开清棉开松、除杂、均匀混合作用的工艺原理、工艺配置原则。

（3）掌握开清棉的工艺设计原则，清棉成卷机的传动系统与工艺计算。

（4）掌握开清棉的棉卷质量控制要点。

技能目标

（1）学会操作开清棉设备，掌握各项单项操作并掌握操作中应注意的事项。

（2）熟悉开清棉机械的特点，学会制订不同纺纱系统开清棉工艺流程，能正确进行设备选配及组合。

（3）学会开清棉工艺（工艺流程、棉卷定量、主要打手速度、各部分主要隔距等）设计及工艺上机。

（4）学会开清棉机组日常维护操作。

（5）学会检测、分析棉卷质量指标。

任务一　认识开清棉机械

工作任务单

序号	任务名称	任务目标
1	开清棉工序概述	掌握开清棉机械的类型及其作用、组合以及工艺流程
2	开清棉机械类型	掌握开清棉联合机组各种主要机械的运转方式、主要作用以及工作原理
3	抓棉机械	掌握各种抓棉机械的任务、组成运转方式、主要作用以及工作原理
4	混棉机械	掌握各种混棉机械的任务、组成运转方式、主要作用以及工作原理
5	开棉机械	掌握各种开棉机械的任务、组成运转方式、主要作用以及工作原理
6	清棉成卷机械	掌握各种清棉成卷机械的任务、组成运转方式、主要作用以及工作原理
7	开清棉机组的联动控制与在线检测	掌握开清棉联合机组的开关车顺序、各个单机的操作方法

知识准备

[微课]认识开清棉机械

一、开清棉工序的任务

开清棉是纺纱工艺的第一道工序,其主要任务包括以下几个方面。

(1)开松。把棉包中压紧的块状纤维开松成小棉块或小棉束,以利于后续加工。通过各种开松机件的撕扯、打击作用,使原棉中的纤维初步松解。

(2)除杂。在开松的过程中,利用杂质与纤维的物理性质差异,通过机械作用、气流作用等方式将杂质分离出去,清除原料中大部分的杂质、疵点以及部分短绒,去除原棉中50%~60%的杂质,提高棉纤维的纯净度。

(3)混合。将各种原料按配棉比例充分混合,使棉纤维在成分和性质上达到较为均匀的程度,以保证纱线质量的稳定性。

(4)均匀成卷(或棉流)。将经过开松、除杂、混合后的棉纤维制成一定规格和质量要求的棉卷,供梳棉工序使用;或将棉流直接均匀地输送给梳棉机,进行进一步的梳理加工。

开清棉工序的任务是为梳棉工序提供良好的原料基础,使棉纤维在开松、除杂、混合等方面达到一定的要求,为后续纺纱工序的顺利进行和纱线质量的提高创造条件。

为完成开松、除杂、混合、均匀成卷四大任务,开清棉联合机由不同作用的单机组合而成,按作用特点一般分为五类机械,即抓棉机械、混棉和给棉机械、开棉机械、清棉成卷机械和辅助机械。

二、抓棉机械

抓棉机械是从棉包(或化纤包)中抓取棉块或棉束,喂给下一机台,具有开松与混合作用。自动抓棉机有不同抓取形式:按抓取原理可分为上抓式和下抓式;按结构特点可分为往复直行式和环行式;按抓取方法可分为角钉辊筒抓取、锯片抓取和夹持抓取;抓棉小车不降式和棉包载台上升式等。

(一)抓棉机械的作用

1. 开松作用

要求:抓棉机械抓取的纤维块尽量小而均匀,即所谓"精细抓棉",以便后道机台能更好的开松、除杂、混合均匀。

影响开松效果的工艺参数:抓棉打手的转速、打手刀片伸出肋条的距离、抓棉打手间歇下降的动程、抓棉小车的回转速度等。

2. 混合作用

抓棉小车运行一周(或一个单程)按配棉方案依次抓取不同成分的原棉,实现原料的初步混合。

影响抓棉机械混合效果的工艺因素有:排包图的编制、抓棉小车的运转效率、抓取方式等。

(二)抓棉机械类型

环行回转式抓棉机常见型号有:A002D、FA002、FA002A 等;往复直行式抓棉机常见型号有：如 FA006、FA006A、FA006、JWF1012 等。以下重点介绍 FA002 型环行式自动抓棉机、FA006 往复式自动抓棉机以及德国特吕茨勒公司的 BDT019 型全自动计算机抓棉机。

1. FA002 型环行式自动抓棉机

（1）机构组成。环行式自动抓棉机，主要由输棉管 1、伸缩管 2、抓棉小车 3、打手 4、肋条 5、支架 6、地轨 7、螺杆 8 和中心轴 9 组成，如图 3-1-1 所示。

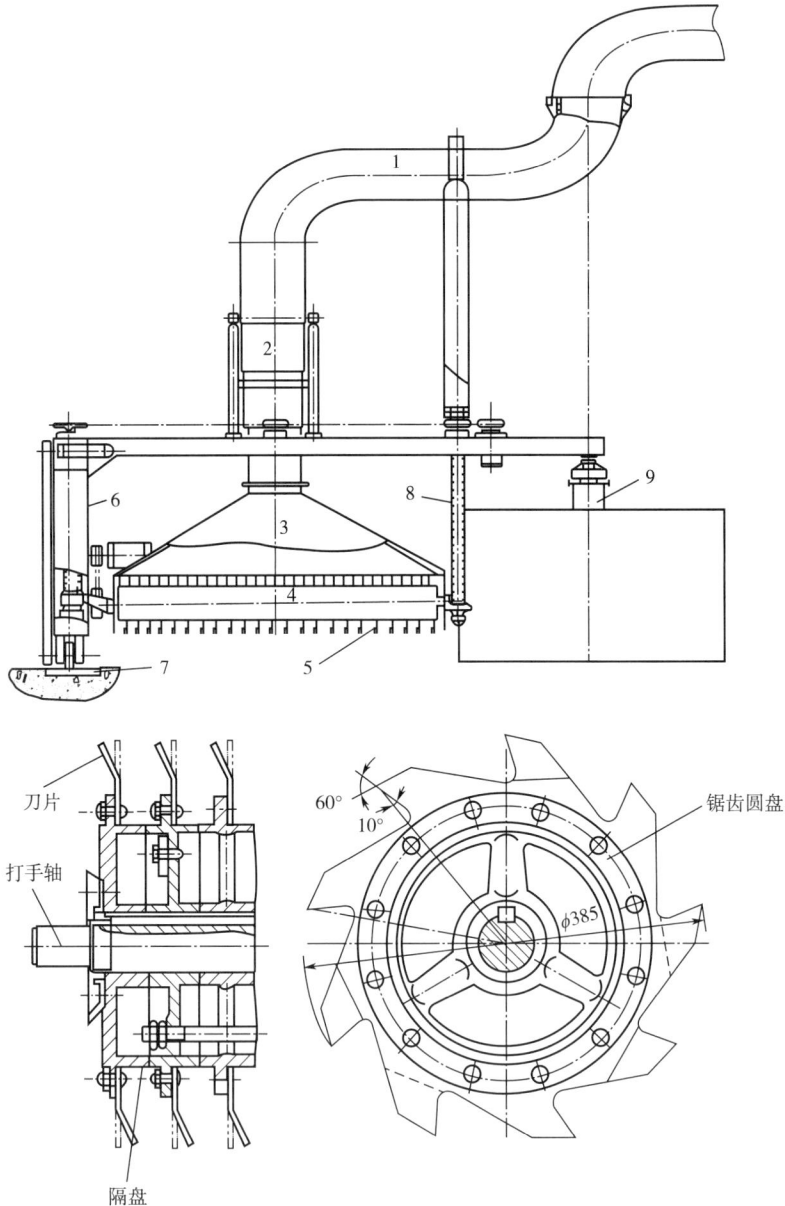

图 3-1-1　FA002 型环行式自动抓棉机机构组成

（2）工艺流程。原料包按一定的原料的选配比例按照圆形放在地面上，抓棉小车 3 绕中心轴 9 环行往复运行；抓棉辊筒打手 4 回转，上面安装的抓棉刀片在肋条 5 的配合下逐层均匀抓取原棉,肋条 5 压住棉包表面防止过多抓取;抓棉小车每环行一周,打手间歇下降一定的距离,如此循环往复直至棉包抓净为止。抓取的原棉被前方机械顶部的凝棉器气流所吸引,沿输棉管道 1 向前输送。

（3）抓棉打手结构。选用稀密打手,目的是补偿打手径向的抓棉差异,使抓取的纤维束更小而均匀。圆盘上的刀齿以三齿为一组,相对于圆盘平面分别作平行、左斜、右斜三种分布,使刀片的抓棉点互相错开,从而提高棉块开松的均匀性。

（4）主要技术特征。

产量:800kg/(台·h)

堆放棉包重量:4000kg(2 台)

小车机架尺寸:2640mm×800mm×1425mm

小车回转速度:0.59~2.96r/min

抓棉打手直径:385mm

打手转速:740r/min

刀片伸出肋条距离:2.5~7.5mm(可调)

打手间歇下降距离:3~6mm/次(可调)

全机净重:1600kg

2. FA006 型往复式自动抓棉机

（1）机构组成。可双向往复运行,由抓棉小车 8、转塔 7、抓棉头 2、打手 3、肋条 4、压棉罗拉 5、伸缩输棉管 6、卷绕装置 9、覆盖带 10、输棉道 11、光电管 1 等组成,如图 3-1-2 所示。

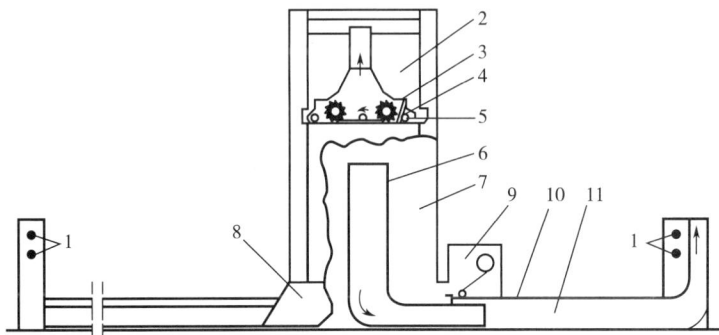

图 3-1-2　FA006 型往复式自动抓棉机示意图

（2）工艺流程。棉包按原料混合配比堆放在轨道两侧,抓棉器两侧同时工作,一侧抓棉的同时,另一侧准备堆包。抓棉小车通过四个行走轮在地轨上作双向往复运动。间歇下降的抓棉头打手在随转塔作往复运动的同时,对棉包作顺序抓取,被抓取的棉束在前方机台凝棉器或输棉风机的作用下经输道管向前方机台输送。

本机每侧可分 2~4 组排列不同原料的棉包,工作时作自动分组抓取,以实现一台抓棉机同时供应 2~3 条开清棉生产线。不同高度的棉包需同时生产时,可分组排列并由抓棉机在抓取时自动找平。本机产量高,抓取棉束重量轻、自动化程度高。

（3）运行特点。

①压棉罗拉的速度等于小车的速度。

②左右打手反向旋转,盘齿斜向相反。

③前面打手低于后面的打手。

④可分组排放棉包,进行程控抓棉(如 FA006A、FA006C)。

（4）技术特点。不同型号的 FA006 系列直行式抓棉机的技术特点见表 3-1-1。

表 3-1-1　不同型号的 FA006 系列直行式抓棉机的技术特点

项目	FA006 型	FA006A 型	FA006B/C 型		FA009 型	
工作宽度(mm)	1720	1720	2300		1720	2300
最高产量(kg/h)	1000	1000	1500		1000	1500
单侧堆放棉包数	约 50 包	约 50 包	约 80 包		约 50 包	约 80 包
工作高度(mm)	1600	1700	1775		1720	
打手形式	双打手,锯齿刀片				双打手,锯齿刀片	
打手直径(mm)	300	250			280	
打手转速(r/min)	1440				1650	
打手间歇下降距离(mm/次)	0.1~19.9,连续可调				0.1~20.0,连续可调	
工作行走速度(m/min)	12	5~15,变频调速			2~16,可调	

3. BDT019 型全自动计算机抓棉机

（1）精细抓棉。德国特吕茨勒公司的 BDT019 型全自动计算机抓棉机采用锯齿盘式双抓棉打手,双向回转,直径为 250mm,每只打手由 24 片锯齿盘组成,每片 8 齿,速度高达 1500r/min。高速度多锯齿打手满足"精细抓棉"的要求,抓取的纤维束平均理论重量为 0.025g/束。

双抓棉打手的设计,无论抓棉小车向前或向后运动,总有一个抓棉打手是顺向抓棉,而另一个则逆向抓棉。由电动机驱动的抓棉打手抬高转换装置将逆向抓棉打手抬高大约 10mm(高度可调),防止该逆向抓棉打手的抓棉深度过大,保证两个抓棉打手抓取的棉块重量均等,确保"精细抓棉"。

（2）智能化。根据设定产量,系统确定每次工作循环中抓棉机构的下降距离,再从棉包高度和下降距离求得全部抓完棉包所需的次数,全部数据均存入计算机系统的存储器内,使整个抓棉过程按存储器中的数据自动进行。

①分组排包。供应 1~3 条开清棉生产线,如图 3-1-3 所示。在计算机控制下,两侧最多可排放 180 个棉包,供应 1~3 条开清棉生产线。

②自调速度。由变频电动机驱动的抓棉小车根据产量要求,自动调整往返速度。

③自动平包。自动检测并记忆棉包高度和纵向位置,控制打手下降的高度,以便将棉包组找平,完成自动平整棉包,如图 3-1-4 所示。在抓棉小车底部装有红外光电探头,自动检测并记忆棉包纵向(x 轴)位置。在抓棉打手的机架上装有两只高度不同的红外光电探头,用以检测并记忆棉包高度(y 轴)位置。

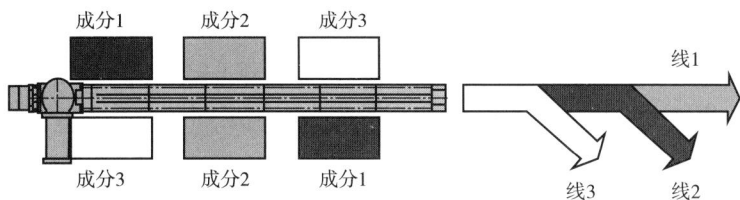

图 3-1-3　分组排包图

④安全保障。在抓棉机行程两端安装有光电屏障保护系统,若有人无意跑入操作区,抓包机会立即停车。

⑤故障显示。当发生故障时,故障原因和发生位置均会动态显示。

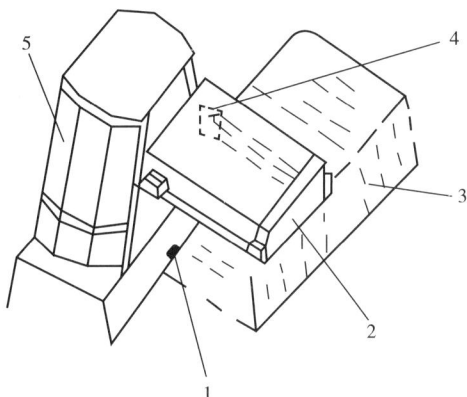

图 3-1-4　自动平整棉包功能示意图

1—检测棉包纵向位置的光电探头　2—抓棉打手机架　3—棉包　4—检测高度的光电探头　5—抓棉小车转塔

三、混、给棉机械

混棉机对抓棉机送来的原料进行混合,同时进行一定的扯松和除杂作用。

混、给棉机械可归纳为两大类,一类是棉箱类的,即机器具有较大容量的棉箱用来混棉和储存棉量;另一类是分格多仓类,一般有 6~10 仓用来混棉和储存棉量。

(一) 混、给棉机械的作用

1. 混合作用

混合作用是混合不同成分、等级或颜色的原棉,使原料得到充分均匀的混合,以保证产品质量的一致性。通过混合作用,使各种原棉在纤维长度、细度、强度等方面相互补充,达到优化产品性能的目的。

2. 开松原料

开松作用使纤维之间的联系减弱,为后续的加工工序(如梳理)做好准备。

3. 去除杂质

一些混棉机械配备了除杂装置,可以在混合过程中去除原棉中的部分杂质,如尘屑、短绒等,提高原料的洁净度。

4. 均匀给棉

混棉机械能够将混合好的原料均匀地输送给下一道工序,确保生产过程的连续性和稳定性。

综上所述,混棉机械能够提高原料的质量和均匀性,为后续的加工工序提供良好的基础,从而保证产品的质量和生产效率。

(二)混、给棉机械类型

多仓式(4~10仓)混棉机械常用型号有:FA022型多仓混棉机,FA028多仓混棉机或MCM(特吕茨勒),FA025型多仓混棉机。棉箱式混棉机械常用型号有:以混棉为主的如ZFA026,以均匀给棉为主的如FA106A。

(三)多仓式混棉机械

多仓式混棉机带有PLC控制系统,与前后机台联锁,同步工作。灵敏的光电检测和压差传感,实现全流程连续、协调、程序化工作。采用交流变频电动机传动,运行速度无级可调。带有输入、输出变频风机,保证风量和风压的稳定并节能。

1. FA022型多仓混棉机

(1)结构与工艺流程。FA022型多仓混棉机的结构如图3-1-5所示。经初步开松的原棉由输棉风机2送入输送管道,经活门4的开闭逐个进入储棉仓1,气流透过孔板5经回风道3进入混棉通道9。当棉仓内的原料达到一定高度时,原料将仓前后隔板上部分网孔板5堵塞,该仓静压升高,当气压升至某一定值时,微压差开关控制气动机构关闭活门4,同时自动打开下一棉仓的活门,原料进入下一仓。如此顺序喂料直到喂满最后一仓。在第二仓观察窗上装有光电管6,当最后一仓喂满原料而第二仓原料存量低于光电管高度时,则喂料工作转入第一仓,本机开始下一循环工作。当光电管仍被原料遮住,则总活门关闭,直到原料低于光电管高度才重新开始喂棉。在各仓底部均有一对给棉罗拉8和一只打手7,原料经开松后落入混棉通道9内被前方气流输出。给棉罗拉的形式为六翼钢板,如图3-1-6所示。打手的形式为六翼齿形钢板,如图3-1-7所示,相邻两翼齿顶和齿根交叉排列,使齿顶对原料的打击点分布均匀。

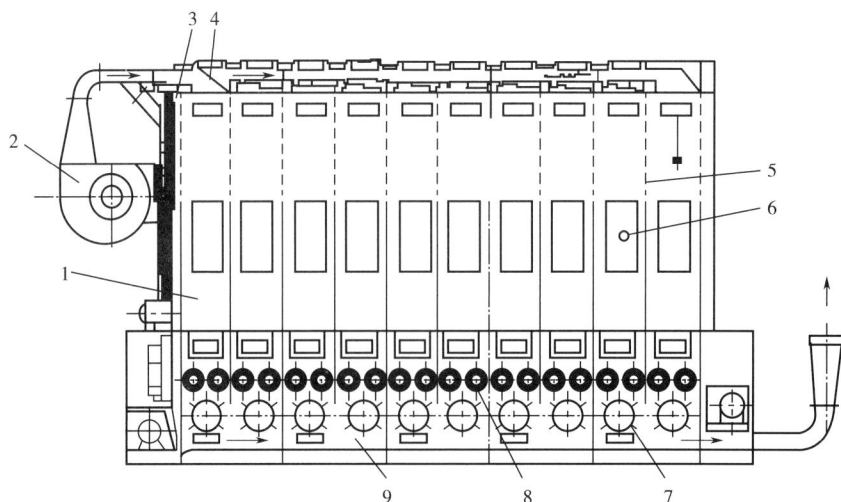

图3-1-5　FA022型多仓混棉机结构示意图

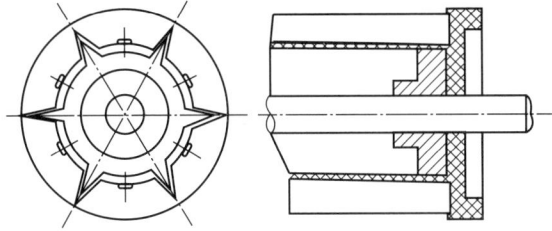

图 3-1-6 给棉罗拉形式示意图

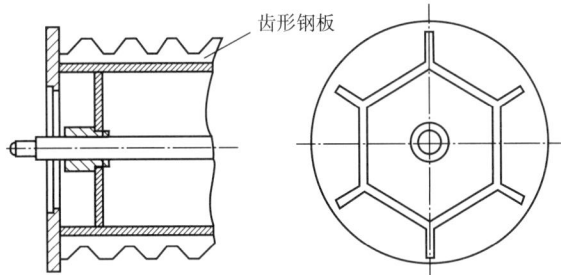

图 3-1-7 六翼齿形钢板形式示意图

（2）混合作用的特点。该机采取逐仓喂入原料，梯度储棉，同步输出，多仓混棉。在混棉通道内不同时间喂入的原料获得混合，即"时差混合"，如图 3-1-8 所示，"时差混合"的时差越大，混合效果越好。

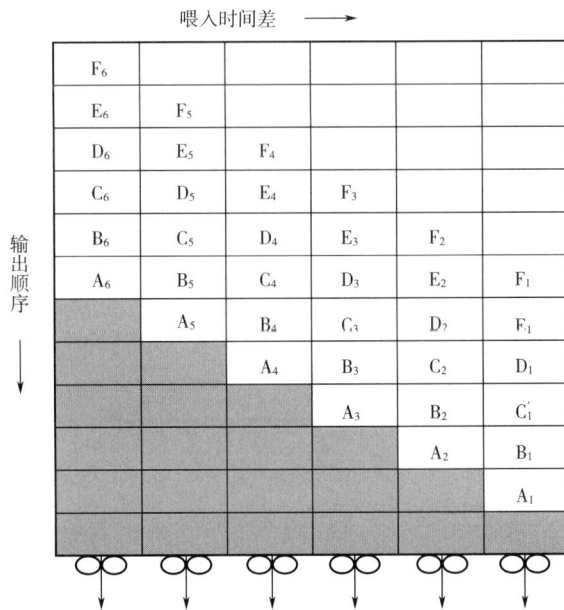

图 3-1-8 理想的时差混合示意图

（3）气动控制系统。FA022 型多仓混棉机的气动控制系统由空气压缩机、调压阀、压力继电器、电磁阀组和气缸等组成，如图 3-1-9 所示。若仓内原料增加或减少，气压升高或降低，压差开关和程序开关起作用,按顺序接通换仓电磁阀和气缸,通过机械推动装置开闭棉仓活门,进行或停止喂棉。

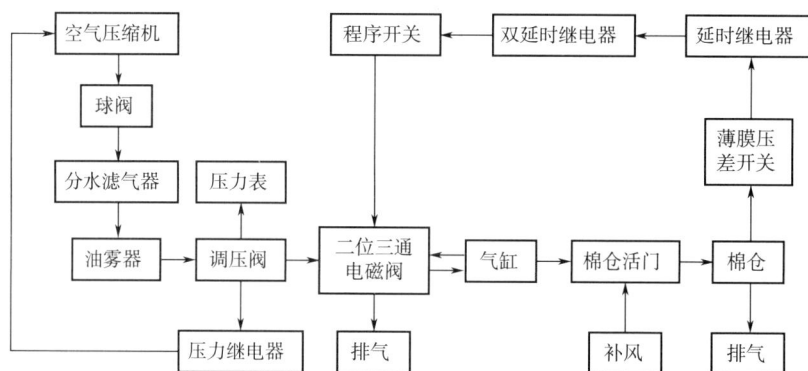

图 3-1-9 FA022 型多仓混棉机的气动控制系统

(4)技术特征。FA022 系列多仓混棉机的技术特征见表 3-1-2。

表 3-1-2 FA022 系列多仓混棉机的技术特征

机型		FA022-6	FA022-8
产量[kg/(台·h)]		500	600
机幅(mm)		1400	
打手	形式	六翼齿形钢板	
	★转速(r/min)	260,330	
	直径(mm)	420	
罗拉	形式	六翼钢板	
	★转速(r/min)	0.1,0.2,0.3	
	直径(mm)	200	
输棉风机	★转速(r/min)	1200,1440,1728	
	直径(mm)	500	
罗拉间隔距(mm)		30	
罗拉与打手间隔距(mm)		11	

2. FA028 型一体化混棉机

FA028 型一体化混棉机也是时差混合式混棉机,其最大特点是通过一组输棉帘子直接将棉筵喂入清棉机给棉罗拉,如图 3-1-10 所示。给棉速度由交流变频无级调节,与清棉机给棉速度同步,保证喂入清棉机的棉筵能够达到极高均匀度。同时,此种连接方式能节省一台凝棉器或输棉风机,使开清棉流程更为简洁,减少设备占地面积。

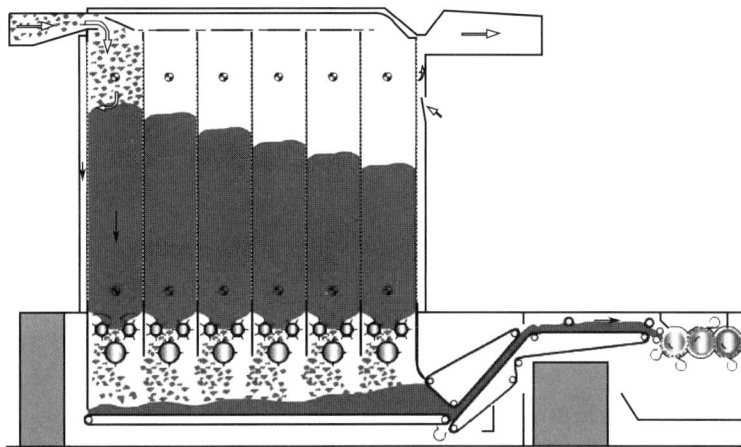

图 3-1-10　FA028 型一体化混棉机示意图

3. FA025 型多仓混棉机

（1）结构和工艺流程。FA025 型多仓混棉机的结构如图 3-1-11 所示，上机台输出的棉流经顶部输棉风机吸入进入喂棉管道 1，在导向叶片作用下，均匀喂入六只棉仓 2，气体由棉仓上网眼孔板排出。各仓原棉由弯板处转 90°后叠加在水平导带 7 向前输送，受角针帘 5 的逐层抓取作用撕扯成小棉束输出，均棉罗拉 4 回击过厚的棉块落入小混箱 3 内产生细致混合，剥棉罗拉 6 剥取角钉帘上棉束喂入下一机台。

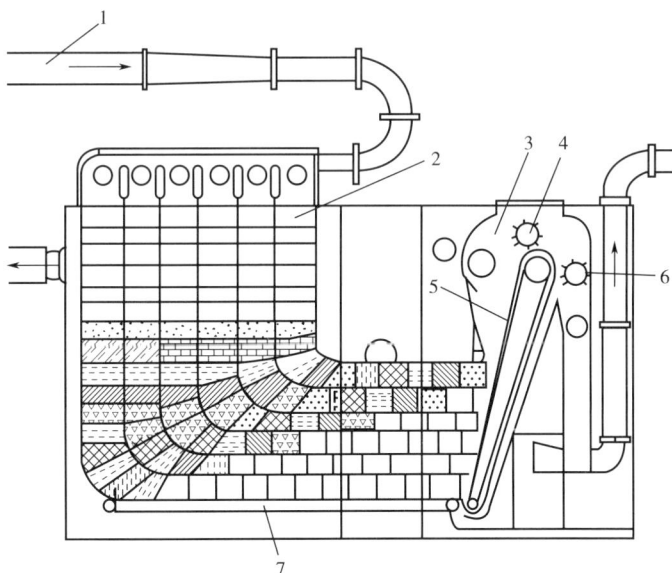

图 3-1-11　FA025 型多仓混棉机结构示意图

（2）工作特点。该机采用程差混合，即同时喂棉，依靠路程差产生的时间差，不同时输出。各仓堆棉高度相同，各仓瞬时混合，多层混合，角针撕扯开松。

（3）技术特点。FA025 型多仓混棉机的技术特征见表 3-1-3。

表 3-1-3　FA025 型多仓混棉机的技术特征

项目	技术特征	项目	技术特征
产量[kg/(台·h)]	150~600	★均棉罗拉与角钉帘的隔距(mm)	15~39
机幅(mm)	1200	★剥棉罗拉与角钉帘的隔距(mm)	3~16
仓数	6	输棉风机风量(m³/s)	1.1
★水平帘线速度(m/min)	0.23~0.79	配棉头可调角度	0°,-5.5°,+5.5°,+8.5°,+14.0
★角钉帘线速度(m/min)	60~100	功率(kW)	3.31

(四)棉箱式混棉机械

棉箱式混棉机的共同特点是都具有较大的混棉箱和角钉机件。大容积的棉箱使原料能得以较好的混合,角钉机件则对原料进行扯松,去除杂质和疵点。

(1)结构与工艺流程。FA106A 型自动混棉机主要由第一打手 2、第二打手 1、角钉帘 3、均棉罗拉 4、压棉帘 5、摆斗 6、光电管 7、混棉比斜板 8、输棉帘 9、漏底 10、尘格 11 等组成,如图 3-1-12 所示。

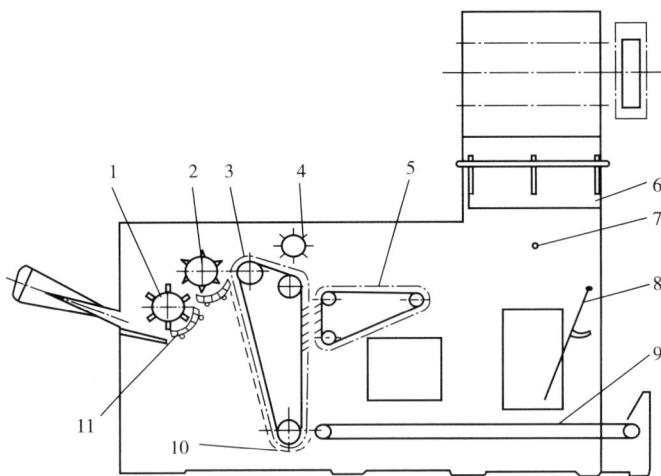

图 3-1-12　FA106A 型自动混棉机示意图

FA106A 型自动混棉机工艺流程如下。原料靠混棉机顶部凝棉器的吸风吸入,落于摆斗 6 的两个金属翼片之间。翼片的摆动将棉块横铺在水平输棉帘 9 上,成为多层混合的棉堆。混棉比斜板 8 可控制喂棉量。光电管 7 控制棉箱棉量高度,当高度达到要求时,控制抓棉小车停车,低于要求高度时,控制抓棉小车开始抓棉,使棉箱中的存棉量保持一定稳定。压棉帘 5 与输棉帘 9 同速,将棉堆夹持并逐渐压缩送向角钉帘 3。角钉帘垂直抓取棉块向上运动,由于角钉帘速度快于压棉帘,两者间产生扯松作用。角钉帘携带棉块通过均棉罗拉 4 时,由于两者的运动方向相反,故再次对棉块施行撕扯和打击作用,并将多余的棉块回击到压棉帘上,返回棉箱与棉堆再次混合。角钉帘前方的剥棉打手 2 和打手 1 将角钉帘上的棉块剥下并撞击到尘格上,部分较大的杂质被从尘格的缝隙中抛出,棉块最后被前方气流吸走。

（2）混合作用分析。FA106A 型自动混棉机采用夹层混合的方式,即横铺直取,多层混合,原理如图 3-1-13 所示。其中,横铺直取是指棉层通过摆斗往复平铺后,由角钉帘同一时间内多层垂直抓取各配棉成分。

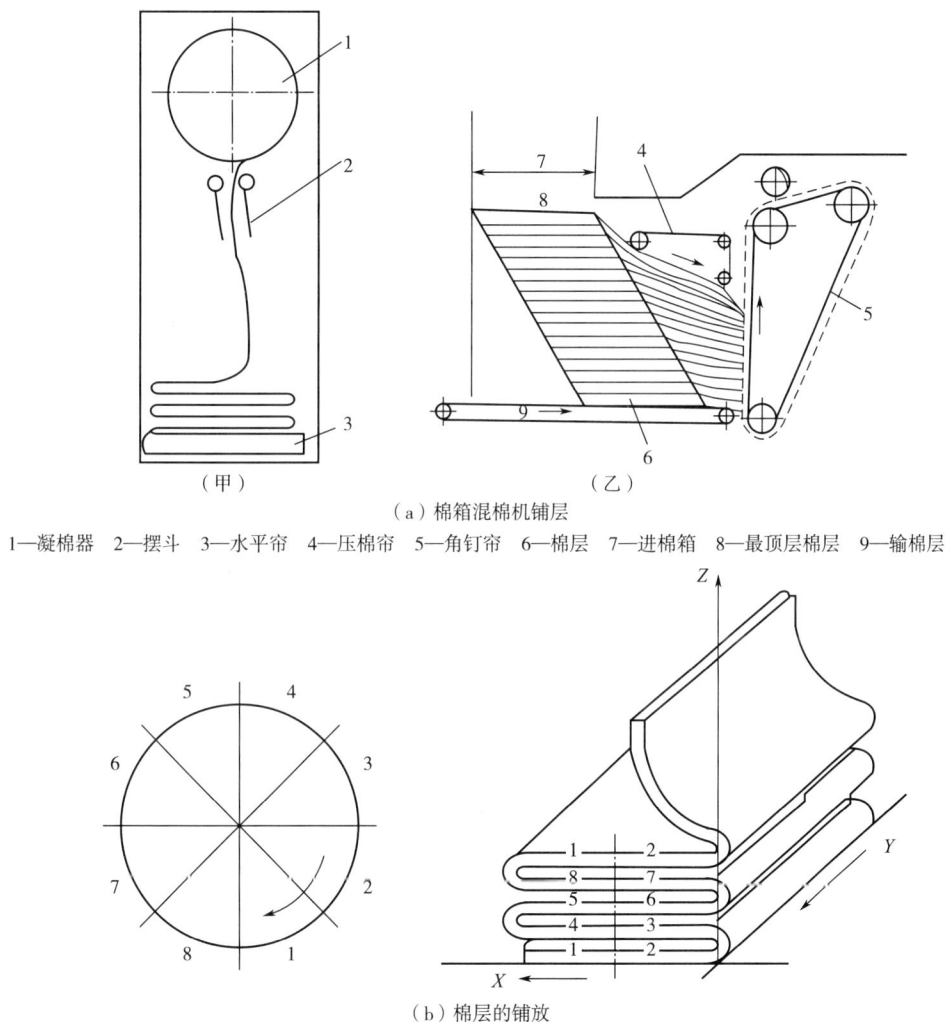

（a）棉箱混棉机铺层

1—凝棉器　2—摆斗　3—水平帘　4—压棉帘　5—角钉帘　6—棉层　7—进棉箱　8—最顶层棉层　9—输棉层

（b）棉层的铺放

图 3-1-13　夹层混合原理图

(五)给棉机械

给棉机械是以均匀给棉为主要作用的棉箱机械。常用机型 A092AST 型双棉箱给棉机有前、中、后三个棉箱,主要机件的作用与混棉机相似。

1. A092AST 型双棉箱给棉机机构组成

如图 3-1-14 所示,给棉机主要由调节板 1、摇栅 2、导棉罗拉 3、输棉帘 4、摇板 5、角钉帘 6、均棉罗拉 7、清棉罗拉 8、剥棉打手 9、"V"形帘 10、回击罗拉 11 和凝棉器 12 组成。

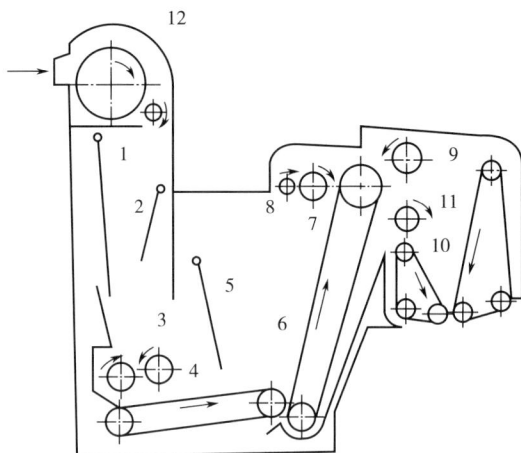

图 3-1-14   A092AST 型双棉箱给棉机机构示意图

2. A092AST 型双棉箱给棉机工艺流程

凝棉器 12 将原料吸入后部进棉箱,其下部的一对角钉导棉罗拉 3 将棉块喂给输棉帘 4 并送至中部棉箱;角钉帘 6 将棉块向上携带,均棉罗拉 7 将较大的棉块击落;角钉帘带出的棉块则被剥棉打手 9 剥取,落入前部棉箱的"V"形帘 10 上;回击罗拉 11 将多余的原棉击向角钉帘而返回中部棉箱,以控制前棉箱储棉量;"V"形帘 10 夹持棉层均匀地铺在单打手成卷机的输棉帘上。

3. 混合作用

A092AST 型双棉箱给棉机采用翻滚混合的方式,即由角钉帘抓取输棉帘输送的原棉,引起原棉在棉箱内翻滚,达到混合目的。

四、开棉机械

开棉机械是纺织工艺流程中用于对原棉进行开松、除杂的设备,是主要的开清点。常见的开棉机械有豪猪式开棉机、轴流开棉机、打手式开棉机等多种类型。不同类型开棉机的工作原理和结构有所不同,但都通过打手的打击、撕扯和气流的作用,实现对原棉的开松和除杂。

(一) 主要任务

开松:将大块(束)纤维松解为较小的棉块或棉束。

除杂:去除棉块或棉束中的杂质和疵点,为后续的纺纱工序提供良好的原料条件。

(二) 作用形式

按棉流的运动方式分为周向和轴向开棉。

按开松方式可分为自由打击和握持打击两种。自由打击,开松作用缓和、纤维不易损伤、杂质不易破碎、除杂效果稍差。开棉机常用机型有:FA104 型六辊筒,FA105A 型、FA102 型、

FA113 型单轴流开棉机,FA103A 型双轴流开棉机,A035 型系列混开棉机。握持打击,打击力大、除杂作用强、杂质容易破碎、纤维容易损伤。开棉机常用机型有 FA106 型豪猪开棉机,FA106A 型梳针辊筒,FA106B 型锯齿刀片。

开棉机械的排列顺序为:先自由,后握持。开松过程中,应遵循"先缓后剧,渐进开松,少伤纤维,早落防碎"的原则。打手的型式主要有:刀片打手、梳针打手、锯齿打手、皮翼打手、综合打手等。不同类型的打手,其加工性能有所差别。

(三)FA106 型豪猪式开棉机

豪猪式开棉机的打手为豪猪式打手,其表面装有许多角钉,通过高速旋转对原棉进行打击和撕扯,同时利用尘格进行除杂。

1. 机构组成

豪猪式开棉机主要由凝棉器 1、储棉箱 2、摇栅 3、出棉口 4、剥棉刀 5、调节板 6、木罗拉 7、给棉罗拉 8、尘格 9 和豪猪打手 10 组成,如图 3-1-15 所示。豪猪式开棉机属握持打击开棉机,即棉层在积极握持下接受高速回转打手打击的开松方式,打击作用剧烈,开松除杂作用较强,杂质容易破碎,对纤维有一定的损伤。

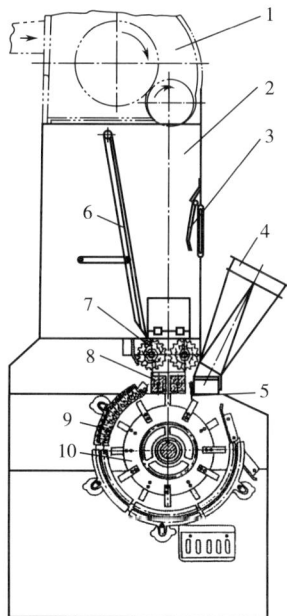

图 3-1-15　FA106 型豪猪式开棉机示意图

2. 工艺流程

机器上部的凝棉器 1 将后方的棉块吸入本机的储棉箱 2,储棉箱底部的木罗拉 7 将原棉压成棉层,送至钢制的给棉罗拉 8,棉层在钢罗拉的紧握持下接受豪猪打手 10 的撕扯,并与尘格 9 撞击开松除杂后籍前方气流吸出。

3. 技术特征

FA106 系列豪猪式开棉机的技术特征见表 3-1-4。

表 3-1-4　FA106 系列豪猪式开棉机的技术特征

机型		FA106	FA106A	FA106B	FA107	FA107A
产量[kg/(台·h)]		800	600	600	600	250
适合加工的原料		棉	化纤	棉	棉	化纤
打手	形式	圆盘矩形刀片	梳针辊筒	鼻形锯片	圆盘矩形刀片	三翼梳针
	直径(mm)	610	600	610	460	
	★转速(r/min)	480,540,600			720,800,900	
给棉罗拉	直径(mm)	76			70	
	★转速(r/min)	14~70			15.6~78	
	传动方式	单独电动机,无级变速器			无级变速器	
	★与打手的隔距(mm)	纺棉:6;纺化纤:11				
尘棒调节		机外手轮调节			一组三角形尘棒,机外手轮调节	
尘棒根数		63 根	49 根		23 根	
★尘棒间的隔距(mm)	进口一组	11~15(14 根)	弧形光板	11~15	5~10	
	中间两组	6~10(每组 17 根)				
	出口一组	4~7(15 根)				
★打手与尘棒间隔距(mm)	进口一组	10~14	15~19			
	中间两组	11~17	15~19			
	出口一组	14.5~18.5	19~23.5			

(四)FA104 型六辊筒式开棉机

1. 机构组成

本机主要由光电管 1、给棉罗拉 2、剥棉刀 3、辊筒 4、尘格 5 组成,如图 3-1-16 所示。FA104型六辊筒式开棉机属自由打击开棉机,即棉块在无握持状态下接受打击的开松方式,打击作用缓和、纤维不易损伤、杂质不易破碎、除杂效果稍差。

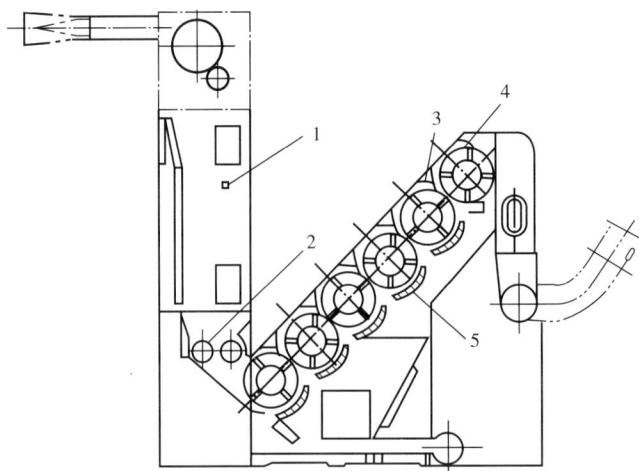

图 3-1-16　FA104 型六辊筒式开棉机示意图

2. 工艺流程

原棉在凝棉器的作用下喂入棉箱,储棉箱内装有调节板,用以调节棉箱内的储棉量,棉箱侧面装有光电管1,用以控制后方机台给棉或停止给棉来稳定棉箱储棉高度,给棉罗拉2将原棉喂入辊筒4,原棉从第一辊筒开始依次向上接受呈45°倾斜方向的六只辊筒的打击开松,从纤维中分离出的杂质从尘格5的间隙落入下部尘箱,而纤维被下一机台的凝棉器吸走。在两辊筒间的上方装有"V"字形剥棉刀3,用以防止辊筒返花。

六辊筒开棉机储棉箱下部装有给棉罗拉,将原料喂给U形刀片打手。经U形刀片打手打击开松后的原料直接喂给第一辊筒。

3. 技术特征

FA104型六辊筒式开棉机的技术特征见表3-1-5。

表3-1-5 FA104型六辊筒式开棉机的技术特征

项目	技术特征
产量[kg/(台·h)]	800
适合加工的原料	棉
辊筒形式及排列倾角	四排圆锥体角钉,向上倾斜45°
辊筒直径(mm)	455
★辊筒转速(r/min)	第一挡:448,492,545,572,632,698; 第二挡:均为400;第三挡:均为492
尘棒形式及安装角	振动式扁钢尘棒,±15°
尘棒根数	第一、第二、第三组为35根;第四、第五组为39根
★尘棒隔距(mm)	第一、第二、第三组为10根;第四、第五组为8根
★给棉罗拉转速(r/min)	5.40,4.95,4.50,4.05
★辊筒与尘棒的隔距(mm)	第一、第二、第三组为8;第四、第五组为12
★辊筒角钉与剥棉刀的隔距(mm)	以小为宜,一般为1.5mm左右

(五)轴流开棉机

轴流开棉机采用轴向流动的方式对原棉进行开松和除杂,使用角钉辊筒打手,对自由状态下的原棉进行打击和扯松,完成开清作用,具有较大的处理量和较好的除杂效果。

1. 机械类型

轴流开棉机分为单辊筒轴流开棉机和双辊筒轴流开棉机。

2. 工艺流程

FA102单辊筒轴流开棉机无握持开松,不损伤纤维,棉流绕辊筒2.5圈,3次通过尘格而外出,如图3-1-17所示。

FA103型双轴流开棉机,两辊筒平行排列,转向、转速相同;棉流落在两辊筒之间,受自由打击和扯松;棉流绕 2~3 周输出,如图 3-1-18 所示。

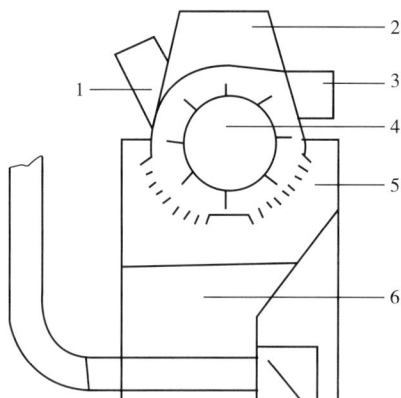

图 3-1-17　FA102 单辊筒轴流开棉机

1—出棉管　2—上罩盖　3—进棉管　4—辊筒　5—尘棒　6—尘箱

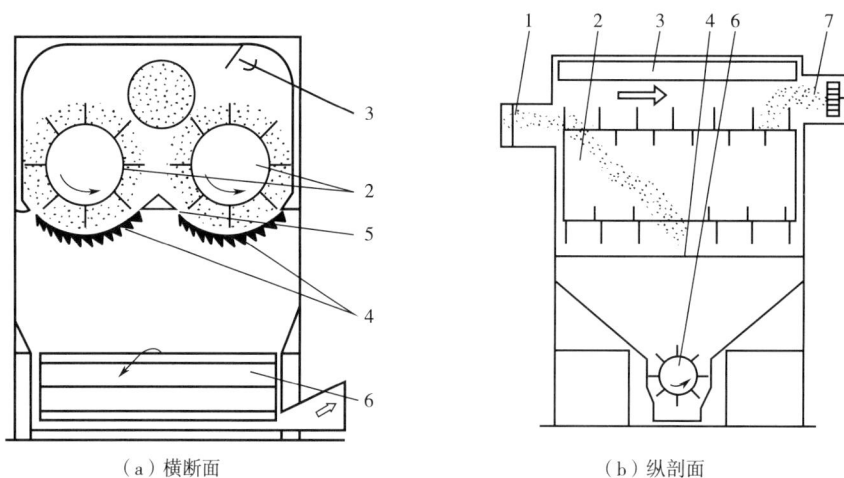

（a）横断面　　　　　　　　　　（b）纵剖面

图 3-1-18　FA103 型双轴流开棉机

1—进棉口　2—角钉滚筒　3—导向板　4—尘棒　5—导向板　6—排杂打手　7—出棉口

3. 技术特征

轴流开棉机的技术特征见表 3-1-6。

表 3-1-6　轴流开棉机的技术特征

机型	FA102C	FA113	FA103	FA105A
制造厂商	金坛纺机	郑州宏大纺机		青岛宏大纺机
形式	单轴流	单轴流	双轴流	单轴流
最高产量[kg/(台·h)]	1000	1000	1000	1000
棉流喂入形式	切向一端喂入,另一端输出6圈	切向一端喂入,另一端输出6圈	轴向一侧喂入,另一侧输出	切向一端喂入,另一端输出6圈

续表

机型		FA102C	FA113	FA103	FA105A
角钉打手	个数/直径(mm)	1/750	1/750	2/605	1/750
	角钉形状	V形	V形	直形	V形
	★速度(r/min)	480~800(变频)	480~960(变频)	第一打手:414 第二打手:424	480~800(变频)
尘棒	形状/组数	三角尘棒/4组	三角尘棒/4组	三角尘棒/2组	三角尘棒/4组
	调节方式	自动调节	步进电机,在线调节	机外手柄	机外手柄
隔距	★尘棒—尘棒隔距(mm)	5.50~11.50	5.00~10.00	5.00~10.00	6.26~10.29
	尘棒—打手隔距(mm)	—	15.00~23.00	15.00~23.00	—

开棉机械的性能和效果直接影响纺织产品的质量和生产效率。在实际应用中,需要根据原棉的特性、纺纱工艺的要求以及生产规模等因素,合理选择和配置开棉机械,并进行适当的调整和维护,以确保其正常运行和良好的工作效果。

五、清棉成卷机械

常见的清棉成卷机械包括抓棉机、混棉机、开棉机、清棉机和成卷机等。这些设备通过各自的工作原理和结构特点,协同完成清棉成卷的任务,为纺织生产提供高质量的原料准备。

(一)机械作用

清棉成卷机械是纺织工艺流程中用于开松、除杂、混合和均匀成卷的设备,其主要作用包括以下几点。

(1)开松。将压紧的原棉松解成较小的棉束或纤维。

(2)除杂。去除原棉中的杂质,如泥沙、叶屑、短纤维等。

(3)混合。使不同成分、不同等级的原棉充分混合,保证产品质量的均匀性。

(4)均匀成卷。将处理后的纤维制成一定规格和重量的棉卷,以便后续工序的加工。

(二)机械形式

制卷机组包括振动棉箱给棉机和成卷机,用于制作棉卷。

制丛机组包括中间喂棉机、锯齿清棉机和除微尘机,用于制作棉丛。

(三)单打手成卷机

单打手成卷机的作用是细致开松,清除细杂,均匀成卷,通常由开松除杂机构、均匀机构、成卷机构组成。FA141型单打手成卷机主要由输棉帘1、角钉罗拉2、天平罗拉3、天平曲杆4、综合打手5、尘格6、上下尘笼7、风机8、出棉罗拉9、紧压罗拉10、棉卷罗拉11和棉卷辊12组成,如图3-1-19所示。

FA141型单打手成卷机工艺流程如下:输棉帘1将棉层送入由角钉罗拉2、天平罗拉3和天平杆4组成的喂入测量装置,棉层在天平罗拉和天平杆的握持下接受厚度测定后,以一定的速度输出接受综合打手5的打击与撕扯,变速装置根据测定结果来改变后道工序的喂入速度,从而保证输出棉层的均匀;原棉在打手的打击下被抛向周围的尘棒,受尘棒的撞击而被松解,杂质从尘棒的间隙中落出;原棉受前方尘笼 7 的气流吸引,向前输送并贴附于尘笼的表面,经上下尘笼的辊压作用形成棉层,并由出棉罗拉 9 剥下,经过四个紧压罗拉 10 的反复压实,最后靠棉卷罗拉 11 的摩擦制成棉卷。

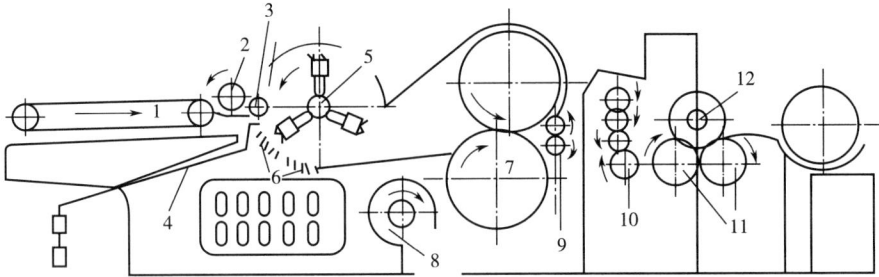

图 3-1-19 FA141 型单打手成卷机示意图

其中,尘笼和风机的作用是将散棉凝聚均匀成棉层,并清除细小杂质。由上下尘笼、风道、风机等组成,如图 3-1-20 所示。下尘笼内加挡板以防止棉层结构不均。其工作过程如下:

风机转动→气流沿风道流动→尘笼表面形成负压→散棉均匀凝聚在尘笼表面;细小杂质进入尘笼,通过风道、风机进入尘室。

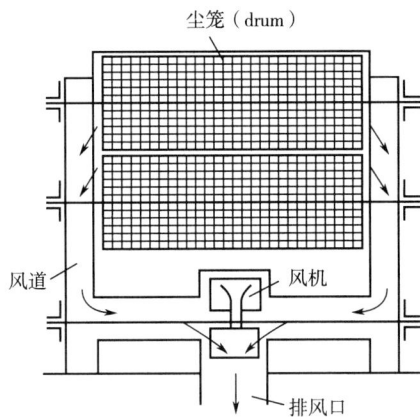

图 3-1-20 尘笼

开清棉联合机的终端是成卷机,制成的棉卷在梳棉机上退绕喂入。近年来,纺机制造厂纷纷推出了开清梳联合机,在该机上,棉丛经最后一个清棉打手处理之后就进入气力输送管道,由输棉风机吹送到各台梳棉机的喂棉箱内,形成均匀棉丛而喂给梳棉机刺辊。每套开清机组供应 6~8 台梳棉机,实现了开清棉与梳棉生产连续化和自动化。

(四)成卷机自调匀整

1. 天平调节装置

(1)天平调节装置的作用原理。通过棉层厚薄的变化来调节给棉速度,使天平罗拉单位时间的给棉量保持一定。当喂入棉层厚时,天平罗拉减速;当喂入棉层薄时,天平罗拉增速。

（2）天平调节装置的机构组成。

①天平罗拉和天平曲杆——检测棉层厚度；横向分段检测。

②连杆传递机构——将检测的棉层厚度变化的位移信息，传递给变速机构。

③变速机构——改变天平罗拉的转速，从而改变单位时间内棉层的喂给量。

④传统铁炮变速系统。

2. 机电一体化的自调匀整装置

目前，国产新型清棉成卷机在天平喂给部分均采用电子式自调匀整装置，如SYH301、ZNC-800、FLT-300型等自调匀整装置。

（1）组成变频式自调匀整仪由高精度位移传感器、匀整控制器、变频器、减速器和加压重锤及地钉等组成。

（2）工作原理。在天平调节装置的总连杆上挂有重锤，重锤上装有高精度的位移传感器。当天平罗拉和天平杠杆之间的棉层厚薄发生变化时，经天平杠杆传递，使总连杆重锤产生位移，位移传感器检测出位移变化量并转换为±2V的电压信号，输给匀整控制器进行一系列功能运算处理，使控制器输出0~5V的模拟电压，再输送到变频器内进行变频处理。

六、开清棉机组的联动控制与在线检测

（一）开清棉机组的联动控制

1. 目的

为保证供应均衡稳定，需要一套联动控制装置，依工艺要求制定标准，并以高度、密度的变化，产生光通遮挡，压差传感，通过光电开关和压差开关转换的电信号以及延时继电器的作用，控制供应机台喂给或停止喂给，以保证定量供应和连续生产，达到对机组运行的联动控制。

2. 联动控制方法

目前，电气式集控柜联锁控制应用越来越广。集控柜内有电源、气源、电磁阀及继电器等，布线与各机相通，开关按钮布于柜门表面，并配有灯屏显示及声鸣信号。

（1）电、气联锁。机组运行既有强电作为动力，还有弱电、气动控制棉流喂给，同时配套滤尘设备。因此要保证电源、气源和滤尘设备的供应到位和正常运行，才能启动机组生产。若运转中发生电源超载、气压降低、滤尘故障，均由线路联锁控制，停止机组运行。

（2）主机的联锁控制。对机组各单元机台常转部件的主电动机，以抓棉喂入为尾端，以棉卷输出为始端，从前向后的顺序逐台开车启动，并以此顺序对上述主电动机进行联锁控制。关车的顺序与开车顺序相反。即先停抓棉机，再停混棉机、开棉机，最后停清棉成卷机。

对单机台来说，先停给棉，再关打手，最后凝棉器停止吸风。

开机顺序：开凝棉器→开打手→开给棉罗拉，由前向后依次进行。

关机顺序：关给棉罗拉→关打手→关凝棉器，由后依次向前。

（3）给棉控制系统。机组中各单元机台的给棉是由其所供机台的储棉状态检测、感应控制。各机的给棉传动电动机由本机主电动机联锁控制，不得抢先启动。所有给棉传动的开停，均由总开关主令控制联动，统一给棉，统一停棉。

（4）安全、故障联锁控制。设备运行中，工艺加压超限、气压低于下限、喂入过厚、大杂混入等故障，以及为了安全生产，封闭运行所设的防范保险等，均以电气行程开关与给棉传动电动机和主电动机联锁，并由联锁灯屏、声鸣显示报警。

(二)异性纤维在线检测和清除装置

以德国特吕茨勒公司的 SCFO 异纤检测及清除装置为例，安装位置为开清棉生产线最后一道刺辊开棉机之后，梳棉工序之前。

异性纤维在线检测和清除装置的工作原理如下：在清棉机工作宽度上分布多个电荷耦合件数（CCD）数码相机，对开松辊上形成的棉网进行高速扫描，扫描信号送计算机进行图像识别，分析判断是否有异纤和杂质存在，光谱分析能精确判定异纤大小及位置，当探测到异性纤维或杂质时，计算机准确控制相应位置处的喷嘴电磁阀瞬间开启，喷嘴会射出一股压缩空气，将异纤和杂质吹入废棉收集装置。探测点到分离点的距离非常短，以确保异纤和杂质分离的可靠性。因摄影是在开松辊的表面探测棉网内的异纤和微小杂质，而不是直接在管道当中或棉簇落下当中探测，大大增加了探测的机会，以保证后道工序的成纱质量。

(三)开清棉机械的联接

1. 凝棉器

（1）作用。凝棉器利用输棉管道将上一台机器输出的棉流输送给下一台机器，并除去细小杂质。

（2）结构和工作原理。以 A045B 型凝棉器为例如图 3-1-21 所示，当尘笼一侧的风机高速回转时，空气不断被排出，使进棉管 1 内形成负压区，棉流即由输入口向尘笼 2 表面凝聚，部分细小尘杂和短绒则随气流穿过尘笼网眼，经风道排入尘室或滤尘器，凝聚在尘笼表面的棉层由剥棉打手 3 剥下，落入储棉箱中。

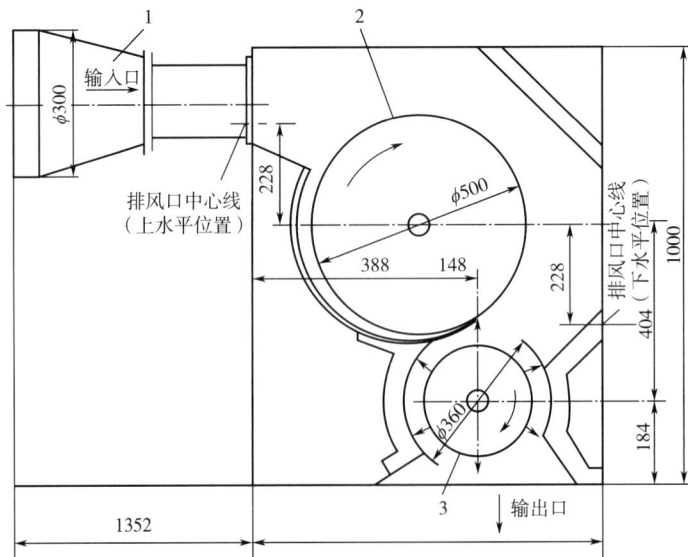

图 3-1-21 A045B 型凝棉器示意图

1—进棉管 2—尘笼 3—剥棉打手

2. 配棉器

(1)作用。配棉器将棉流均匀分配给2~3台棉箱给棉机,保证生产连续。

(2)组成。A062型电气配棉器主要由配棉头和进棉斗组成。配棉头为三通或四通管道,采用两路配棉时为Y式三通,采用三路配棉时为品式四通。配棉头装有调节板,以改变棉流的分配量。进棉斗由扩散管道、进棉活门、直流电磁铁等组成。

3. 输棉管道

输棉管道的作用是将开清棉各台机械联接起来,并输送棉流。

(四)开清棉的开关机操作

1. 开车的顺序

一般先开前一台机器的凝棉器,再开后一台的打手,达到正常转速后,再逐台开给棉机件。

2. 关车的顺序

与开车顺序相反,即先停给棉,再关打手,最后关凝棉器。

七、开清棉机械的发展趋势与工艺流程

随着纺织技术的不断发展,开清棉联合机的自动化程度和生产效率不断提高,以满足现代纺织工业的需求。

(一)开清棉机械的发展趋势

开清棉机械是纺织工艺流程中的前端设备,其发展趋势主要体现在以下几个方面。

(1)自动化和智能化。采用先进的自动化控制系统,实现设备的自动运行、监控和调整,提高生产效率和产品质量的稳定性。例如,配备智能化的传感器和检测装置,实时监测原料的状态和设备的运行参数,实现故障预警和自动诊断,减少停机时间和维修成本。

(2)高效节能。通过优化机械结构和工艺参数,提高设备的生产效率,降低能耗。例如,采用新型的节能驱动系统和传动装置,减少能源消耗;加强对废弃物和余热的回收利用,提高资源利用率,实现可持续发展。

(3)提高除杂效果。不断改进开清棉单机的除杂机构和工艺,提高对原料中杂质的清除能力,保证产品质量。采用多级除杂和精细除杂技术,适应不同原料和产品的要求。提高单机的开松作用和除杂效果,减少纤维的损伤。

(4)提高原料适应性。开发能够适应多种原料(如天然纤维、化学纤维及其混纺)的开清棉机械,增加混合作用,提高其混合比例的准确度,满足市场对多样化产品的需求。对不同规格和性能的原料进行灵活处理,提高设备的通用性和灵活性,向清梳联、机电一体化方向发展,进一步实现工艺流程自动化连续化,提高流程的适应性。

(5)模块化设计。采用模块化设计理念,使设备的各个组成部分可以根据生产需求进行灵活组合和配置,方便设备的升级和改造。模块化设计还可以缩短设备的制造周期,降低生产成本,提高市场竞争力。

(6)信息化管理。利用信息技术实现设备的远程监控和管理,方便生产管理人员对设备运行情况进行实时掌握和分析。通过与企业的信息化系统集成,实现生产数据的共享和管理,提

高生产管理的效率和决策的科学性。

综上所述,开清棉机械朝着自动化、智能化、高效节能、高质量、高适应性和信息化的方向发展,以满足现代纺织工业对高质量、高效率和可持续发展的要求。

(二)开清棉机械的工艺流程

1. FA002 型开清棉联合机

FA002 型环行式自动抓棉机(2 台)→FA121 型除金属杂质装置→FA104 型六辊筒开棉机(附 A045 型凝棉器)→FA022 型多仓混棉机→FA106 型豪猪式开棉机(附 A045 型凝棉器)→FA107 型豪猪式开棉机(附 A045 型凝棉器)→A062 型二路电气配棉器→A092AST 型双棉箱给棉机(附 A045 凝棉器)(2 台)→FA141 型单打手成卷机(2 台)

2. FA006A 开清棉联合机

FA006A 型自动抓棉机×2→TF37 型手动两路配棉器(可选)→AMP3000 金属及重杂物探除器→FA103A 型双轴流开棉机(附 FA051A 型凝棉器)→FA022 型多仓混棉机(附 TF27 桥式吸铁→FA106 型豪猪式开棉机(附 FA051A 型凝棉机)→FA135-II 型启动配棉器(2 路)→[FA046 型震动棉箱给棉机(附 FA051A 型凝棉器)+FA141A 型打手成卷机]×2 台

3. FA009 开清棉联合机

FA009 型往复抓棉机→FA103 型双轴流开棉机或 FA113 型单轴流→FA028 型六仓混棉机→FA109 型三辊筒清棉机→FA151 型除微尘机→(FA177A 型喂棉箱+FA221B 型梳棉机)(6~8 台)×2

技能训练

一、目标

(1)熟悉开清棉机械的特点,学会对不同纺纱系统进行开清棉工艺流程的设备组合及选配。

(2)学会操作开清棉设备,学会开关车操作。

二、器材或设备

开清棉联合机组的各台单机。

三、步骤

(1)跟踪原棉的加工过程,记录对原棉发生作用的机台的名称、型号、位置、数量、结构、工作原理以及对原棉发生的作用。

(2)开关车操作。

四、考核标准

考核标准表

考核项目	评分标准	配分	扣分	得分
认识开清棉联合机组的各单机	1. 说出开清棉联合机组的工艺流程 2. 说出各单机的名称及其作用以及主要机件的名称和工作原理	60		
开关车	1. 操作开关车 2. 说出开关车顺序及原因	40		
合计		100		

课后习题

任务二　开清棉工艺设计与工艺上机

工作任务单

序号	任务名称	任务目标
1	工艺设计	学会设计加工不同品种的开清棉工艺流程、棉卷定量、主要打手形式及速度、各部分主要隔距等工艺
2	工艺计算	根据设计工艺转换为清棉成卷机具体的上机参数
3	工艺上机	根据具体的工艺进行工艺上机

知识准备

一、开清棉工艺设计

(一)开清棉联合机的机器组合原则

工艺流程配置应遵循精细抓棉、混合充分、逐渐开松、早落防碎、以梳代打、少伤纤维、防火防爆的原则,对不同产品有一定的适应性,并合理设置棉箱机械和开清点的数量。

(二)棉箱和开清点的设置

为保证原料的充分混合及均匀输送,做到稳定供应,在开清棉联合机组中一般配置2台混、给棉机(即2个棉箱)。开清点(即握持打击点数)是指对原料起开松、除杂作用的部位,通常以开棉机和清棉机打手为开清点。不同原棉含杂率对应的开清点数量见表3-2-1。为使开清棉流程有一定的适应性和灵活性,流程中设有间道装置。

表 3-2-1　不同原棉含杂率对应的开清点数量

原棉含杂率(%)	3以下	3~5	5以上
开清点数	2~3	3~4	4~5 或经预先、处理

(三)开清棉联合机组流程选择

1. 加工原棉流程

2×FA002 型环行式自动抓棉机→FA121 型除金属杂质装置→FA104 型六辊筒式开棉机(附A045B 型凝棉器)→FA022 型多仓混棉机→FA106 型豪猪式开棉机(附 A045B 型凝棉器)→FA107 型豪猪式开棉机(附 A045B 型凝棉器)→A062 型二路电气配棉器→2×A092AST 型双棉箱给棉机(附 A045B 型凝棉器)→2×FA141 型单打手成卷机

本流程配置 4 个开清点(FA104 型、FA106 型、FA107 型和 FA141 型)、2 台棉箱机械(FA022 型和 A092AST 型)。

2. 加工棉型化纤流程

2×FA002 型环行式自动抓棉机→FA121 型除金属杂质装置→FA022 型多仓混棉机→FA106 型豪猪式开棉机(附 A045B 型凝棉器)→A062 型二路电气配棉器→2×A092AST 型振动棉箱给棉机(附 A045B 型)→2×FA141 型单打手成卷机

本流程配置 2 个开清点(FA106A 型和 FA141 型)、2 台棉箱机械(FA022 型和 A092AST 型)。

3. 清梳联加工原棉流程

FA006 型往复抓棉机→TF27 型桥式吸铁装置→TF30 型重物分离器→F016 型自动混棉机(附 AO45 型凝棉器)→FA103 型双辊轴流开棉机→FA133 型二路气动配棉器→FA022-8 型多仓混棉机(2 台)→FA106B 型豪猪式开棉机(附 AO45B-5.5 型凝棉器)(2 台)→FA031 型喂棉机(附 AO45B-5.5 型凝棉器)(2 台)→FA108E 型锯齿辊筒清棉机(2 台)→FA151 型除微尘机→FA202B 型输棉风机→FA177 型喂棉箱和 FA221 型梳棉机(2×8 台)

本流程配置 3 个开清点(FA103 型、FA106B 型、FA108E 型)、6 台棉箱机械(F016 型、FA022-8 型、FA031 型、FA177 型)。

4. 清梳联加工棉型化纤流程

FA009 型往复式抓棉机→FT245F 型输棉风机→AMP2000 型金属火星二合一探除器→FA029 型多仓混棉机→FT204F 型输棉风机→FA302 型纤维开松机→FA053 型无动力凝棉器→FT201B 型输棉风机→FT301B 型连续喂给控制器→119A 型火星探除器→(FA178A 型棉箱+FT240 型自调匀整器)×8

本流程配置 1 个开清点(FA302 型)、2 台棉箱机械(FA029 型和 FA178 型)。

二、开清棉各机台工艺设计

工作要求:多包抓取、连续抓取、安全生产、均衡供应。

(一)自动抓棉机械

(1)撕扯、开松作用的工艺设计及调节。抓棉机撕扯、开松作用的主要工艺调节参数有以下几点。

[微课]开清棉各机台工艺设计

①抓棉小车的运行速度。速度高,抓棉机产量高,单位时间抓取的原料成分多,开松效果差,但是抓取的成分多,有利于原料充分混合,同时提高产量。运行速度一般为 1.7~2.3r/min。

②打手锯齿刀片伸出肋条的距离。距离小,刀片插入纤维层浅,抓取纤维块的平均重量轻,开松效果好,反之,开松效果差。当纤维包密度小或需要提高产量时,可以适当增加打手锯齿刀片伸出肋条的距离。距离一般为 1~6mm。

③抓棉打手间歇下降的距离。距离越大,抓取纤维块的重量越重,开松效果越差,同时也会降低抓棉机的运转效率。在满足产量的前提下,应尽量减小该距离,提高开松效果。要实现对原棉的连续抓取,抓棉打手每绕一周下降 3~6mm。

④抓棉打手的转速。在其他条件不变时,增加打手转速,可提高纤维的开松效果,但打手速度过高,不仅对纤维和锯齿刀片造成损伤,而且对抓棉小车的动平衡也提出了相当高的要求。

转速一般为 740~900r/min。要实现对原棉的抓取,抓棉打手转速设置为 960r/min。

(2)混合作用的工艺设计及调节。抓棉小车运行一周(或一个单程),按配棉方案上的比例和顺序抓取不同成分的原料,实现不同原料的初步混合。影响抓棉机混合效果的工艺调节因素有以下几点。

①编制排包、上包工作。每台抓棉机可堆放 20~40 包原棉,在编制排包图时,要根据抓包机的类型合理安排纤维包的位置,避免同一成分的原料连续重复抓取。为此,对于相同成分要做到"周向分散、径向错开",尽量减小横向并列纤维包的平均等级差异。上包时应根据排包图上包,并做到"削高嵌缝、低包松高、平面看齐"。混用回花和再用棉时,也要纵向分散,由棉包夹紧或打包后使用,排包图如图 3-2-1 所示。

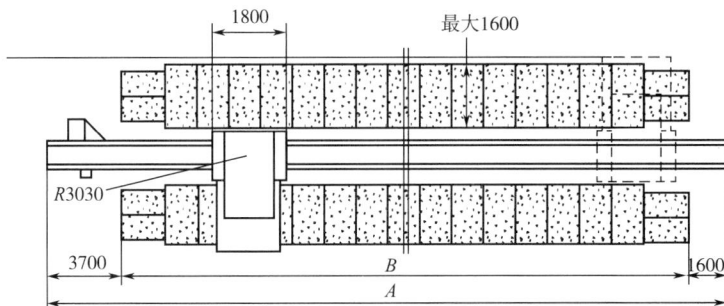

图 3-2-1 排包图

②抓棉小车的运行效率。

$$运行效率 = \frac{测定时间内小车运行的时间}{测定时间内成卷机运行的时间} \times 100\%$$

提高运行效率的方法是采取"勤抓少抓,尽量少停车"的工艺原则。一般抓棉小车的运行效率要大于 90%。运行效率高,单位时间内打手抓取的原料成分多,混合效果好。

(二)混棉机械

1. FA022 型多仓混棉机

多仓混棉机混合效果的主要工艺调节因素如下。

(1)光电管位置的高低。位置低时,延时混合效果好,反之则差。但位置太低,容易造成空仓现象,致使前后供应脱节而影响正常生产。

(2)各仓满仓容量及换仓压力。换仓压力高,各仓容量大;换仓压力低,各仓容量小。换仓压力主要根据原料的松紧程度来确定,一般棉纤维在 196Pa 左右、化纤在 343Pa 左右。各仓满仓容量越大,对长片段混合越有利,但不能过大,否则原料堵塞在输出罗拉和打手处。

(3)喂入量和输出量。在实际生产中,喂入量是波动的,为保证不出现空仓,后方机台的喂入量应大于多仓混棉机的输出量。此外,相邻各仓间喂入纤维的时间差越大,混棉仓数越多,延时混合效果就越好。

2. 自动混棉机

(1)混合效果的工艺调节。通常自动混棉机属夹层混合,而夹层混合效果取决于棉堆的铺层数和每层包含的原棉成分数。通常调节棉箱后部的摇栅(混棉比斜板)来调节混合效果。当水平的输棉帘加快速度时,混棉比斜板的倾角应相应增大。倾斜角在22.5°~44.5°范围内调节,角度过大会影响棉箱中的存棉量。

(2)扯松作用的工艺设计及调节。该机主要是角钉与角钉或角钉与打手刀片间相对运动时,经扯松而完成开松。角钉扯松作用的工艺参数调节有以下几点。

①角钉规格。角钉规格包括角钉的倾角、密度、长短、粗细等,应根据加工原棉块大小来决定。角钉倾角小,扯松效果好;但是过小会降低角钉的抓棉量,一般取30°~50°。角钉密度是单位作用面积内的角钉数,通常用"纵向钉距×横向钉距"来表示,一般为64.5mm×38mm。密度过小扯松作用差;密度过大,使抓棉量减小。一般靠近抓棉机的混棉机加工的棉块大,而靠近清棉机的混给棉机加工的棉块小,因此角钉密度应逐渐加大,而角钉倾角应逐渐减小。

②隔距。主要是指均棉罗拉与角钉帘间隔距以及压棉帘与角钉帘间隔距。隔距小,角开松效果好,出棉均匀稳定;隔距过小,会使产量降低。一般角钉帘与均棉罗拉间隔距为40~80mm,角钉帘与压棉帘间隔距为60~80mm。

③均棉罗拉转速。加快均棉罗拉转速,可增加均棉罗拉与角钉帘间的线速比(称均棉比),继而可提高对棉块的扯松作用。其均棉比一般为1.6~5.5。

(3)除杂效果的工艺设计及调节。除杂作用主要发生在剥棉打手与尘格部分,除杂作用的工艺参数调节有以下几点。

①剥棉打手转速。剥棉打手转速会影响棉块对尘格的撞击力。转速过低会使落棉减少,除杂差;转速过高出现返花,形成束丝和棉结。转速一般为400~450r/min。

②剥棉打手与尘格间隔距。原料被打手与尘棒逐步开松后,为使其顺利输出,进口隔距一般为8~15mm,出口隔距为10~20mm。

③尘棒间隔距。此隔距应利于大杂的排除,如原料含大杂或有害疵点多,且密度较大时,此隔距应放大;反之,宜小。加工原棉时,此隔距应大于棉籽的长直径,通常为10~13mm。

④出棉形式。采用上出棉时,尘格包围角大,棉流输出时形成急转弯,据此可清除部分较重杂质,但要增加出棉风力;采用下出棉时,尘格包围角小,对除杂略有影响。

(三)开棉机械

1. 打手形式和特点

开棉机的目的与要求不同,其采用的打手形式也各不相同,常用打手类型有辊筒打手、豪猪打手、三翼打手、综合打手等。

2. 六辊筒开棉机开松除杂作用的工艺设计及调节

(1)辊筒转速。辊筒转速增高,开松、除杂作用增强,但转速过高,易造成辊筒返花或落白现象。辊筒转速应根据原棉品级和纤维线密度决定。一般纺中、粗特纱时,辊筒转速可快些;纺特细特纱时,辊筒转速应降低。FA104型开棉机辊筒速度有三挡可供选择使用,第一挡速度第一至第六只辊筒依次递增,分别为448r/min、492r/min、545r/min、572r/min、632r/min、698r/min;第二和第三挡各辊筒都采用同速,分别为400r/min和492r/min。

(2)辊筒与尘棒间隔距。为适应原料逐步松解的要求,此隔距应逐渐增大,一般第一、第

二、第三辊筒与尘棒的隔距为8mm,第四、第五辊筒与尘棒的隔距为12mm,第六滚筒与圆弧形托板的隔距为18mm,可以通过升降辊筒两端轴承座来增减此隔距。注意调节后,必须校核辊筒到剥棉刀的隔距,一般为1.5mm左右。

(3)尘棒间隔距。为实现大杂早落、小杂后落的工艺要求,尘棒间隔距配置应由大到小,一般第一、第二、第三只辊筒下尘棒间的隔距采用10mm,第四、第五只滚筒下尘棒间的隔距采用8mm。该隔距可借助机外手轮来调节,通过改变尘棒安装角来实现,逐个辊筒调节。尘棒安装角大,落棉增多。

此外,为增加角钉对原棉的撕扯打击作用时间,前方机台风扇的速度不宜过高,否则原棉在机内停留的时间短,开松除杂效果差。

3. 豪猪式开棉机开松除杂作用的工艺设计及调节

(1)打手速度。当给棉量一定时,打手速度高,开松除杂作用强,落棉率增加。但打手速度过高,易损伤纤维,杂质易破碎,落棉含杂率降低,甚至出现束丝。打手速度一般根据加工纤维品种及其性质来确定,FA106型一般在500~600r/min之间,FA107型和FA107B型一般在700~900r/min之间。通过变换豪猪打手轴端的皮带轮来调节打手速度。

(2)尘棒间隔距。尘棒间隔距根据原棉含杂多少、杂质性质和加工要求来配置。一般情况下,此隔距设置是入口部分大,此后逐渐缩小,出口部分又放大或反装尘棒。如要求出口部分少回收时,可采用从入口到出口逐渐缩小隔距的工艺。尘棒间隔距通常为:进口一组11~15mm、中间两组6~10mm、出口一组4~7mm。加工化纤时,尘棒间隔距应减小或采用全封闭。尘棒之间的隔距可借助转动机侧调节手轮来改变尘棒安装角。不同安装角对应的尘棒隔距见表3-2-2。

表3-2-2 不同安装角对应的尘棒隔距

安装角(°)	40°	39°	37°	35°	33°	30°	27°	24°	20°	19°	18°
进口一组尘棒间隔距(mm)	—	11.1	11.7	12.2	13	13.7	14.3	15	—	—	—
中间两组尘棒间隔距(mm)	6	6.3	6.7	7.2	7.6	8.2	8.7	9.2	9.7	—	10
出口一组尘棒间隔距(mm)	—	4	4.4	4.7	5.1	5.6	6.2	6.5	6.9	7.1	—

(3)打手与给棉罗拉间隔距。该隔距小,开松好,但过小,较长纤维易损伤或者击落后易扭结,易损伤纤维。隔距过大,开松差。该隔距应根据纤维长度而定。豪猪式开棉机加工不同长度纤维时,打手至给棉罗拉隔距见表3-2-3。

表3-2-3 豪猪式开棉机加工不同长度纤维时打手至给棉罗拉隔距

纤维长度(mm)	<38	38~51	51~76
打手至给棉罗拉隔距(mm)	6~7	8~9	10~11

(4)打手与尘棒间隔距。该隔距小,开松作用强,落棉率高。由于纤维体积逐渐增大,此隔距从进口至出口应逐渐增大。同时,产量高时,隔距应适当放大。一般纺中特纱进口隔距用10~14mm,出口隔距用14.5~18.5mm。

(5)打手与剥棉刀的隔距。为防止打手返花,隔距以小为宜。一般加工棉时采用1.5~

2mm,加工化纤缩小至 0.8~1mm。

（6）气流控制。一般将落杂区分为死箱与活箱两个落杂区。与外界隔绝的落棉箱部分称"死箱"，主要是落杂作用。与外界连通的落棉箱部分称"活箱"，主要是回收作用。当原棉含大杂较多时，采用后"死箱"、前"活箱"；当原料含杂率达 5%~6% 时，采用前后"死箱"，开前后进风门；加工一般含杂原棉时，采用前"活箱"、后"死箱"；加工化纤时采用全"活箱"。

4. FA141 型单打手成卷机开松除杂作用的工艺设计及调节

（1）综合打手转速。转速高，开松除杂效果好，但打手转速过高，易打碎杂质，造成纤维损伤和落白花现象。在加工长纤维或成熟度差的原棉时，宜采用较低速。转速一般为 900~1000r/min。

（2）天平罗拉转速。当喂入棉层厚度一定时，天平罗拉转速快，产量增加，但开松梳理作用降低；反之，有利开松除杂。

（3）隔距确定。

①综合打手与天平罗拉间隔距。该隔距小，开松效果好，但隔距过小，易损伤纤维，并造成天平曲杆振动。一般在喂入薄纤维层、加工短纤维且成熟度好时，此隔距应小；反之，则应适当放大。一般根据纤维长度确定，通过移动综合打手轴承座的位置来调节，间隔距范围为7~10mm。

②综合打手与尘棒间隔距。该隔距小，开松除杂效果好，但过小隔距易造成通道阻塞，产生疵点。为适应开松后纤维体积增大，此隔距由进口到出口应逐渐放大，一般进口为 8~10mm，出口为 16~18mm。

③尘棒间隔距。该隔距大小视纤维含杂情况而定，一般为 5~8mm。此隔距也是借机外手轮改变尘棒安装角来调节。

三、清棉成卷机传动与工艺计算

（一）FA141 型单打手成卷机的工艺计算

FA141 型单打手成卷机的传动如图 3-2-2 所示，其传动系统如下。

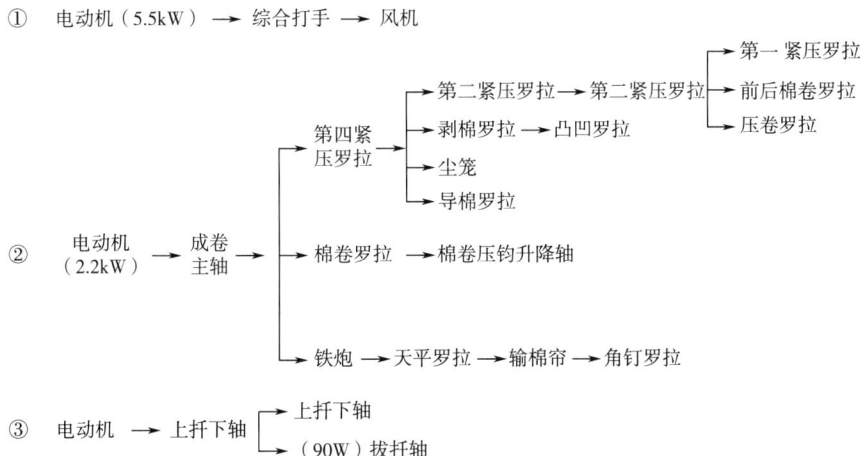

图 3-2-2　FA141 型单打手成卷机的传动图

根据所加工的原料和成卷规格、质量的需要,调整清棉机的各机件速度、牵伸和棉卷长度等,具体计算如下。

(1)牵伸计算。产品在加工过程中被抽长拉细,使单位长度的重量变轻,称为牵伸。牵伸的程度用牵伸倍数表示。牵伸分机械牵伸和实际牵伸。按输出与喂入机件的表面速度求得的牵伸称为机械牵伸倍数(也称理论牵伸倍数),按喂入与输出产品单位长度重量或特数求得的牵伸称为实际牵伸倍数。

在清棉机中,为了获得一定规格的棉卷,需对棉卷罗拉与天平罗拉之间的牵伸倍数进行调节。设两者之间的机械牵伸倍数 E 为:

$$E = \frac{d_1}{d_2} \times \frac{Z_4 \times 20 \times 50 \times 167 \times Z_2 \times 17 \times 14 \times 18}{Z_3 \times 20 \times 1 \times 186 \times Z_1 \times 67 \times 73 \times 37} = 3.2162 \times \frac{Z_2 \times Z_4}{Z_1 \times Z_3}$$

式中:　　d_1——棉卷罗拉直径(230mm);

　　　　　d_2——天平罗拉的直径(76mm);

Z_1、Z_2、Z_3、Z_4——牵伸变换齿轮齿数。

根据牵伸变换齿轮的齿数范围,棉卷罗拉与天平罗拉之间的牵伸倍数见表3-2-4。

表3-2-4　棉卷罗拉与天平罗拉之间的牵伸倍数

Z_3/Z_4	Z_1/Z_2		
	24/18	25/17	26/16
21/30	3.446	3.124	2.827
25/26	2.507	2.276	2.058

实际牵伸与机械牵伸之间的关系如下式:

$$实际牵伸倍数 = \frac{机械牵伸}{1-落棉率}$$

(2)速度计算。

①综合打手转速 n_1(r/min)为:

$$n_1 = n \times \frac{D}{D_1} = 1440 \times \frac{160}{D_1} = \frac{230400}{D_1}$$

式中:n——电动机(5.5kW)的转速(1440r/min);

　　D——电动机皮带轮直径(160mm);

　D_1——打手皮带轮直径。

②设皮带在铁炮的中央位置,天平罗拉转速 n_2(r/min)为:

$$n_2 = n' \times \frac{D_3 \times Z_1 \times 186 \times 1 \times 20 \times Z_3}{330 \times Z_2 \times 167 \times 50 \times 20 \times Z_4} = 0.0965 \times \frac{D_3 \times Z_1 \times Z_3}{Z_2 \times Z_4}$$

式中:n'——电动机(2.2kW)转速(1430r/min);

　　D_3——电动机变换皮带轮直径,mm。

③棉卷罗拉转速 n_3(r/min) 为：

$$n_3 = n' \times \frac{D_3 \times 17 \times 14 \times 18}{330 \times 67 \times 73 \times 37} = 0.1026 D_3$$

棉卷罗拉转速范围为 $10.26 \sim 15.39$ r/min。

④风扇转速 n_4 为：

$$n_4 = n \times \frac{D}{D_1} \times \frac{D_2}{170}$$

式中：D_2——风扇变换皮带轮直径(200mm、220mm、240mm、250mm)。

风扇转速 n_4 比打手速度快 $200 \sim 300$ r/min。

(二)棉卷长度计算

FA141 型成卷机的棉卷长度由 YH401B 型计数器控制。当计数器显示所要求的数字时，便产生落卷动作。棉卷计算长度 L(m) 可用下式表示：

$$L = \pi n_5 \times d \times e_1 \times e_0 / 1000$$

式中：n_5——导棉罗拉一个棉卷的转数；

$\quad d$——导棉罗拉直径(80mm)；

$\quad e_1$——棉卷罗拉与导棉罗拉之间的牵伸倍数；

$\quad e_0$——压卷罗拉与棉卷罗拉之间的牵伸倍数。

$$e_1 = \frac{230}{80} \times \frac{16 \times 54 \times 32 \times 18}{37 \times 14 \times 73 \times 37} = 1.0226$$

$$e_0 = \frac{184}{230} \times \frac{37 \times 7 \times 14 \times 24 \times 20 \times 23}{18 \times 32 \times 54 \times 19 \times 23 \times Z_6}$$

其中，Z_6 有 23 齿、24 齿两种。

棉卷在卷绕过程中略有伸长，故实际长度大于计算长度。设棉卷的实际长度为 L_1，则棉卷的伸长率 ε 为：

$$\varepsilon = \frac{L_1 - L}{L} \times 100\%$$

棉卷伸长率参考指标为：棉控制在 $2.5\% \sim 3.5\%$，涤控制在 1% 以内，其他化纤控制在 $-0.5\% \sim 1.5\%$。

(三)产量计算

(1)理论产量计算。

$$G = \frac{\pi d_1 \times n_3 \times 60 \times Tt}{1000^3} \times (1 + \varepsilon) \ \text{或} \ G = \frac{\pi d_1 \times n_3 \times 60 \times g}{1000^2} \times (1 + \varepsilon)$$

式中：G——理论产量，kg/(台·h)；

$\quad d_1$——棉卷罗拉直径，mm；

$\quad Tt$——棉卷线密度，tex；

$\quad g$——棉卷公定回潮时的定量，g/m。

(2)定额产量计算。

定额产量是考虑时间损失所计算出的产量。时间损失是指如落卷停车、小修理、故障停车等时间损失,这需要通过测定确定。一般用时间效率或有效时间系数表示。时间损失越多,时间效率越低。定额产量为:

$$定额产量=理论产量×时间效率$$

技能训练

以生产 C28tex 纱线为例,设置开清棉工艺,并进行工艺上机。

一、目标

(1)设计生产 C28tex 的原棉混合和排包方案、选配开清棉工艺流程、棉卷定量和棉卷罗拉转速、主要打手形式及速度、各部分主要隔距等工艺。

(2)根据设计工艺计算相关工艺参数,完成工艺单。

(3)按照工艺设计表上机。

[案例]纯棉 16tex 机织纱
开清棉工艺设计

二、器材或装置

原棉、开清棉联合机组,各类专业工具。

三、步骤

(1)根据所纺品种进行工艺设计。

(2)工艺计算。

(3)工艺上机(隔距、齿轮等)。

四、考核标准

考核标准表

考核项目	评分标准	配分	扣分	得分
工艺设计	1. 参数设计合理 2. 分析设计原则	40		
工艺计算	数据正确且合理	20		
工艺上机	1. 隔距校正准确规范 2. 齿轮上机规范	40		
合计		100		

课后习题

任务三　棉卷质量控制

工作任务单

序号	任务名称	任务目标
1	产量	学会计算每台成卷机实际产量
2	棉卷质量的主要指标	学会分析棉卷纵向不匀、棉卷横向不匀及棉卷的重量差异等
3	提高棉卷均匀度和正卷率的措施	掌握提高棉卷均匀度、棉卷正卷率的措施

知识准备

棉卷质量是开清棉工序生产中一个重要的指标,包括棉卷不匀率、棉卷结构、棉卷含杂率及含杂种类三个方面,直接影响后续纺纱工序的重量不匀率和成纱质量。改善棉卷结构有利于减少束丝和棉团的产生、排除短绒以及提高棉块的开松度。棉卷含杂率的降低和含杂种类的改善,有利于清梳。

[微课] 开清棉工序的
产量和质量控制

一、产量

清棉车间的实际产量以成卷机每小时生产的合格棉卷的总重量为准。根据棉卷罗拉的速度及棉卷每米的定重不同而有差异。一般来说,每台成卷机每小时理论产量为260kg。运转率是指在指定工作时间内实际完成的产品产量与理论产量的比值,只考虑机器的内部影响,不考虑外部影响和操作员引起的停机,如紧急停机,安全防护,维护等。生产效率是指实际产量和理论产量的比值,取决于机器的工艺,并考虑所有影响停机或关机的因素。当运转率和生产效率均为85%时:

$$成卷机实际产量 = 260×85\%×85\% = 188[kg/(台·h)]$$

如该厂生产29号棉纱,细纱千锭时产量为40kg,每万锭时生产棉纱400kg,约需合格棉卷440kg,那么,就应配备成卷机:

$$\frac{440}{188} = 2.4(台)$$

五万锭棉纺厂平均纺29号纱,共需配备开清棉联合机4列,每列配备3台成卷机(俗称三个头)。但以上运转率系指全年平均计算,由于清花间机台数量相对较少,如在平车时安排不当,仍会发生供应脱节的情况。

二、棉卷质量的主要指标

(一)棉卷纵向不匀

棉卷的重量应符合规定的标准,且重量差异要小,以保证纺纱过程中牵伸的均匀性。棉卷纵向不匀反映棉卷每米长度的重量差异,直接影响生条重量不匀率和细纱的重量偏差。纵向不匀率通常以 1m 长为片段,称重后计算重量不匀率的数值。

用国产 Y201A 型棉卷均匀度试验机试验后用下式计算:

$$棉卷每米重量不匀率=\frac{2×(每米平均重量-平均以下每米平均重量)×平均以下项数}{每米平均重量×试验总米数}×100\%$$

棉卷每米重量不匀率根据不同原料有不同控制标准,棉及棉型黏胶纤维控制在 0.8% ~ 1.2%,棉型化纤及中长纤维控制在 0.9% ~ 1.3%,涤/棉混纺纤维控制在 1.4%以内。

棉卷头、尾两段往往不能达到准确的一米长度,所以不统计在内,但另须测量长度,加在实际长度内,不计重量。每米平均重量取小数后一位,重量不匀率取小数后两位。

(二)棉卷横向不匀

棉层横向不匀指棉卷的横向分布情况,如有无破洞及横向各处的厚薄差异等。棉卷均匀度试验机上装有日光灯,当棉卷退出时,可以目测棉层有无破洞、厚块、粘连、萝卜丝等情况。

(三)正卷率

生产上除控制棉卷的纵向和横向不匀以外,还应控制棉卷的重量差异,即控制棉卷定量或棉卷线密度的变化。一般要求每个棉卷重量与规定重量相差不超过±200g,超过此范围作退卷处理。退卷率一般不超过1%,即正卷率在99%以上。

棉卷规定重量=扦重+棉卷湿重=扦重+[每米棉卷干重×(1+规定回潮率)×棉卷定长(1+伸长率)]

(四)棉卷含杂率

棉卷含杂率用 Y101 型原棉杂质分析机检验,每天每个品种的棉卷试验一次,每种试样 100g。

$$棉卷含杂率=\frac{试样所含杂质重量}{试样重量}×100\%$$

棉卷含杂率与原棉含杂率之间的具体关系见表3-3-1。

表 3-3-1 棉卷含杂率与原棉含杂率之间的关系

原棉含杂率(%)	棉卷含杂率(%)
1.5 以下	0.9 以下
1.5 ~ 1.9	1
2 ~ 2.4	1.2
2.5 ~ 2.9	1.4
3 ~ 4	1.6

在考核开清棉机器除杂效能时常用到以下计算式:

$$(1)落棉率=\frac{落棉总重}{喂入棉总重}×100\%$$

$$(2)落棉含杂率=\frac{落棉中含杂重量}{落棉总重}×100\%$$

（3）单机除杂效率 $=\dfrac{\text{单机落棉含杂重量}}{\text{喂入原棉中含杂重量}}\times100\%$

（4）统破籽率 $=\dfrac{\text{所有开清棉机械车肚落棉总重}}{\text{喂入原棉总重}}$

（5）联合机除杂效率≈各组成单机除杂效率之和

在配棉成分有较大的变动或调整工艺时，均应进行落棉试验。

棉卷含杂率的控制，应视原棉的含杂情况而定。根据生产实践经验，对棉卷含杂率进行有效控制的工艺原则有两条，一是对不同原棉采取不同的处理方法，二是贯彻早落、少碎、多松、少打的原则。

三、提高棉卷均匀度和正卷率的措施

提高棉卷质量有以下措施：做好机械基础工作，合理的工艺配置，严格的操作规程，稳定的车间气流和创造一定的温湿度条件。

（一）原料选择与管理

选用质量好、一致性高的棉花原料，避免使用含有过多杂质、短绒和疵点的棉花。对原料进行合理的分类和储存，确保原料的湿度和温度适宜，防止受潮、发霉或变质。严格控制车间温湿度变化，使棉卷回潮率及棉层密度趋向稳定。温度夏季控制在 31~32℃，冬季控制在 20~22℃，相对湿度一般为 55%~65%。

（二）机械状态

抓住基础工作，在整机中做到"五光一准"。"五光"是指刀片、尘棒、角钉、梳针、原棉通道及风管光。"一准"即各隔距要准，特别是天平均匀装置隔距和各剥棉刀至打手隔距要准，以防返花。加强周期维修和保养附件的贯彻：天平均匀装置的清洗、尘棒、梳针板的除尘及凝棉器每三月一次的检修，角钉每六月一次的调换，天平均匀装置隔距每次揩车必须校正。若"五光"工作不彻底，堵车、坏车多，就会产生大量的束丝棉团，影响棉卷质量。保证天平调节装置的正常工作状态，或采用自调匀整装置。

（三）工艺配置

原料的充分混合及开松是提高棉卷质量的关键。因为均匀、除杂都需要在混合及开松的基础上完成。因此，开清棉理想的工艺流程是棉流呈筵棉状态，从抓棉机进棉开始，到成卷机成卷告终的过程中，棉流在任何一个单机内都不应有较长时间的停留，要不断地向前输送，充分地混合，保证棉流不断，以供棉卷形成。

要保证棉卷均匀和较好落杂，必须处理好"原棉输入，机内储存，筵棉输出"三者的关系。要合理选择全机的运转效率，既要保证稳定的定量供应，又要防止各单机内中断脱节。优化清花工艺流程，合理配置开清棉设备，提高开松、除杂效果。调整打手速度、隔距等参数，以达到较好的开松和除杂效果，同时减少对纤维的损伤。加强清花设备的维护和保养，确保设备正常运行，提高工作效率和质量。

（四）操作管理

严格执行运转操作工作法，树立质量第一的思想。按配棉排包图上包，回花、再用棉应按混

合比例混用,操作人员不能随便改变工艺等。加强操作人员的培训和管理,提高操作人员的技术水平和质量意识。严格按照操作规程进行操作,确保每个工序的工艺参数准确执行,避免人为因素对棉卷质量的影响。

执行质量管理中常说的"4M1E",即 material——材料管理;man——人员管理;method——作业方法管理;machine——设备管理;environment——环境管理。在实际生产应根据这些因素的具体情况作出相应的调整,以不断提高产品(或半制品)的质量。建立质量监控体系,对棉卷的质量进行定期检测和分析,及时发现问题并采取措施进行改进。

技能训练

一、目标

(1)测试棉卷的质量。

(2)分析质量指标。

(3)根据数据分析判断质量状况是否正常。

二、器材或装置

天平、Y201 型棉卷均匀度试验机、Y101 型棉花杂质分析机、卷尺等。

三、步骤

(1)做棉卷的各项指标实验,并计算出各项指标值。

(2)分析试验数据。

(3)对照参考指标,作出棉卷质量判断。

四、考核标准

考核标准表

考核项目	评分标准	配分	扣分	得分
棉卷试验	1. 方法得当 2. 结果正确	50		
分析	分析有理有据	30		
做出判断	1. 根据分析做出质量情况判断 2. 影响产品质量的原因分析	20		
合计		100		

课后习题

任务四　开清棉基本操作

工作任务单

序号	任务名称	任务目标
1	值车操作的基本流程	掌握值车操作的基本流程,操作流程正确
2	值车操作的操作管理	掌握值车操作的操作管理内容,能够进行正确的值车操作
3	开清棉挡车巡回练习	掌握巡回原则和巡回路线,确定有序巡回
4	开清棉平包工作	掌握平包工作的要点
5	开清棉单项操作练习	熟练掌握落卷和换卷操作

知识准备

[微课]开清棉工序的挡车技术

一、值车操作概述

值车操作是开清棉工序中的重要环节,值车工负责监控和调整开清棉设备的运行状态,确保棉卷的质量和生产效率。值车操作的核心任务是及时发现并解决生产中的问题,确保设备的正常运行,以保证棉卷的均匀性、含杂率和外观质量。

(一)值车操作的主要任务

确保开清棉设备的正常运行,及时发现并解决设备故障。根据原料特性和生产要求,调整打手速度、隔距、风量等工艺参数。监控棉卷的重量不匀率、含杂率和外观质量,确保棉卷符合质量标准。记录生产过程中的关键数据,及时反馈问题并提出改进建议。

(二)值车操作的工艺流程

值车操作的工艺流程包括以下步骤。

(1)设备检查。在接班前,值车工需对开清棉设备进行全面检查,确保设备处于良好状态。

(2)工艺参数调整。根据生产计划和原料特性,调整设备的工艺参数(如打手速度、隔距等)。

(3)生产过程监控。在生产过程中,值车工需实时监控设备的运行状态和棉卷的质量,及时发现并解决问题。

(4)问题处理。当设备出现故障或棉卷质量不达标时,值车工需及时处理,确保生产顺利进行。

(5)记录与交接。值车工需记录生产过程中的关键数据,并在交班时与下一班值车工进行交接。

二、值车操作的基本流程

(一)接班前的准备工作

1. 设备检查

检查抓棉机、开棉机、混棉机、成卷机等设备的运行状态,确保设备无异常。

检查吸铁装置、重物分离器等除杂设备的工作状态,确保除杂效果。

2. 工艺参数确认

确认打手速度、隔距、风量等工艺参数是否符合生产要求。

根据原料特性和生产计划,调整工艺参数,确保适度的开松和除杂效果。

3. 原料准备

根据配棉排包图,合理安排原料的投放顺序。

(二)生产过程中的监控与调整

1. 设备运行监控

实时监控抓棉机、开棉机、混棉机、成卷机等设备的运行状态,确保设备正常运行。

检查设备的振动、噪声、温度等指标,及时发现并解决设备故障。

2. 棉卷质量监控

监控棉卷的重量不匀率、含杂率和外观质量,确保棉卷符合质量标准。

使用棉卷均匀度试验机检测棉卷的纵向和横向不匀率,及时调整工艺参数。

3. 工艺参数调整

根据棉卷的质量情况,调整打手速度、隔距、风量等工艺参数,确保适度的开松和除杂效果。

当棉卷含杂率过高时,调整除杂设备的工艺参数,提高除杂效率。

(三)问题处理

1. 设备故障处理

当设备出现故障时,值车工需及时停机并通知维修人员进行检修。

在设备维修期间,值车工需记录故障原因和处理过程,确保设备尽快恢复正常运行。

2. 棉卷质量问题处理

当棉卷重量不匀率过高时,值车工需调整成卷机的成卷速度和压力,确保棉卷重量稳定。

当棉卷含杂率过高时,值车工需调整除杂设备的工艺参数,提高除杂效率。

当棉卷外观质量不达标时,值车工需检查成卷机的加压装置和卷绕速度,确保棉卷无褶皱、边缘整齐。

(四)记录与交接

1. 生产记录

值车工需记录生产过程中的关键数据,如设备运行状态、工艺参数、棉卷质量等。

记录设备故障和处理过程,为后续生产提供参考。

2. 交接班

值车工需在交班时与下一班值车工进行交接,交代设备运行状态、工艺参数、棉卷质量等情况。

交接班时,值车工需确保设备处于良好状态,生产顺利进行。

三、值车操作的操作管理

1. 操作人员培训

加强对值车工的技术培训,提高其操作技能和质量意识,确保值车工能够熟练掌握设备的操作方法和工艺要求。

2. 操作规程的制订与执行

制订完善的操作规程,明确值车工的操作要点和注意事项,值车工应严格按照操作规程进行操作,不得随意更改工艺参数。

3. 质量监控与检验

建立健全质量监控体系,加强对棉卷质量的检验和监控。定期对棉卷进行抽样检验,检测棉卷的重量不匀率、条干均匀度、含杂率等指标,及时发现问题并采取措施进行改进。

4. 环境管理

保持生产车间的清洁卫生,控制车间的温度、湿度和空气流通,为生产提供良好的环境条件。

值车操作是开清棉工序中的重要环节,值车工通过监控设备运行状态、调整工艺参数、处理生产问题,确保棉卷的质量和生产效率。通过合理的操作流程、严格的质量控制和有效的操作管理,可以提高棉卷的质量,为后续纺纱工序提供高质量的原料。

四、巡回工作

(1)测定台数,如一套机台。

(2)巡回路线,如"凹"字型+"O"字型。

(3)单位巡回时间:10~20min。

(4)结合清洁进度表工作。

(5)巡回过程中眼看耳听机器的运转情况。

五、平包工作

(1)排包工排包之后清洁地面。

(2)挡车工拾棉包表面"三丝",平包要求高包削平填缝,低包抖松整平,确保混棉均匀。

(3)拣棉工拣清棉槽表面"三丝"。

六、清洁项目

清洁项目见表3-4-1。

表 3-4-1　清洁项目

项目	工具	标准
抓棉机小车轨道	毛扫 扫把	无积花
各机门窗内部、打手、漏底、尘格、驱动电动机	气吹	无积花 无挂花
预混棉机加长帘头部下面	毛扫	无棉籽、废花
各机输棉管、混棉机顶部	气吹	无灰尘、干净
多仓混棉机顶部活动风门	毛扫	通道无塞花、挂花
机身外罩	毛扫,手	保持机身光洁
各机输棉通道的磁铁箱		无挂花、杂物
地面	扫把	保持干净
地脚花、回花	回花袋	不能留给下一班

技能训练

一、目标

(1)掌握开清棉巡回。

(2)掌握开清棉平包工作、落卷和换卷操作以及清洁工作。

二、器材或设备

开清棉联合机组,棉卷。

三、步骤

(1)开清棉巡回练习。

(2)落卷、换卷操作练习。

(3)清洁练习。

四、考核标准

考核标准表

考核项目	评分标准	配分	扣分	得分
巡回练习	1. 路线正确,安排合理有序 2. 分清轻重缓解	20		
单项操作	1. 单项操作正确熟练 2. 在规定时间内完成	70		
清洁	清洁项目及操作	10		
合计		100		

课后习题

项目四　智能梳棉技术

任务导入

（1）了解梳棉机的基本组成及各部分作用,掌握梳棉任务及其工艺流程。

（2）掌握梳棉的剥取、梳理以及成条等工作原理。

（3）了解 JWF1213 型梳棉机的主要技术规格并熟悉其选配。

（4）掌握梳棉生条质量控制原则。

（5）掌握梳棉机的基本操作。

技能目标

（1）学会操作梳棉机,掌握操作中应注意的事项。

（2）学会梳棉工艺(速度、隔距、定量、牵伸等)设计及工艺上机。

（3）学会梳棉机日常维护操作,能够分析并排除常见故障。

（4）学会测试生条质量指标,分析影响生条质量的因素。

任务一　认识梳棉机械

工作任务单

序号	任务名称	任务目标
1	梳棉机工艺流程	观察并绘制梳棉机工艺流程示意图,形成总体印象
2	各部件作用	通过观察梳棉机各部件外形结构,掌握各部件名称、运转方式及其主要作用和工作原理

知识准备

［微课］智能梳棉工序概述

一、梳棉工序的任务

（1）梳理。将棉块、棉束进行充分的分梳,使其分离成单纤维状态。

（2）除杂。继续清除棉层中残留的杂质、疵点。

（3）混合。将不同成分的单纤维进行充分混合。

（4）成条。制成一定规格和重量要求的均匀生条,并有规律地圈放于棉条筒内。

二、梳棉工艺流程

JWF1213 型梳棉机属于新型高速、高产、宽幅梳棉机,图 4-1-1 所示为 JWF1213 型梳棉机简图。棉流向前输送并受到开松辊 6 的开松、分梳和除杂作用。开松辊下方的除杂区域 7,用以托持纤维,排除杂质和短绒。经开松的纤维由给棉 5 向前输送,经传动机构 5 刺辊的开松和梳理纤维,去除其中的杂质和不孕籽等,加工新疆棉时,由于纤维含杂率高,将原机配置的 41 齿/25.4mm² 刺辊针布更换为齿密 86 齿/25.4mm² 的新型加密刺辊针布,更换后可提高梳棉机后部落棉率。锡林线速度大于刺辊,锡林针齿将刺辊表面的纤维剥取下来,进入锡林 4 及盖板传动机构工作区。盖板包覆弹性针布,全机 84 根,工作根数 30 根。30 根工作盖板与锡林针齿共同进行细致分梳,将棉束梳理成单根纤维状态,并充分混合,清除细小杂质。盖板针面上充塞的纤维和杂质,在走出工作区后被斩刀剥下成为盖板花。被剥取了纤维的盖板经毛刷刷清后,从机后刺辊上方重新进入工作区。被锡林针齿携带的纤维,继续向前运送到开始与道夫 2 相遇。道夫线速度远小于锡林,在两个针面作用下,纤维凝聚到道夫表面,实现混合作用。留在锡林表面的纤维,经大漏底与新喂入的纤维混合后,再进入锡林、盖板工作区。由道夫表面所凝聚的纤维层,经前方的剥棉装置及经转移罗拉、上下轧辊后,通过喇叭口聚拢成条,并进入大压辊,然后在圈条器 1 与棉条筒的作用下,将棉条有规律地圈放于棉条筒内。残留在道夫表面的少量纤维和杂质,则由吸尘罩排出机外。

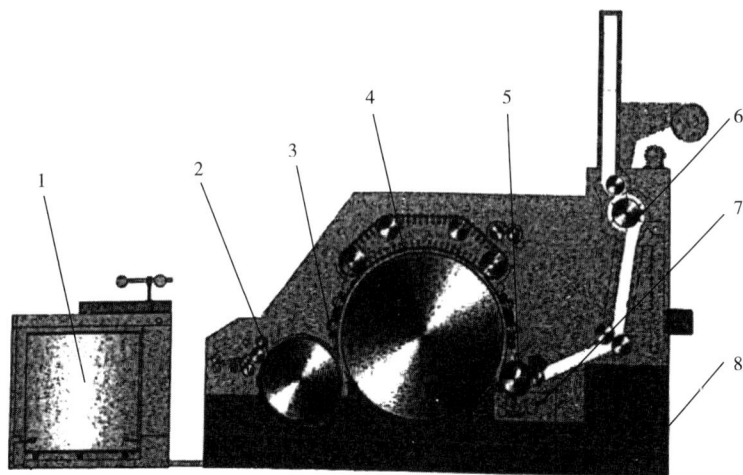

图 4-1-1　JWF1213 型梳棉机简图

1—圈条器　2—道夫及传动　3—三角区　4—锡林及传动　5—给棉及传动　6—开松辊　7—落杂区域　8—电动柜

三、梳棉机转型发展的突破

梳理核心技术,有关物理分梳隔距的设置、精度控制传统依靠手工操作。分梳隔距由操作人员通过隔距片凭经验手感隔距的松紧而确定,精确度较低,实际分梳隔距的认定往往会因操作人员不同而产生 0.0254~0.0508mm 的差异;分梳隔距被定格在梳棉机冷车状态时所设定的隔距值,而机器运转产生的升温和离心力等因素导致的隔距变化都被忽略。梳棉机的分梳隔距对梳理有重要影响,无法精准测定和控制实际分梳隔距,直接导致产品质量和梳棉机的安全运行无法得到保障。

(P5)T-CON(terminal-controller,终端-控制器),是德国特吕茨施勒公司在2007年慕尼黑国际纺织机械展览会(ITMA)展出的TC7型梳棉机上首创推出的分梳隔距数字化技术。该技术否定了对物理分梳隔距的传统认知,确定隔距不是静止不变的,而是随着机器温度和速度的变化产生相应动态变化。T-CON能够基于工作状态下的各个测量值客观地计算梳理元件间的距离,并将计算结果显示在梳棉机监视器上,包括锡林和盖板的梳理隔距,以及固定梳理元件与锡林的隔距。

T-CON运用数字技术将分梳隔距信息精确量化,通过对数据的处理、分析、存储和应用,从时空维度上实时反映分梳隔距状态,对隔距进行监控、追溯及优化,如有异常会即时报警和干预。T-CON触及了高产梳棉机技术的空白区,预示着梳理将向数字化方向发展。

四、梳棉机梳理数字化技术

梳棉机在实现高产化的过程中大量应用数字技术,如自调匀整、清梳联生产线联网控制、质量在线监控、安全联锁等。梳棉机的重点在于梳理,因此应聚焦于梳理数字化,如分梳隔距、分梳元件速度、针布锋利度、针布规格、棉网质量等梳理要素数字化,使梳棉机精准、精细、精良地梳理。

梳理数字化最大的优势是可将原本易产生异议的分梳隔距和较为抽象模糊的针布锋利度用精确的数字形式表示,以此建立梳理要素的数字计量标准,增强分梳隔距和针布锋利度的可比性,为研究制定合理的梳理工艺提供可靠的数字支撑。梳理数字化的数据连续性、响应快捷性是传统通过人工检查获取梳理状态信息的方式无法具备的。梳理数字化借助完整、快速的数据信息,对梳理进行实时和全过程监控,确保精准和安全梳理。梳理数字化生成的海量数据可构建梳棉机梳理数据平台,运用大数据技术对梳理进行分析,揭示分梳隔距和针布状态的变化规律,促进梳理技术的发展。在数据平台基础上,可以开发各种维护梳理的应用系统功能,如分梳隔距自动优化调节、针布在线自动磨针、针布磨损失效预警等,实现智能梳理。梳理数字化还有助于梳棉机的低碳制造,分梳隔距变化的可知与可控,使梳棉机采用铝合金墙板及更多新材料零件替代高碳排的钢铁铸件成为可能。

五、JWF1213型梳棉机主要技术规格

JWF1213型梳棉机主要技术规格见表4-1-1。

表4-1-1　JWF1213型梳棉机主要技术规格

项次	项目	规格
1	机别	右手
2	工作宽度(mm)	1280
3	可加工纤维长度(mm)	22~76
4	喂入形式	棉箱喂入

续表

项次	项目	规格
5	棉层定量(g/m)	400~1300
6	刺辊工作直径(mm)	250
	转速(r/min)	937~1172 858~1072 794~993
7	锡林工作直径(mm)	1288
	转速(r/min)	347、390、433、477
8	盖板工作面宽度(mm)	22
	工作根数/总根数(根)	30/84
	速度(mm/min)	61~356
9	道夫工作直径(mm)	706
	工作转速(r/min)	32~84
	生头转速(r/min)	4.3~7.2
10	盖板刷辊转速(r/min)	6.5~16.3
11	机前剥棉形式	三罗拉剥棉及双胶圈导棉成条装置
12	全机总牵伸倍数	60~300
13	适用棉条筒规格(mm)	600×1100、1000×110、600×1200、1000×1200
14	抄针方式	机上罗拉抄针
15	适用抄磨辊直径(mm)	140~180
16	棉条输出形式	阶梯罗拉
17	换筒方式	自动换筒
18	预分梳件	刺辊分梳板2根
		前固定盖板8根
19	连续吸风量(m³/h)	4200
20	出口静压(Pa)	−800
21	压缩空气(kg/cm²)	压力6~7
22	压缩空气消耗(m³/h)	0.5
23	拖动装机总功率(kW)	13.99
	主电动机(kW)	9.0
	道夫电动机(kW)	3.0
	给棉罗拉电动机(kW)	0.55
	清洁辊电动机(kW)	0.55
	回转盖板电动机(kW)	0.25
	盖板清洁辊电动机(kW)	0.55
	盖板刷辊电动机(kW)	0.09

续表

项次	项目	规格
24	自停装置	棉层过厚、刺辊欠速、断条、盖板失速、锡林失速、管道欠压、盖板清洁辊欠速、道夫失速
25	安全罩	全封闭
26	出条速度(m/min)	最高 260
27	产量(kg/h)	最高 160
28	棉条定量(g/m)	3.5~10

六、梳棉机机构组成

(一)梳棉机给棉刺辊部分

1. 给棉板和给棉罗拉

给棉板有两种形式:顺向喂入和逆向喂入,如图 4-1-2 所示。给棉板前沿斜面长度称为给棉板工作面长度。为了使握持牢靠,喂给均匀,给棉罗拉与给棉板必须满足以下条件:

(1)鼻端处的握持力最强。

(2)给棉罗拉对棉层应具有足够的握持力。

[微课]梳棉机机构组成

(a)顺向喂入　　　　　　　　　　(b)逆向喂入

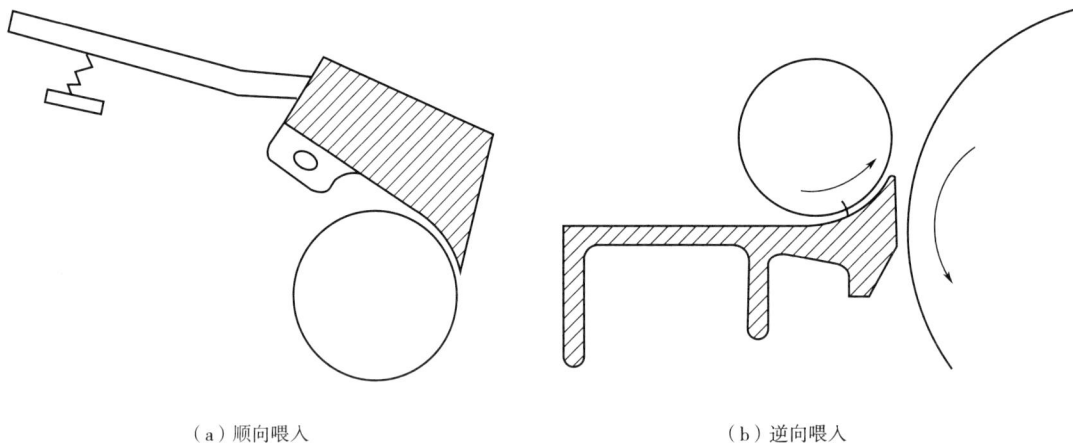

图 4-1-2　给棉板的两种形式

JWF1213 型梳棉机给棉部分结构示意图如图 4-1-3 所示。给棉部分由给棉罗拉 4、给棉板 2 等组成,采用顺向给棉结构,此部分装有自调匀整检测和变频电动机传动系统,通过微机控制给棉罗拉转速执行匀调。

2. 刺辊

JWF1213 型梳棉机刺辊部分结构示意图如图 4-1-4 所示,刺辊 1 下设一套新型预分梳板 5、除尘刀 3、吸风管 6、9,罩板调节座 8、除尘刀 12 及两个吸风管 6、9。

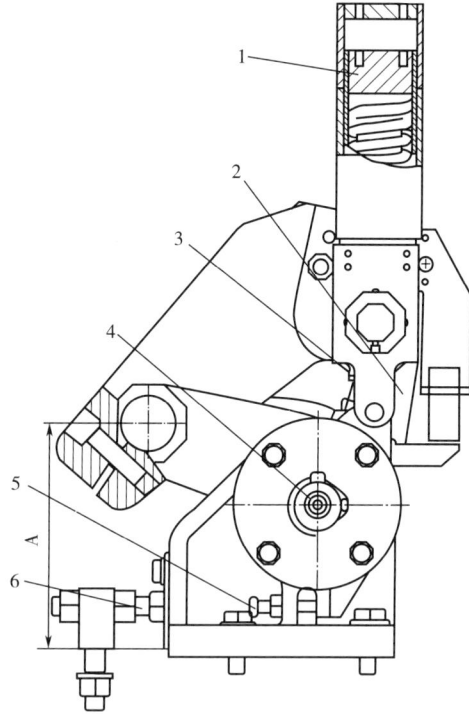

图 4-1-3　JWF1213 型梳棉机给棉部分结构示意图

1—加压螺柱　2—给棉板　3、5、6—调整螺钉　4—给棉罗拉

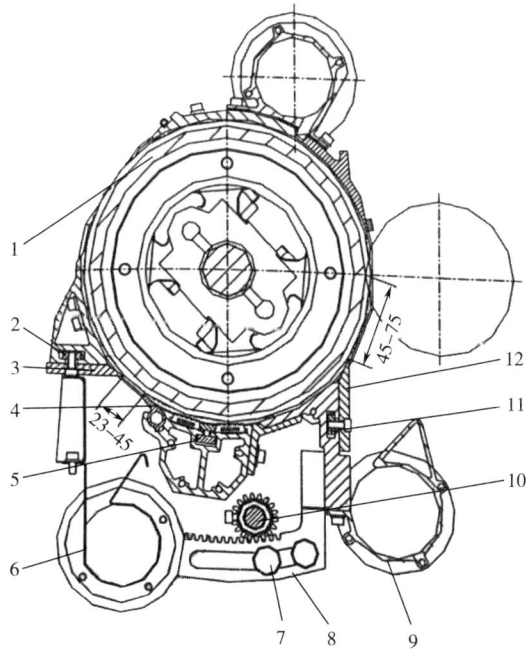

图 4-1-4　JWF1213 型梳棉机刺辊部分结构示意图

1—刺辊　2、11—调节块　3、12—除尘刀　4—舌板　5—新型预分梳板　6、9—吸风管

7—螺栓　8—罩板调节座　10—轴

3. 刺辊车肚附件

刺辊车肚附件的主要作用是除杂、分梳和托持纤维,不同型号梳棉机的车肚附件型式不同,但基本由除尘刀、分梳板和小漏底组成。

(1)除尘刀。作用是配合刺辊排除杂质(破籽、不孕籽、僵片等),并对刺辊表面可纺纤维起一定的托待作用。

(2)分梳板。新型分梳板镶有两组齿条,其齿条采用进口钢丝、引进设备加工而成,针齿锐度好。预分梳的作用是增加纤维原料的开松及除杂,提高分梳效能,防止大块棉束进入锡林与盖板分梳区,延长针布的使用寿命。

4. 给棉刺辊部分的分梳作用

给棉刺辊部分的分梳作用有两种,一是握持分梳,二是自由分梳。

5. 刺辊部分的除杂作用

梳棉机机型不同,则刺辊车肚附件不同,落杂区的划分也不同,一般分为2~3个落杂区。JWF1213型梳棉机刺辊下设有两个落杂区:给棉罗拉与刺辊隔距点至除尘刀12刀尖之间为第一落杂区S_1,其长度可根据需要来调节,调节范围为45~75mm,第一落杂区落下的杂物可经吸风管9通过吸塑管道吸走;舌板4至除尘刀3之间为第二落杂区S_2,其长度也可根据需要调节,调节范围为23~45mm,第二落杂区落下的杂物可经吸风管6通过吸塑管道吸走。

6. 刺辊与锡林间纤维的转移

锡林与刺辊的速比根据不同的原料和工艺要求确定,一般纺棉时为1.4~1.7,纺棉型或中长化纤时为1.8~2.4。刺辊与锡林的隔距越小,纤维转移越完全,一般在0.13~0.18mm范围内选择。

(二)锡林、盖板、道夫部分

JWF1213型梳棉机锡林盖板部分结构示意图如图4-1-5所示。迴转盖板2与锡林间隔距的调节主要是靠通过调节安装在圆墙板6上的四个调节螺栓1、3、5、7调节曲轨4的高度来完成的。回转转盖板采用铝合金盖板体,由单独变频电动机和减速器传动,工作盖板的运动方向与锡林的回转方向反向,盖板采用0.56mm小踵趾差,使纤维得到充分的梳理。

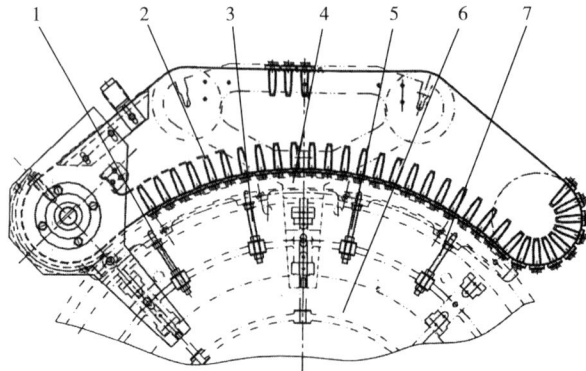

图4-1-5 JWF1213型梳棉机锡林盖板部分结构示意图
1、3、5、7—调节螺栓 2—盖板 4—曲轨 6—圆墙板

1. 弧形罩板与锡林

JWF1213型梳棉机锡林漏底部分结构示意图如图4-1-6所示,锡林5下方前后装有六块光滑的弧形铝合金罩板2和两个吸口1,圆墙板4外侧有调节和紧固装置3,可调节弧形罩板及吸口与锡林的隔距。松开螺钉6、11和螺母7、9,调节偏心轴8、10,使弧形罩板及吸口与锡林的隔距达到工艺要求。

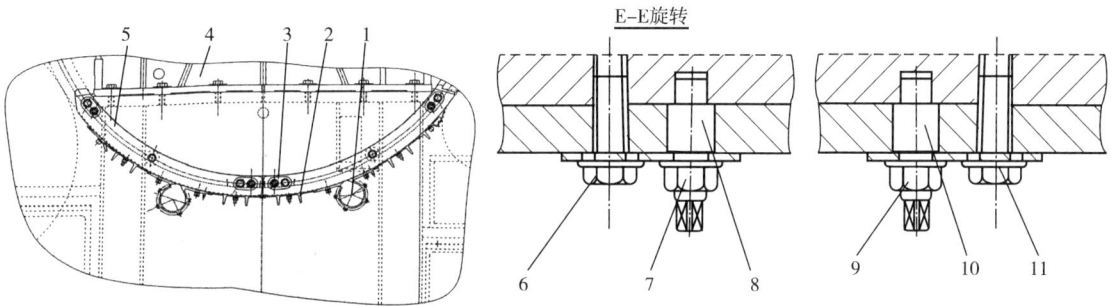

图4-1-6　JWF1213型梳棉机锡林漏底部分结构示意图

1—吸口　2—罩板　3—紧固装置　4—圆墙板　5—锡林　6、11—螺钉　7、9—螺母　8、10—偏心轴

2. 固定盖板

JWF1213型梳棉机固定盖板结构如图4-1-7所示。

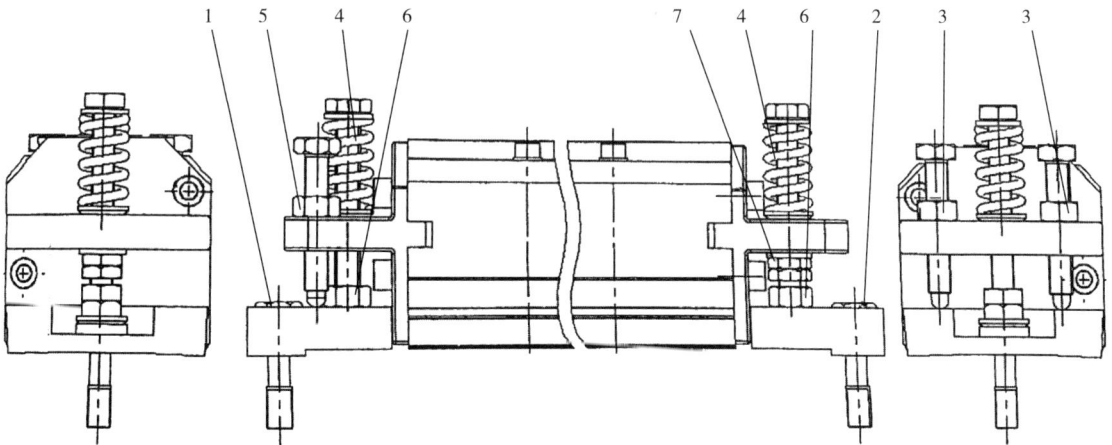

图4-1-7　JWF1213型梳棉机固定盖板部分结构示意图

1、2—螺钉　3—旋转螺钉　4、7—弹簧　5、6—旋转螺母

将固定盖板两端螺钉1紧固后,首先将固定盖板两端弹簧进行预紧,通过旋转螺钉5将弹簧压缩至20mm左右后,紧固锁紧螺母6,完成弹簧的预紧。然后一端松开螺母5,旋转螺钉3,另一端旋转螺母6,调整后固定盖板与锡林之间的隔距。

3. 主要机构

(1)锡林、道夫。由滚筒和针布组成。

（2）盖板。由盖板铁骨和盖板针布组成。盖板两端扁平部搁在曲轨上，前后固定盖板，每块固定盖板上包有金属针布，盖板清洁装置、前后罩板等。

①棉网清洁器与锡林。如图4-1-7和图4-1-8所示，固定盖板中间装有棉网清洁器，后棉网清洁器中设有除尘刀，除尘刀进出位置可通过调整偏心调节块来调节，除尘刀与锡林间隔距通过调整两端紧固螺栓处的调整垫片厚度来调节。棉网清洁器的作用是去除短绒和尘屑。

②回转盖板与锡林。如图4-1-9所示，回转盖板2与锡林间隔距的调节主要是靠通过调节安装在圆墙板6上的四个调节螺栓1、3、5、7调节曲轨4的高度来完成。回转盖板采用铝合金盖板体，由单独变频电动机和减速器传动，工作盖板的运动方向与锡林的回转方向反向，盖板采用0.56mm小踵趾差，使纤维得到充分的梳理。

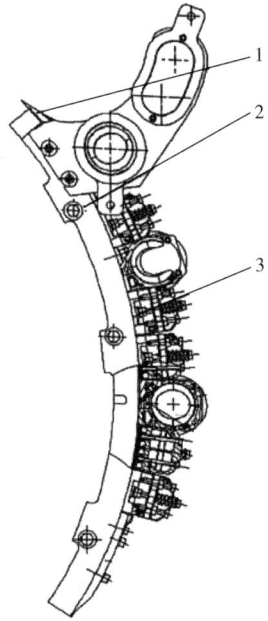

图4-1-8 后固定盖板部分结构图
1—上罩板 2—弓板 3—固定盖板

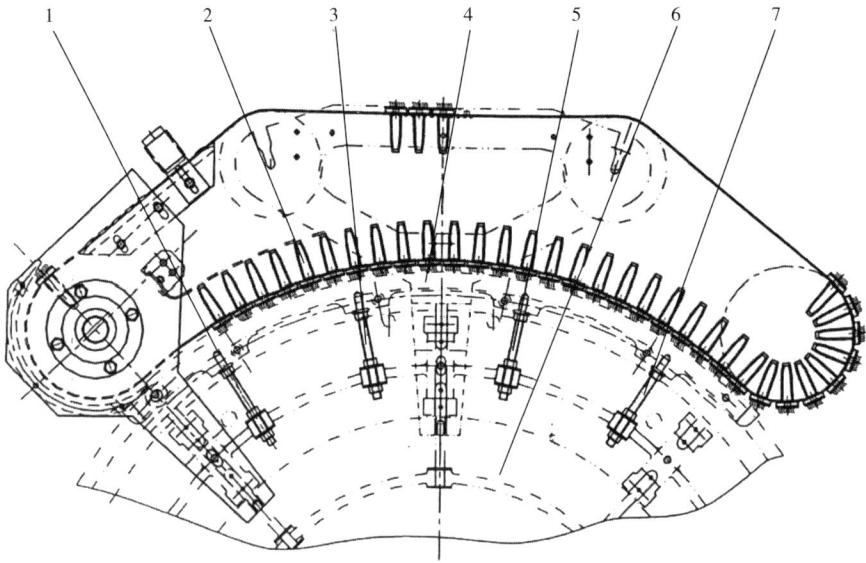

图4-1-9 回转盖板部分结构图
1、3、5、7—调节螺栓 2—回转盖板 4—调节曲轨 6—圆墙板

③盖板传动及盖板清洁部套。如图4-1-10所示，盖板传动及清洁部分采用整体式左右墙板1、12，很好地保证了系统传动的稳定性和可靠性；如图4-1-10（a）所示，回转盖板16、盖板刷辊8、盖板清洁辊9分别采用单独电动机传动，提高了系统传动精度。如图4-1-10（b）（c）所

示,通过调整偏心轴 3 可以使盖板护环 4 与图 4-1-10(a)中的曲轨 2 很好的衔接、过渡,保证了回转盖板 16 运转过程平稳。

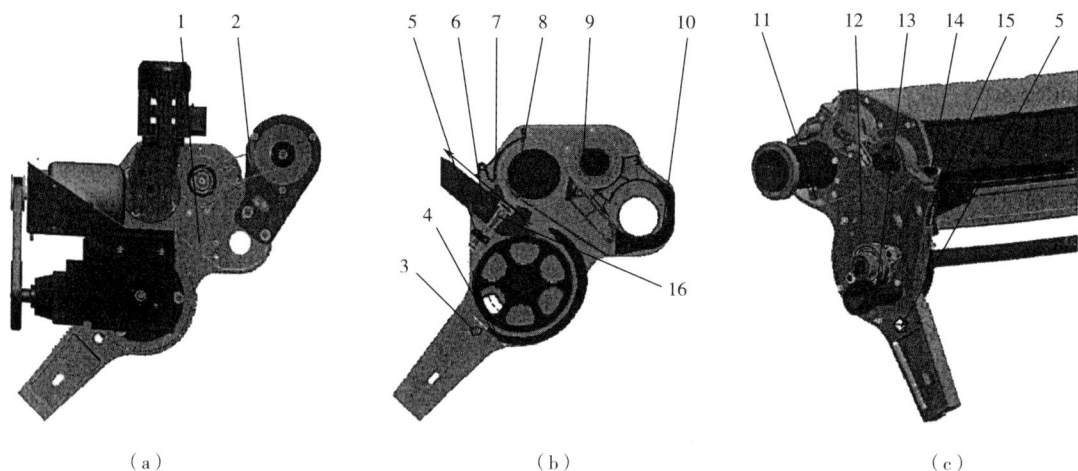

（a）　　　　　　　　　　　（b）　　　　　　　　　　　（c）

图 4-1-10　盖板传动及清洁部套

1、12—左右墙板　2—曲轨　3—偏心轴　4—盖板护环　5—调节机构　6—左右托体　7—刷辊盖罩　8—盖板刷辊
9—盖板清洁辊　10—吸罩　11—分度销　13—主动轴吸点　14—捏手　15—标尺　16—回转盖板

（三）剥棉圈条部分

1. 罗拉剥棉装置及作用

（1）四罗拉剥棉装置与作用。

①主要机件。剥棉罗拉、转移罗拉(锯条)、一对轧辊、绒辊(安全生产)、罩盖(飞花、杂物)。

②特点。剥棉性能好;结构复杂、维修不便。

（2）JWF1213 三罗拉剥棉装置与作用。

①主要机件。剥棉罗拉、一对轧辊、清洁辊。

②特点。结构紧凑,操作维修方便,剥棉效果良好。

JWF1213 型梳棉机三罗拉剥棉装置结构图如图 4-1-11 所示,剥棉罗拉 11 外包覆金属针布,上压辊 7 上的簧加压装置 1,可调节上压辊 7 的加压值。在开车过程中可通过气缸 3 带动连杆使上下刮刀开合,三罗拉部分和道夫之间的隔距是通过调节螺柱 13 来调节。

2. 胶圈剥棉装置

（1）主要机件:胶圈、导棉辊、胶圈辊、剥棉辊。

（2）特点:老机改造方便。

3. 清洁辊

在剥棉罗拉上部,装有包覆直角钢丝弹性针布高速回转的安全清洁辊,可防止轧伤道夫针布,清洁辊由单独电动机传动。

（四）成条装置

成条装置主要机件有圈条器、压辊、喇叭口等,其中最重要的机件为圈条器。

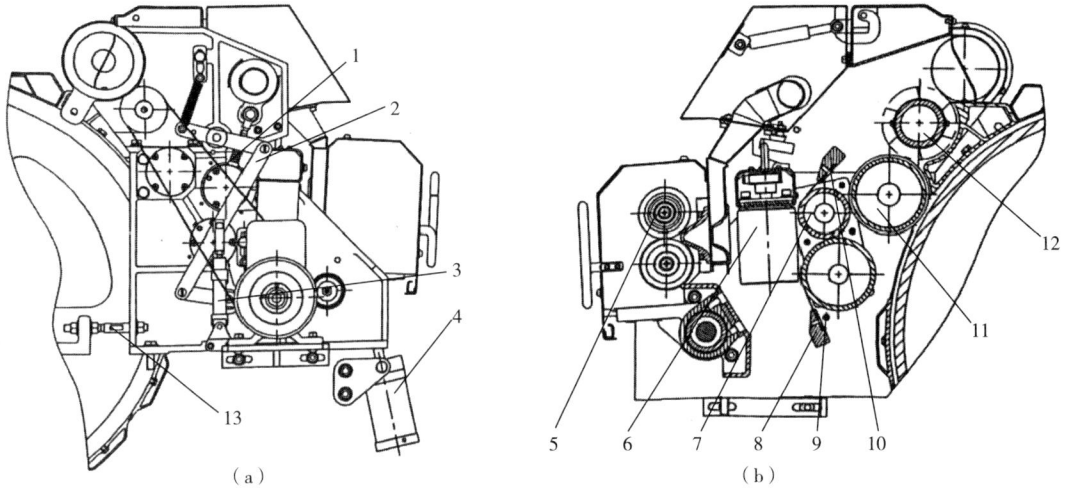

图 4-1-11　JWF1213 型梳棉机三罗拉剥棉装置结构图

1—弹簧加压装置　2—连杆　3、4—汽缸　5—大压辊　6—双胶圈导棉装置

7—上压辊　8、10—剥棉刀　9—下压辊　11—剥棉罗拉　12—转移罗拉　13—调节螺柱

1. 圈条器部分

如图 4-1-11(b) 所示,在大压辊 5 与上下轧辊之间设有双胶圈导棉装置 6。该装置机构简单,结构紧凑,可通过如图 4-1-11(a) 所示的气缸 4 作用使大压辊向上关闭处于工作位置或向下打开处于生头位置,大压辊打开时可方便地打开胶圈导棉以观察棉网的质量。该装置更有利于适纺短纤维,减少断头率,可实现高速高产。并可与集束器实现整体互换。

胶圈导辊部分结构图如图 4-1-12 所示。在调整胶圈导棉时,如果导棉皮圈 6 松紧程度不合适,可松开螺钉 1,拿下盖板 8,将螺钉 3 松开,调节螺栓 5,直至胶圈松紧程度适当,再紧上螺钉 3,将盖板 8 装上。如果在运行过程中发现胶圈 6 跑偏,可松开螺钉 1,拿下盖板 8,将螺钉 3 松开,若胶圈向上跑偏,则紧固螺钉 4;若胶圈向下跑偏,则紧固螺钉 2。紧固结束后上紧螺钉 3,将盖板 8 装上。

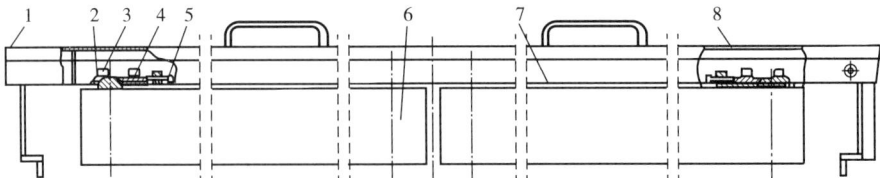

图 4-1-12　胶圈导辊部分结构图

1、2、3、4—螺钉　5—螺栓　6—皮圈　7—大压辊　8—盖板

2. 压辊部分

大压辊部分构图如图 4-1-13 所示。部分大压辊 1、2 设有弹簧加压装置 3,压力可根据纺棉及纺化纤的不同品种予以调节,棉条加压后,紧密度较大,表面光滑,可适当增加条筒容量,并可增加生条强度,减少并条断头。

上、下压辊之间隔距设置为0.25mm,可松开螺母4,上下调节螺杆5可调整上、下压辊之间的隔距。

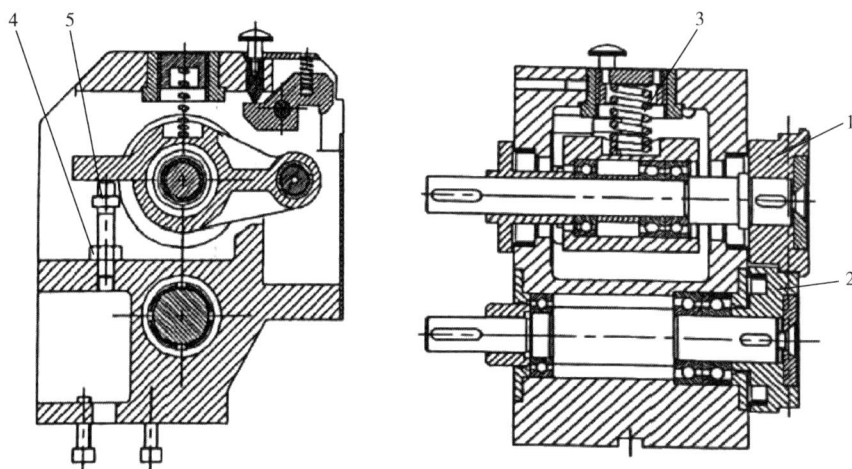

图4-1-13 大压辊部分结构图

1—上压辊 2—下压辊 3—弹簧加压装置 4—螺母 5—调节螺杆

3. 喇叭口检测部分

前环检测装置结构图如图4-1-14所示。自调匀整器前环检测装置采用喇叭口检测形式,喇叭口1上设有检测杆2,检测杆2尾端装有位移传感器4:当棉条有粗细变化时,检测杆开合,带动位移传感器4上下移动,传感器将位移信号转换为电信号传输到自调匀整器中,通过计算,自调匀整器控制给棉电动机频率,调整给棉罗拉转速,从而实现自调匀整器的长片段匀整。

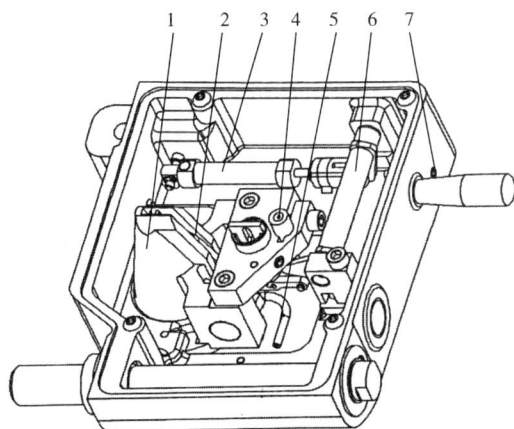

图4-1-14 前环检测装置结构图

1—喇叭口 2—检测杆 3—小气缸 4—位移传感器 5—吹气管 6—推动连杆 7—限位螺钉

在道夫慢速生头时,检测杆2由小气缸3推动连杆6,将检测杆2打开,为方便生头,道夫慢速时,检测杆 2 打开的距离设置为 7mm,可通过调节限位螺钉 7 来调节。吹气管 5 处连接 PVC 气管,由气动控制部件控制对喇叭口进行定时清洁,可通过调节安装在管路中的节流阀调节吹气气流的大小。

七、智能梳棉机自调匀整控制装置与清梳联生产管理

(一)智能梳棉机自调匀整控制装置

现代纺纱系统普遍采用自调匀整控制装置以达到提高梳棉棉条均匀度的目的,随着智能控制技术的不断发展,梳棉自调匀整装置的设计在不断革新。智能控制技术正在逐渐取代控制效果较差的传统控制方法,其可以更好地解决被控对象的非线性、复杂性及不确定性。智能梳棉和自调匀整控制装置根据控制方式的不同通常可分为开环匀整系统、闭环匀整系统和混合环匀整系统。

[微课]智能梳棉机自调匀整控制装置与清梳联生产管理

1. 开环匀整系统

开环匀整系统是在给棉罗拉处检测棉层变化,通过自调匀整系统,调整大压辊或阶梯罗拉等输出罗拉的转速,动态改变梳棉机牵伸倍数来实现输出条子的定量变化。开环匀整系统采用先检测后匀整的动态纠偏方法,对条子重量变化进行针对性调节,可以达到较短片段的匀整效果。这种方式不能对牵伸性不匀进行控制补偿,属于检测后被动调节,不复核匀整结果,运行稳定性相对较差,同时检测精度受喂入棉层的宽度和厚度的影响较大。

2. 闭环匀整系统

闭环匀整系统是在阶梯罗拉的生条输出处利用传感器检测条子线密度的变化,经自动控制系统调整喂入棉层给棉罗拉的转速,有针对性动态地改变梳棉机的牵伸倍数来改变输出条子的定量。这种方式能动态检测输出条子的线密度,且会对匀整效果进行检测。这种检测调节方式存在匀整死区,出现匀整死区期间只能进行较长片段的匀整,匀整死区越大,其不能匀整的片段就会越长;此外系统的误动作可能会造成中、短片段条子均匀度的恶化。这种控制方式的匀整系统可以克服各环节参数变化以及环境干扰的影响,稳定性相对较好。

3. 混合环匀整系统

混合环匀整系统是将开环匀整系统与闭环匀整系统两种控制方式有效结合,既通过检测喂入棉层的变化量对给棉量进行调节,又可以对输出棉条进行补偿、检测反馈,能够对较短片段和长片段进行匀整,实现更为完善的梳棉自动调节匀整功能。混合环匀整控制系统原理如图 4-1-15 所示。

混合环匀整系统根据检测和控制点配置的不同可分为两处检测一处控制和两处检测两处控制两种方式。两处检测一处控制方式的混合环匀整系统在机后给棉罗拉处配置传感器,检测输入棉层的厚度变化,在机前棉条输出点配置传感器,检测输出棉条粗细变化,两路传感信号同时输入匀整控制器进行处理后,动态调节控制给棉罗拉的转速,最终实现自调匀整作用。这种方式是机后开环调节与机前长片段闭环调节两种方式的结合,既有机后给棉量变化的调节,又可以对输出棉条的纤维量检测反馈,有效控制因单位时间内喂入机内的棉层量不稳定而产生的输出棉条不匀。两处检测两处控制方式的混合环系统在喂棉罗拉轴向两侧安装有位移传感器,

检测输入棉层的厚度变化,在机前凹凸罗拉处安装位移传感器,检测输出棉条变化,通过调节给棉罗拉速度控制棉层厚度和调节道夫速度控制棉条粗细,分别构成检测与调节相对应的机前开环控制和机后闭环控制的混合环控制方式,这种控制方式实现了喂入棉层量的及时调节,同时通过检测输出量就近调节道夫的转速,提高了对梳棉生条短片段不匀的反馈匀整调节作用,实现了对输出棉条粗细情况的检测、核查和适时控制调节。

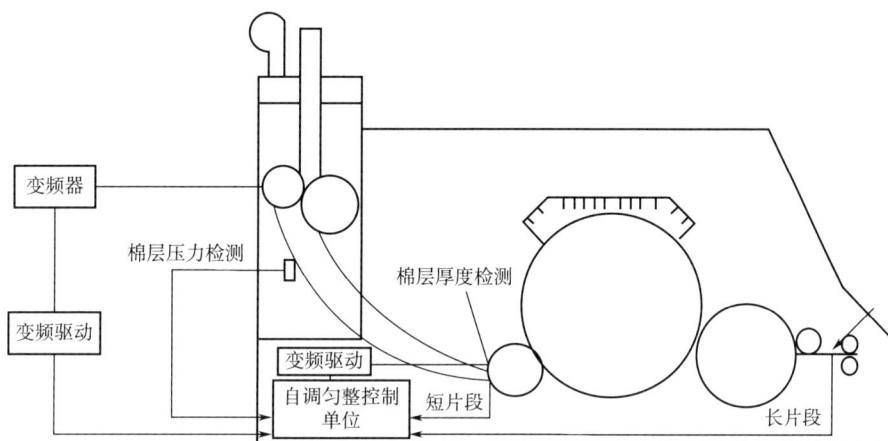

图 4-1-15 混合环匀整控制系统原理

(二)智能自调匀整系统控制系统构成

"互联网+"构成的远程可视化智能管理结构原理示意图如图 4-1-16 所示。

为实现企业的智能化控制管理要求,首先要将控制系统硬件组建在一个网络内,因此可编程逻辑控制器(PLC)和变频器等控制设备必须具备网络通信接口,不同厂家的控制设备不同,所选用的软件系统也有所不同。PLC、变频器及工控机通过以太网口接入路由器,组成一个局域网。这样生产现场的所有生产信息及控制信号便可以实现数据共享,管理者通过手机应用(APP)访问工控机,实现远程监控操作,从而实现"企业互联"。

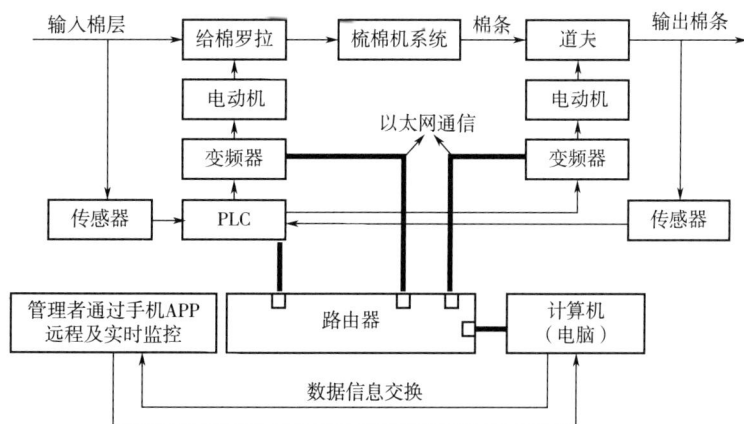

图 4-1-16 "互联网+"构成的远程可视化智能管理结构原理示意图

(三)清梳联设备生产管理的智能化

清梳联设备生产管理的智能化是数字化、网络化技术的一种延伸。清梳联智能控制系统中所有机台均设有以太网模块,通过工业以太网对清梳联机组进行组网。生产中,清梳联智能控制系统对所有设备的生产运行数据进行汇总,再通过数据线连接到控制室计算机上,如果有多条清梳联生产线,可通过交换机将所有总控柜数据送至计算机。在控制室计算机使用端,生产管理智能系统对采集到的实时数据进行分类存储、处理,按用户需求形成各种产量、质量、工艺等生产运行报表,供生产调度、工艺、统计、财务及设备管理使用。用户可以在监控室内通过计算机对联网所有清梳联机组的运行情况进行实时监控。在企业局域网内,可通过登录客户端,经授权后对设备运行情况进行查看。离开企业局域网范围,在异地可以使用虚拟专用网络(VPN)代理登录等方法用互联网浏览器(IE)了解设备的运行状况,查询报表及历史数据。用户通过互联网可进行远程故障诊断和维护。

八、JWF1213型梳棉机人机界面操作

机器安装调整完毕后,即可接通电源开空车,以检查电器线路是否接通、正常,机件旋转方向是否正确。

(1)机器在运转之前,必须将机上所有管道与系统管道连接正常,滤尘开启。

(2)机器在运转时必须锁紧罩门,不得随意打开。

(3)如机器出现故障需作检修时,必须待机器全部停止转动并关闭机器的电源开关后方可进行。

(4)具体操作程序及各部分参数设置详见电气调试部分。

技能训练

一、目标

(1)观察梳棉机的工艺流程和各装置的外形结构。

(2)操作梳棉机,学会开关车、生头、接头及换桶等操作。

二、器材或设备

(1)JWF1213型梳棉机。

(2)C28tex棉卷、生条等。

三、步骤

(1)开关车。

(2)生头练习。

四、考核标准

考核标准表

考核项目	评分标准	配分	扣分	得分
梳棉机工艺流程及各装置作用	1. 说出梳棉机的工艺流程 2. 指出各装置的位置,说出各装置作用	50		
开关车	1. 操作开关车 2. 说出开关车注意事项	50		
合计		100		

课后习题

任务二　梳棉工艺设计与工艺上机

工作任务单

序号	任务名称	任务目标
1	梳棉各项工艺设置	学会设计不同品种、不同机型的梳棉工艺
2	工艺计算	根据设计工艺转换为具体的上机参数
3	工艺上机	根据具体的工艺实习工艺上机

知识准备

[微课]梳棉工艺设计与工艺上机

一、工艺设计

梳棉的主要工艺设计项目有生条定量、隔距、速度、牵伸、圈条等。优化工艺设计有提升纱线均匀度、降低棉结等质量指标的作用。

(一)生条定量

生条定量是指单位长度生条的重量,通常以 g/5m 表示,是衡量生条均匀性和质量的重要指标。生条定量不宜过轻,一般控制在 17.5~50g/5m 之间,生条定量常见范围见表4-2-1。生条定量增加,梳棉机产量提升,生条定量减少,产量下降。生条定量增加意味着单位时间内输出的生条重量增加,从而提高产量。但也不宜过重,以免影响梳理质量。

表4-2-1　生条定量常见范围

纺纱线密度(tex)	32 以上	20~30	12~19	11 以下
生条干重(g/5m)	22~28	19~26	18~24	16~22

生条的定量与梳棉机的产量和生条质量有密切相关,可按下述掌握。

(1)棉和化纤的区别。纺化纤一般应比纺棉的定量要轻,尤其对弹性好、密度小的品种以及中长化纤和难纺的化纤。

(2)纺 32tex 以上的粗特纱。根据不同的纱线用途和纺纱方法,定量可有较大的差异。如以抄斩花、破籽、低级棉为原料的中粗特副牌纱以及帆布、鞋衬或起绒织物的用纱,定量可取中间值,如对一般用途的转杯纱可偏重选用。

(3)不同纱线品种对生条定量的要求存在差异,主要取决于纱线的用途、纤维特性以及最终产品的质量要求。对于品质要求较高的纱在机台数允许的情况下,可采用较高的定量。

①普梳纱。对纤维的梳理要求相对较低,纱线结构较蓬松,强度一般。普梳纱对纤维分离度和均匀度的要求不高,较大的定量可以提升生产效率,以提高梳棉机的产量。

②精梳纱。对纤维的梳理要求较高,纱线结构紧密,强度高,条干均匀。较小的定量有利于充分梳理,去除短纤维和杂质,提高纤维平行度和纱线质量。

③高支纱。纱线细,对纤维的均匀度和洁净度要求极高。较小的定量有助于提高纤维的分离度和均匀度,减少纱线细节和粗节。

④低支纱。纱线较粗,对纤维的梳理要求相对较低。较大的定量可以提高生产效率,同时低支纱对纤维均匀度的要求较低。

⑤混纺纱。由两种或多种纤维混合而成,对梳理的要求取决于纤维特性。根据纤维种类和比例调整定量。例如,化纤与棉混纺时,定量可稍大。主要是由于化纤长度整齐,易于梳理,定量稍大不会明显影响质量。

⑥特种纱。如包芯纱、竹节纱等,对生条质量的要求因纱线特性而异。根据具体工艺要求调整,通常较小。特种纱对纤维的均匀度和结构有特殊要求,较小的定量有助于控制质量。

⑦化纤纱。化纤长度整齐,杂质少,易于梳理,纤梳理难度低,较大的定量可以提高产量而不明显影响质量。

近年引进的国外梳棉机,其机械及金属针布虽然性能较好,但生条定量与国产机相近。国内外梳棉机生条定量对比表见表4-2-2。

表4-2-2 国内外梳棉机生条定量对比表

机型	国产 A186F、A186G、FA203A	国产 FA221B	瑞士 C50、C51	德国 DK803、DK903	英国 MK5C、MK5D	意大利 C501
生条定量（g/5m）	17.5~30	20~30	17.5~32.5	20~40	17.5~35	16.5~30

FA201B 型梳棉机,其产量最高为 40kg/(台·h),推荐生条定量在 17.5~32.5g/5m 之间。

(二)隔距

梳棉机的隔距是指其关键部件之间的间隙设置,直接影响棉纤维的梳理质量和产量。

1. 梳棉隔距工艺的设计原则

(1)气流与机械作用的平衡。梳棉机各部隔距需兼顾气流稳定性与机械梳理强度。刺辊与小漏底隔距的调整会影响气流分布:收小出口隔距可降低内部静压,减少纤维积聚,但需配合调整大漏底出口及后罩板隔距,放大后罩板隔距则能改善气流畅通性。大漏底鼻尖与锡林/刺辊隔距的总和稍小可平衡气流压力,避免糊底或落棉异常。

(2)梳棉机隔距的设计。梳棉机上共有 30 多个隔距,隔距和梳棉机的分梳、转移、除杂作用有密切关系。

①给棉罗拉与刺辊。

作用:影响棉层进入刺辊的均匀性。

调整:通常在 0.1~0.2mm,过大或过小都会影响棉层均匀度。

②刺辊与锡林。

作用:影响纤维从刺辊向锡林的转移。紧隔距(如 0.18mm)可促进纤维转移,但需确保针面平整度。

调整:通常在 0.1~0.2mm,过大导致转移不良,过小可能损伤纤维。

③刺辊至除尘刀。

作用:隔距小可增强杂质清除,但需避免刚性不足引发的振动问题。

调整:化纤纺纱时宜适当放大。

④锡林与盖板。

作用:影响纤维的梳理效果。

调整:过大梳理不充分,过小易损伤纤维。近刺辊侧稍大以减少长纤维损失,整体采用渐缩式设计(如 9mm、8mm、8mm、7mm、7mm、7mm)以优化分梳效果。

⑤锡林与道夫。

作用:影响纤维从锡林向道夫的转移。隔距需保持较小且均匀,以确保纤维顺利转移,避免云斑或棉结增多。

调整:通常在 0.1~0.2mm,过大转移不良,过小可能损伤纤维。

⑥道夫与剥棉罗拉。

作用:影响纤维从道夫向剥棉罗拉的转移。

调整:通常在 0.1~0.2mm,过大转移不良,过小可能损伤纤维。

⑦剥棉罗拉与轧辊。

作用:影响纤维从剥棉罗拉向轧辊的转移。

调整:通常在 0.1~0.2mm,过大转移不良,过小可能损伤纤维。

⑧刺辊至小漏底。

作用:进口隔距大时落棉减少,但短绒排除量降低。

调整:处理高含杂原料时,适当收小进口隔距可减少杂质回收。

调整注意事项包括纤维特性、工艺要求以及要定期维护。根据纤维长度、细度等纤维特性调整隔距,定期检查设备磨损情况。根据产品工艺要求调整隔距。定期检查确保各部件隔距符合标准,防止棉尘和杂质影响隔距精度,合理调整和维护梳棉机隔距,能有效提升梳理质量和生产效率。

2. 原料特性适配

不同纤维类型(如棉、化纤)对隔距要求差异显著。纺化纤时,锡林与盖板隔距需适当放大以防止纤维缠绕;纺棉时需紧隔距以加强分梳作用。

3. 工艺参数的协同优化

多指标正交试验显示,需综合平衡棉结、短绒率、纤维长度及落棉率等指标。锡林与前棉网清洁器导棉板隔距的放大有利于气流畅通,而除尘刀角度的调整则显著影响短绒排除效率。

梳棉机各部件间具体隔距见表 4-2-3。

表 4-2-3 梳棉机各部件间具体隔距

机件部位		隔距 mm(1/1000 英寸)
给棉刺辊部分	给棉罗拉—给棉板	入口:0.12(5)
		出口:0.30(12)
	给棉板—刺辊	0.2~0.25(8~10)
	刺辊—分梳板	分梳板:0.4~0.5(16~20)
		短漏底:1~1.5(40~60)
	刺辊—除尘刀	0.25~0.30(10~12)
	刺辊—小漏底	入口:4.76~9.5(3/16~3/8 英寸)
		第四点:0.8~2.4(1/32~3/32 英寸)
	刺辊—锡林	0.12~0.20(5~8)
锡林盖板部分	锡林—盖板	进口:0.19~0.27(7~11),0.15~0.2(6~9)
		0.15~0.22(6~9),0.15~0.22(6~9)
		出口:0.20~0.25(8~10)
	锡林—后固定盖板	下:0.45~0.55(18~22)
		中:0.40~0.45(16~18)
		下:0.30~0.45(12~14)
	锡林—前固定盖板	0.20~0.25(8~10)
	锡林—大漏底	入口:6.4(1/4 英寸),中:1.58(1/16 英寸)
		出口:0.78(1/32 英寸)
	锡林—后罩板	上口:0.48~0.56(19~22)
		下口:0.50~0.78(20~31)
	锡林—前上罩板	上口:0.43~0.81(17~33)
		下口:0.79~1.08(31~43)
	锡林—前下罩板	上口:0.79~1.09(31~43)
		下口:0.43~0.66(17~26)
	锡林—道夫	0.1~0.15(4~6)
剥取部分	盖板—斩刀	0.48~1.08(19~43)
	道夫—剥棉罗拉	0.2~0.5(8~20)
	剥棉罗拉—上压辊	0.5~1.0(20~40)
	剥棉罗拉—下压辊	0.05~0.25(2~10)

4. JWF1213 型梳棉机隔距的工艺参数调整

(1)锡林与盖板隔距。JWF1213 型梳棉机的活动盖板与锡林隔距根据纤维类型调整。

①纯棉纤维。采用 0.23mm、0.20mm、0.20mm、0.20mm、0.20mm、0.24mm 五点隔距,首先进入盖板工作区(4~6 块)进行分梳,纤维量较多,隔距宜偏大;出口时隔距宜大一些;中间几点可略紧一些,以利于分梳。

②化学纤维。隔距稍大，为 0.24mm、0.22mm、0.22mm、0.22mm、0.22mm、0.25mm，以适应化纤较高的摩擦系数和静电效应。

③正交试验优化。针对机采棉，综合棉结、短绒率和纤维长度指标，推荐盖板隔距为 9mm、8mm、8mm、7mm、7mm、7mm，兼顾分梳效率与纤维保护。

（2）锡林与前棉网清洁器隔距。

①除尘刀隔距。优化后设置为 11mm（棉）或 13mm（化纤），减少短绒和棉结，同时控制落棉率。

②导棉板隔距。设置为 45mm，通过扩大气流通道改善纤维转移效率，降低涡流干扰。

③给棉罗拉与刺辊隔距。采用逆向给棉设计时，给棉板与罗拉隔距控制在 0.50～0.60mm，增强棉层握持力，提升自调匀整稳定性，减少纤维损伤。

（3）关键结构改进对隔距的影响。

①活动盖板传动与龙骨设计。活动盖板龙骨由空心结构改为加强筋设计，刚性提升，隔距稳定性增强，允许更小的锡林—盖板隔距（如 0.20mm）。踵趾块外凸式结构减少摩擦阻力，确保盖板隔距在高速运行时不易偏移。

②棉网清洁器优化。除尘刀与锡林隔距收窄至 0.15mm（原 0.18mm），结合除尘刀角度调整为 14°，能显著提升杂质排除效率，减少棉结。导流板连接方式从卡槽式改为凹凸板式，避免隔距形变导致的针布接针问题。

③大漏底入口隔距调整。针对差别化纤维（如高温高湿环境），大漏底入口隔距从 4mm 增大至 6mm，减少吸花现象，车速从 160m/min 提升至 190m/min。

（4）工艺优化与生产实践。

①自调匀整系统。采用混合环自调匀整技术，短片段通过涡流传感器检测纤维厚度，长片段通过棉条粗细反馈，动态调整给棉罗拉转速，确保隔距稳定下的均匀输出。

②正交试验综合优化。针对机采棉，通过多因素试验得出最优隔距组合：除尘刀隔距 11mm，导棉板隔距 45mm，盖板隔距 9mm、8mm、8mm、7mm、7mm、7mm，除尘刀角度 14°，可降低棉结（减少 25%）、短绒率（降低 15%）并提升纤维长度。

③差异化纤维工艺调整。前下罩板隔距从 0.75mm 减至 0.50mm，配合锡林—道夫隔距收紧至 0.15mm，改善纤维转移稳定性。

JWF1213 型梳棉机的隔距工艺需根据纤维类型、环境条件动态调整：棉纤维以紧隔距（0.20～0.25mm）为主，强化分梳；化纤适当放宽隔距，避免静电干扰。通过除尘刀角度、导棉板隔距优化，平衡落棉率与质量指标。

（三）速度

1. 道夫速度

道夫速度设置直接影响纤维转移效率、棉网质量及成纱性能。一般纺棉型化纤可采用高于纯棉的道夫转速，对于可纺性较差的化纤及中长化纤等，道夫速度宜较低。小直径道夫的转速按实际尺寸比例增加。FA201B 型梳棉机，道夫工作转速为 18.9～36r/min，道夫生头转速为 6.2～9r/min。

（1）道夫速度的作用与机理。

①纤维转移与凝聚作用。道夫通过分梳作用从锡林针面抓取纤维并凝聚成棉网。由于锡林与道夫线速度差异显著（通常锡林线速度是道夫的20～30倍），道夫单位面积上的纤维来源于锡林多倍面积，形成"凝聚效应"。

②转移率控制。道夫转移率公式 $K_c = a/(A+a)$ 表明，转移率受锡林表面喂给负荷 a 与返回负荷 A 的比值影响。提高道夫速度可减少返回纤维量，但需平衡梳理强度与纤维损伤。

③弯钩形成。道夫抓取纤维时，纤维尾端被锡林快速梳理，形成后弯钩，需通过后工序牵伸消除。

道夫速度过高可能导致纤维转移不充分，棉网出现云斑；速度过低则易造成纤维重复梳理，短绒率增加。合理设置可提升纤维伸直度，降低棉结和纱疵。

（2）影响道夫速度的关键因素。

①原料特性。

纤维类型：化纤（如莱赛尔）因静电易缠绕，需降低道夫速度（如30～35r/min）以减少纤维损伤；棉纤维可适当提高速度（如35～45r/min）以增强转移效率。

纤维长度与细度：短绒率高的机采棉需降低道夫速度，减少短绒流失；细旦纤维（<1.0dtex）需低速保护纤维结构。

②针布配置。

齿形设计：道夫针布采用大角度（30～35°）、高齿密（505～551齿/25.4mm^2）及深齿（2.3mm），可增强纤维控制，提高转移率。

材质与磨损：新针布锋利度高，易导致纤维损伤，建议生产脆性纤维时选择使用周期超过1.5个月的旧针布。

③工艺协同参数。

锡林—道夫隔距：隔距偏小（0.15～0.20mm）可增强分梳，但需考虑热膨胀影响（如铝合金与铸铁材质差异）。

气流控制：道夫下罩板隔距需配合气流疏导，避免高速气流冲击棉网导致返花。

2. 锡林和刺辊速度

锡林刺辊速度表见表4－2－4。

表4-2-4　锡林刺辊速度表

加工原料	锡林速度（r/min）	刺辊速度（r/min）	表面线速度（锡林/刺辊）
成熟和强力较好的原棉	330～477	950～1172	1.8～3.6
成熟差、等级低的原棉	280～300	700～900	1.7～2.1
一般棉型和中长化纤	280～330	600～850	2～2.5

（1）锡林的转速对全机分梳起主导作用，锡林速度高，分梳转移能力强，有利于提高产品的质量。

（2）刺辊的转速与梳棉机的预梳程度及后车肚气流、落棉性状有关。刺辊速度过高易引起纤维损伤，落棉控制也较复杂。

（3）锡林与刺辊的表面线速度比影响纤维自刺辊向锡林的转移，纺棉时速比宜在 1.7～2.0mm 或以上，纺化纤时宜 2.0mm 以上，纺中长化纤时，比值应更高。

在确定锡林、刺辊转速时还应考虑梳棉机的机械状态。

（1）锡林速度对梳理质量的影响。

①梳理力与分梳度。锡林速度的提升可增强分梳度，提高纤维的分离度和伸直平行度，从而减少棉结和杂质。但速度过高会导致纤维损伤和短绒率增加，需平衡产量与质量。例如，试验表明，在纺细特纱（如 C16tex）时，锡林速度控制在 360～415r/min 范围内，生条棉结和成纱质量较优。

②与刺辊速度的协同作用。锡林与刺辊速比需合理匹配。刺辊速度过高（如 970r/min）可能导致短绒率显著升高。建议刺辊速度控制在 800r/min 左右，以降低纤维损伤。

③色纺纱的特殊要求。色纺纱因纤维染色后强力下降、棉结增加，需更精细的梳理控制。通过变频调速技术调整锡林速度至 300～380r/min，可显著降低成纱明显色结，同时保持条干均匀性。

（2）JWF1213 型梳棉机的结构优化与锡林速度适配。

①逆向给棉设计。改进后的逆向给棉罗拉增强了棉层控制能力，稳定喂棉量，配合自调匀整系统，可在高速（如出条速度 300m/min）下实现稳定分梳，支持锡林速度的灵活调整。

②活动盖板与隔距优化。活动盖板传动结构的加强筋设计和踵趾块外凸式改进，提高了盖板刚性，允许更小的锡林—盖板隔距（如棉纤维 0.20mm），增强分梳效果，同时减少纤维损伤，为高速锡林运行提供保障。

③棉网清洁器与除尘系统。改进后的棉网清洁器采用凸凹板式连接，可缩小除尘刀与锡林隔距，高效排除杂质，减少高速运转时因落棉堆积引发的设备故障，间接支持锡林提速。

（3）锡林速度的工艺设置建议。常规棉纺：360～415r/min，兼顾棉结控制和短绒率稳定。色纺纱：300～380r/min，重点降低明显色结，减少纤维损伤。为实现高产需求，可适度提升锡林速度至 415～450r/min，但需同步优化刺辊速度如 800～850r/min 和隔距，避免过度梳理。JWF1213 配备棉结在线检测和自调匀整系统，可通过人机界面实时监控锡林转速、出条速度等参数。通过加装变频器，灵活调整锡林速度以适应不同原料和工艺需求。

工艺原则以"梳理转移适度，结杂短绒兼顾"为核心，结合原料特性（如纤维长度、含杂率）和产品要求（如精梳纱、色纺纱）灵活调整锡林速度。

（4）实际应用案例分析。针对机采棉含杂率高的问题，通过加密刺辊针布并将锡林速度提升至 420r/min，落棉率降低至 7.5%，同时保持生条短绒率可控。

3. 盖板线速度

（1）传统梳棉机盖板线速度的调整。传统梳棉机盖板线速度高时，盖板针面上纤维量减少，每根盖板花的重量较轻，但单位时间内盖板花的总量增加，盖板花的含杂率降低，总的含杂率稍有增加，盖板花中纤维的排除量稍有增加。在纺低级棉用较高的盖板线速度可改善棉网质量,纱线强力也略有提高;使用品质较好的原棉时,盖板线速度的提高对生条质量无显著影响,但盖板花中纤维量却大大增加,不利于节约用棉。

盖板线速度还应根据下列情况有所区别,如刺辊部分的预梳和除杂作用、锡林速度、锡林与盖板针布的搭配。凡是进入盖板区的纤维束数量,含杂和含短纤维少时,盖板应采用较低的线速度。

在一定范围内,盖板采用同样的线速度时,盖板排除短绒和杂质的数量随后车肚落棉的情况而改变,后落棉多,盖板排除就少。

生产上采用的盖板线速度是否恰当,可以通过试验观察棉网的质量是否符合要求以及盖板花的外形结构和含杂情况来确定。盖板花中应只含少量的束状纤维,两块盖板花间应很少有较长的搭桥纤维。

盖板反转时,其速度可比传统正转时慢一点,以节约用棉。

纺化纤时,原料中仅含少量的束状纤维疵点(并丝、粘连丝、硬丝)并且短纤维易在盖板花中排除,因此盖板速度应比纺棉时低很多。

(2)JWF1213型梳棉机盖板线速度的工艺参数。

①推荐速度范围。JWF1213梳棉机的盖板线速度通常建议控制在220~280mm/min。这一范围既保证分梳效果,又避免因速度过快导致的盖板花量过多和纤维损伤。具体速度需根据原料类型(如纯棉、化纤)和产量要求调整。

②速度与分梳效果的关系。速度加快时,盖板在工作区的停留时间减少,单根盖板的分梳强度降低,但整体除杂效率提升,棉结清除率增加。例如,盖板速度提高一倍时,盖板花总量增加,但单位时间内杂质排除更充分。速度过高的弊端是可能导致长纤维滞留盖板,短绒含量降低但盖板花量显著上升,不利于节约用棉。

③不同原料的适应性调整。纯棉建议采用较低速度(220~250mm/min),以平衡分梳强度与纤维损伤风险。对于化纤或混纺纤维,可适当提高速度(250~280mm/min),因化纤纤维长度均匀且强度较高。

(3)生产案例参考。JWF1213型梳棉机的盖板线速度需结合原料特性、设备状态及质量目标动态调整。纯棉普梳纱(山东某厂):盖板速度设定为240mm/min,生条棉结从283个/km降至221个/km,落棉率控制在0.5%以内。化纤纱(汉川某厂):速度提高至270mm/min,配合加密针布(如RSTOC-60盖板针布),成纱棉结减少20%。

(四)牵伸

1. 传统梳棉机牵伸工艺

梳棉机的全机总牵伸是根据棉条定量及喂入棉卷的定量而定的,对于清梳联喂棉箱或双棉卷喂给时,牵伸倍数较大,一般以棉条定量为决定因素。各机落棉量应尽可能接近,纺同一品种的机台牵伸工艺应统一;应用自调匀整时,根据匀整装置的性能应对喂入及全机牵伸做合理的分段调节。

(1)机械牵伸倍数。按输出与喂入机件的表面线速度之比求得的牵伸倍数即为机械牵伸倍数(也称理论牵伸倍数)。

（2）实际牵伸倍数。按喂入半制品定量与输出半制品定量之比求得的牵伸倍数为实际牵伸倍数。

2. JWF1213 梳棉机牵伸工艺

（1）JWF1213 型梳棉机牵伸工艺的核心原理。

①自调匀整系统。JWF1213 型梳棉机采用混合环自调匀整系统，通过短片段（给棉罗拉处检测纤维厚度）和长片段（大压辊喇叭口检测棉条粗细）的双重控制，实现稳定的牵伸调节。短片段控制响应快，长片段控制稳定性高，两者结合可减少棉条不匀率。

②分梳与转移的协同作用。锡林与刺辊的隔距设计（如锡林—刺辊隔距收紧至 0.13mm）及锡林提速（450r/min），增强分梳效果，减少纤维损伤，为后续牵伸提供均匀的纤维流。同时，逆向给棉罗拉设计（大直径菱形罗拉）提升棉层控制能力，减少喂入波动。

（2）牵伸工艺参数配置。

①机械牵伸倍数。机械总牵伸倍数通常设计在 40~50 倍，具体根据原料特性和产量需求调整。主牵伸区（如锡林至道夫）的牵伸倍数一般为 6~8.5 倍，需结合前后供棉定量优化。

②关键隔距设置。给棉罗拉与刺辊隔距优化为 0.50~0.60mm，兼顾分梳效果与纤维保护。锡林—道夫隔控制在 0.15~0.18mm，减少纤维返花，提高转移效率。

③活动盖板与锡林隔距。纯棉纺时设置为 0.20~0.25mm，化纤纺时略大（0.25~0.30mm），增强短绒清除。

④张力牵伸控制。各张力区牵伸倍数需微调，例如压辊至分离罗拉的张力牵伸应小于1.04，避免棉网断裂或起皱。

⑤棉条筒配置。（如 Φ400mm）需与后续工序（如转杯纺）匹配，减少意外伸长。

（3）工艺优化措施。

①分梳器材选配。采用矮、浅、薄、密、尖的针布（如锡林针布 C20-30-86D），提高纤维分离度，减少棉结形成，为牵伸提供均匀纤维流。

②高速高产下的调整。锡林提速与刺辊降速：锡林速度提升至 450r/min，刺辊速度降至820r/min，减少纤维损伤，同时增大给棉板与刺辊隔距（0.22mm）。

③盖板速度调整。活动盖板速度提高至 200mm/min，增强短绒排除能力。

④特殊原料适配。

莱赛尔纤维：采用"柔性梳理"工艺，降低打手速度（抓棉机 720r/min，精开棉机 420r/min），减少纤维损伤；生条定量加重至 30.5g/5m，提高转杯纺效率。

差别化纤维：调整大漏底入口隔距至 6mm，前下罩板隔距收至 0.50mm，减少返花问题。

（五）圈条

圈条工艺是梳棉机成条的核心环节，目标是将梳理后的棉条规律排列在条筒内，确保后续工序顺利退绕。

1. 传统梳棉机圈条工艺设计

（1）圈条的选择。大小圈条的选用应视条筒直径而定，一般大条筒用小直径，小条筒采用大直径。随着梳棉机的高速高产,条筒直径在不断增加,条筒的曲率半径也在增加,所以基本采用大条筒小直径圈条。

根据条筒定量优化计算得出:

$$大圈条宜取 \ e^*/R = 0.212 \sim 0.24$$

$$小圈条宜取 \ e^*/R = 0.68 \sim 0.74$$

式中:e^*——偏距最优值;

　　R——条筒半径。

(2)圈条牵伸。为保证正确的圈条成型,圈条斜管与小压辊间有一定的张力牵伸,也称为圈条牵伸。牵伸过小,易堵塞斜管;牵伸过大,影响棉条结构和成纱质量。一般纺棉时,圈条牵伸控制在1~1.06之间;纺化纤时,考虑到纤维的弹性回缩,圈条牵伸小于1。

(3)圈条速比。当棉条直径一定时,圈条速比随偏心距的增加而增大,同时圈条器速比也与条筒直径等因素有关。圈条速比计算式为:

$$i = \frac{2\pi e}{d}$$

式中:i——圈条速比;

　　e——偏心距;

　　d——棉条直径。

(4)圈条工艺。

①大小圈条。大圈条直径大于棉条筒半径。圈条数少,纤维伸直好、粘连少、意外变形小,质量好。小圈条直径小于棉条筒半径。FA201型梳棉机趋向于大条筒、小圈条。

②偏心距。圈条斜管齿轮与圈条底盘两回转轴线之间的垂直距离。

③圈条速比。圈条盘与底盘的速比。合理的速比使圈条紧密、外形整齐、条筒容量大。速比随偏心距增加,实际应偏小控制,以防粘连。

④圈条盘与小压辊的速比。圈条牵伸倍数 E,表示一圈圈条长度比圈条盘一转小压辊输出棉条的长度。E 过小,斜管堵塞;E 过大,意外伸长、拉毛。纺棉时 E 以 1~1.06 为好,纺化纤时 E 宜小于 1。

2. JWF1213 型梳棉机圈条工艺设计

JWF1213 型梳棉机采用行星式圈条器,结合自调匀整系统和三罗拉剥棉技术,实现高速、高产下的稳定输出。梳棉机的传动图如图4-2-1所示。其核心设计包括圈条盘与条筒的偏心传动、棉条轨迹优化及张力控制。

(1)圈条工艺的核心设计要点。

①圈条器结构与传动优化。

行星式圈条器:采用大直径圈条盘(直径大于条筒半径),提升条筒容量;内置斜管(倾斜角度 50°~70°),减少棉条摩擦阻力。

传动机构:通过同步齿形带轮和蜗轮蜗杆组实现圈条盘与条筒的联动,确保速度匹配;吸尘装置减少飞花干扰。

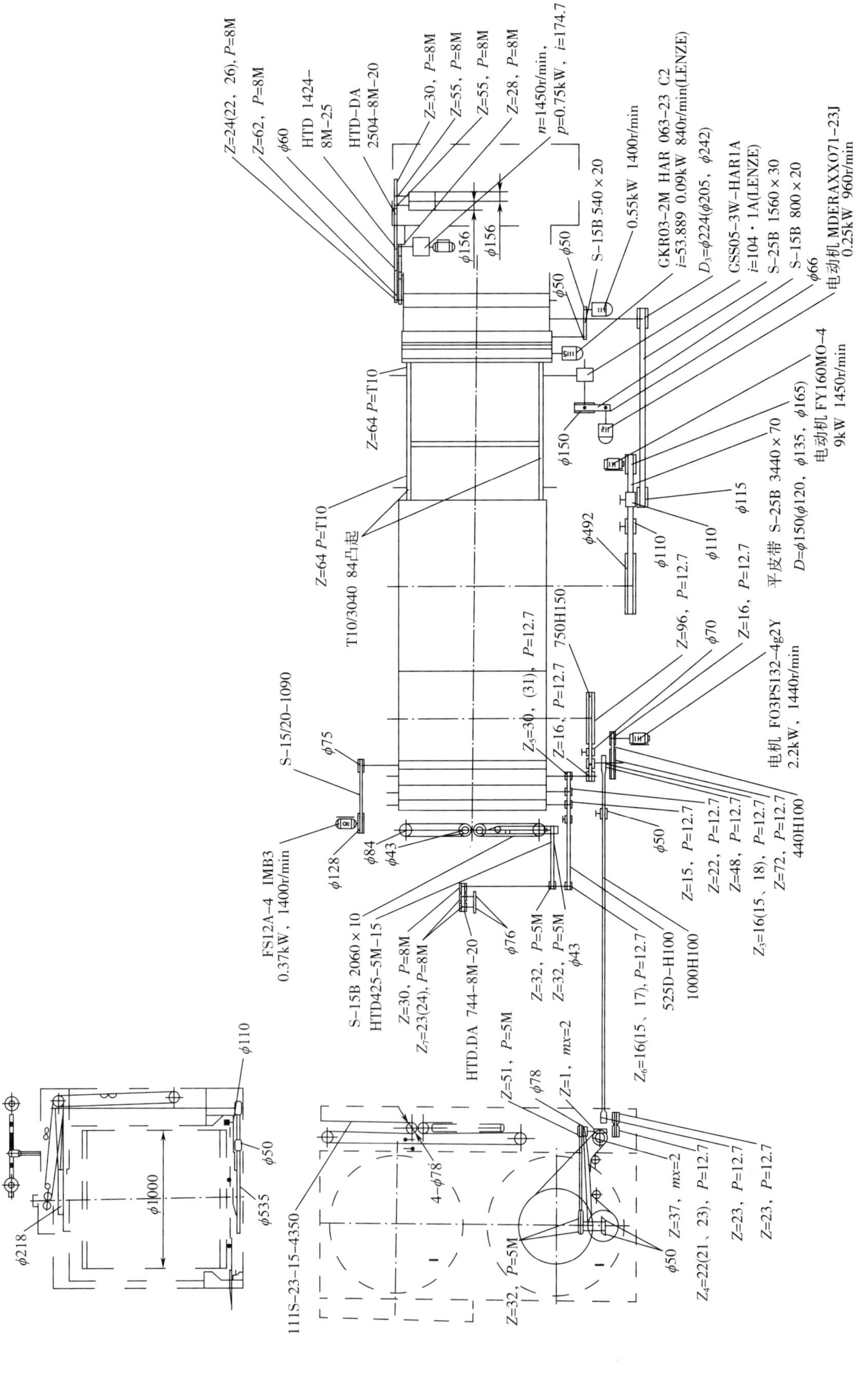

图4-2-1 梳棉机的传动图

逆向给棉改进：将顺向给棉改为逆向给棉，大直径菱形罗拉增强对棉层的控制力，提高自调匀整稳定性，间接优化圈条张力。

②工艺参数设计。

圈条张力控制：调节圈条盘与压辊速度比，避免张力波动导致断条。

卷装密度优化：通过螺旋线排列的导棉结构提高紧密度，减少退绕时的意外牵伸。

生条定量与速度匹配：生条定量范围 3.5 ~ 10g/m，出条速度与生条定量需匹配，如定量5.5g/m 时，出条速度建议为 220m/min。

③自调匀整系统的协同作用。

短片段控制：在给棉检测板处通过涡流传感器检测纤维厚度，实时调节给棉罗拉转速。

长片段控制：在大压辊喇叭口检测棉条粗细，综合调节给棉量，确保圈条均匀性。

（2）结构改进与工艺适配。

棉箱优化：配备 JWF1177 型气流式棉箱，剥棉打手改为螺旋线排列，减少绕棉现象，提高纤维开松度，棉箱打手速度可达 1200r/min。

棉网清洁器改进：凸凹板式连接替代卡槽式，缩小除尘刀与锡林隔距（如调整至 0.2mm），增强杂质排除能力。

压辊结构改进：阶梯型压辊改为平辊，减少纤维损伤，压辊隔距调整范围增大，优化棉条紧密度。

二、工艺计算

（一）工艺设计原则

（1）隔距配合优化。JWF1213 作为宽幅梳棉机，活动盖板与锡林的隔距设置为 0.23mm、0.20mm、0.20mm、0.20mm、0.20mm、0.24mm（纯棉）或 0.24mm、0.22mm、0.22mm、0.22mm、0.22mm、0.25mm（化纤），确保分梳区气流稳定，减少纤维缠绕。

（2）气流控制与盖板速度联动。盖板速度提升时，需同步调整前后罩板及大漏底的隔距，避免气流紊乱影响道夫转移率。例如，后固定盖板与锡林隔距设置为 0.77mm、0.70mm、0.70mm、0.60mm、0.50mm，以优化气流路径。

（3）棉网清洁器的配置。需与盖板速度匹配，高速度时需增加清洁器数量，以排除短绒和微尘。

（二）速度计算

1. 锡林转速 n_c（r/min）

三角胶带和平皮带传动滑移率均取 98%，锡林转速 n_c 为：

$$n_c = n_{锡林电动机} \times \frac{D_1}{D_2} \times 98\%$$

式中：$n_{锡林电动机}$——锡林电动机铭牌转速，本例为 1450r/min；

　　　　D_1——锡林电动机皮带轮直径；

　　　　D_2——锡林皮带轮直径。

锡林电动机皮带轮直径对应锡林速度见表 4-2-5。

表 4-2-5　锡林电动机皮带轮直径对应锡林速度

设置	纺棉、纺化纤			
锡林皮带轮直径 D_2(mm)	492			
锡林电动机皮带轮直径 D_1(mm)	120	135	150	165
锡林转速 n_c(r/min)	347	390	433	477

2. 刺辊转速 n_t(r/min)

$$n_t = n_{锡林电动机} \times \frac{D_1}{110} \times 98\% \times \frac{115}{D_3} \times 98\% = 1455.879 \times \frac{D_1}{D_3}$$

式中：$n_{锡林电动机}$——电动机铭牌转速，本例为 1450r/min；

　　　D_1——锡林电动机皮带轮直径；

　　　D_3——刺辊皮带轮直径。

不同锡林电动机皮带轮直径及刺辊直径对应刺辊速度见表 4-2-6。

表 4-2-6　不同锡林电动机皮带轮直径及刺辊直径对应刺辊速度

刺辊皮带轮直径 D_3（mm）	锡林电动机皮带轮直径 D_1(mm)			
	120	135	150	165
205	852	959	1065	1172
224	780	877	975	1072
242	722	812	902	993

3. 盖板速度 v(mm/min)

$$v = f_{盖板电动机} \times \frac{n}{50} \times \frac{66}{150} \times \frac{1}{i} \times 203.721\pi \times 98\%$$

$$= f_{盖板电动机} \times \frac{960}{50} \times \frac{66}{150} \times \frac{1}{1041} \times 203.721\pi \times 98\%$$

$$= 5.09 f_{盖板电动机} = 61 \sim 356(\text{mm/min})$$

式中：$f_{盖板电动机}$——盖板电动机变频供电频率(Hz)，取 $f_{盖板电动机} = 12 \sim 70$Hz。

4. 盖板刷辊转速 n(r/min)

$$n = \frac{880}{i_{刷辊电动机}} \times \frac{f_{刷辊电动机}}{50} = \frac{880 \div 53.889}{50} \times f_{刷辊电动机} = 0.33 f_{刷辊电动机}$$

式中：$f_{刷辊电动机}$——刷辊电动机的供电频率，Hz；

　　　$i_{刷辊电动机}$——刷辊电动机减速比（$i_{刷辊电动机} = 53.889$）。

不同刷辊电动机对应盖板刷辊速度见表 4-2-7。

表 4-2-7　不同刷辊电动机对应盖板刷辊速度

$f_{刷辊电动机}$(Hz)	20	25	30	35	40	45	50
n(r/min)	6.5	8.2	9.8	11.5	13.1	14.7	16.3

5. 道夫转速 n_d（r/min）

$$n_d = \frac{1450}{50} \times f_{道夫电动机} \times \frac{16}{72} \times \frac{Z_3}{96} = 0.06713 \times f_{道夫电动机} \times Z_3$$

式中：$\dfrac{1450}{50}$——道夫电动机铭牌转速及电源频率；

$\qquad Z_3$——传道夫皮带轮齿数，取 15 齿、16 齿、18 齿；

$\qquad f_{道夫电动机}$——道夫电动机变频供电频率，Hz，取 $f_{道夫电动机}$ = 30～70Hz。

道夫常用工作转速表见表 4-2-8。

表 4-2-8　道夫常用工作转速表

Z_3（齿）	15			16			18		
$f_{刷辊电动机}$（Hz）	6.5	8.2	9.8	30	31～69	70	30	31～69	70
道夫转速（r/min）	30.2	道夫电动机频率每增加1Hz，道夫转速增加1.01r/min	70.5	32.2	道夫电动机频率每增加1Hz，道夫转速增加1.074r/min	75.2	36.3	道夫电动机频率每增加1Hz，道夫转速增加1.208r/min	84.6

6. 大压辊出条速度 $v_{大压辊}$（m/min）

$$v_{大压辊} = 76\pi \times \frac{1450}{50} \times f_{道夫电动机} \times \frac{16}{72} \times \frac{Z_3}{16} \times \frac{Z_5}{Z_6} \times \frac{30}{Z_7} \times \frac{1}{1000}$$

$$= 2.864 f_{道夫电动机} \times Z_3 \times \frac{Z_5 \times Z_6}{Z_7}$$

式中：Z_7——大压辊变换轮齿数。

Z_7 = 23 时，大压辊出条速度见表 4-2-9。

表 4-2-9　大压辊变换轮齿数为 23 时出条速度表

Z_3（齿）	15		16		18	
Z_5（齿）	30	31	30	31	30	31
$v_{大压辊}$（m/min）	$56.054 \times \dfrac{f_{道夫电动机}}{Z_6}$	$57.923 \times \dfrac{f_{道夫电动机}}{Z_6}$	$59.791 \times \dfrac{f_{道夫电动机}}{Z_6}$	$61.784 \times \dfrac{f_{道夫电动机}}{Z_6}$	$67.265 \times \dfrac{f_{道夫电动机}}{Z_6}$	$69.507 \times \dfrac{f_{道夫电动机}}{Z_6}$

Z_7 = 24 时，大压辊出条速度见表 4-2-10。

表 4-2-10　大压辊变换轮齿数为 24 时出条速度表

Z_3（齿）	15		16		18	
Z_5（齿）	30	31	30	31	30	31
$v_{大压辊}$（m/min）	$53.719 \times \dfrac{f_{道夫电动机}}{Z_6}$	$55.510 \times \dfrac{f_{道夫电动机}}{Z_6}$	$57.3 \times \dfrac{f_{道夫电动机}}{Z_6}$	$59.21 \times \dfrac{f_{道夫电动机}}{Z_6}$	$64.463 \times \dfrac{f_{道夫电动机}}{Z_6}$	$66.611 \times \dfrac{f_{道夫电动机}}{Z_6}$

$f_{道夫电动机}$——道夫电动机变频供电频率(Hz),取$f_{道夫电动机} = 30 \sim 70\mathrm{Hz}$;

Z_5——剥棉罗拉变换轮;

Z_6——压辊变换轮;

$\dfrac{1450}{50}$——道夫电动机铭牌转速及电源频率。

7. 小压辊出条速度 $v_{小压辊}$(m/min)

配 FT209A 型机械传动直线式自动换筒圈条器。

$$v_{小压辊} = 60\pi \times \frac{1450}{50} \times f_{道夫电动机} \times \frac{16}{72} \times \frac{48}{23} \times \frac{23}{Z_4} \times \frac{51}{32} \times \frac{1}{1000}$$

$$\approx \frac{92.287 f_{道夫电动机}}{Z_4}(\mathrm{m/min})$$

式中:$\dfrac{1450}{50}$——道夫电动机铭牌转速及电源频率;

Z_4——棉条张力牵伸带轮齿数,Z_4 取 21 齿、22 齿,取$f_{道夫电动机} = 30 \sim 70\mathrm{Hz}$。

小压辊出条速度见表 4-2-11。

表 4-2-11　小压辊出条速度表

Z_4(齿)	21	22
$v_{小压辊}$(m/min)	131.839~307.625	125.846~293.642

(三)牵伸倍数计算

1. 剥棉罗拉—道夫间的牵伸倍数 E_1

$$E_1 = \frac{119}{706} \times \frac{96}{16} = 1.0113$$

2. 下轧辊—剥棉罗拉间的牵伸倍数 E_2(表 4-2-12)

$$E_2 = \frac{110}{119} \times \frac{Z_5}{22} = 0.042 \times Z_5$$

表 4-2-12　下轧辊—剥棉罗拉间的牵伸倍数

Z_5(齿)	E_2	备注
30	1.260	常用
31	1.302	高产

3. 上压辊—下轧辊间的牵伸倍数 E_3

$$E_3 = \frac{75}{110} \times \frac{22}{15} = 1$$

4. 胶辊导棉—下轧辊间的牵伸倍数 E_4(表 4-2-13)

$$E_4 = \frac{86}{110} \times \frac{22}{Z_6} \times \frac{32}{32} \times 98\% = \frac{16.856}{Z_6}$$

表 4-2-13　胶辊导棉—下轧辊间的牵伸倍数

Z_6(齿)	15	16	17
E_4	1.1237	1.0535	0.9915

5. 大压辊—胶圈导棉间的牵伸倍数 E_5（表 4-2-14）

$$E_5 = \frac{76}{86} \times \frac{30}{Z_7} \times 98\% = \frac{25.9814}{Z_7}$$

表 4-2-14　大压辊—胶圈导棉间的牵伸倍数

Z_6(齿)	23	24
E_5	1.1296	1.0826

6. 大压辊—道夫间的牵伸倍数 E_6（表 4-2-15、表 4-2-16）

$$E_6 = \frac{76}{706} \times \frac{96}{16} \times \frac{Z_5}{Z_6} \times \frac{30}{Z_7} = 19.3768 \times \frac{Z_5 \div Z_6}{Z_7}$$

$Z_7 = 23$ 时, $E_6 = 0.8425 \times \dfrac{Z_5}{Z_6}$

$Z_7 = 24$ 齿时, $E_6 = 0.8074 \times \dfrac{Z_5}{Z_6}$

表 4-2-15　Z_7 为 23 齿时大压辊—道夫间的牵伸倍数

Z_5(齿)	Z_6(齿)		
	15	16	17
30	1.6849	1.5796	1.4867
31	1.7411	1.6323	1.5363

表 4-2-16　Z_7 为 24 齿时大压辊—道夫间的牵伸倍数

Z_5(齿)	Z_6(齿)		
	15	16	17
30	1.6148	1.5139	1.4248
31	1.6686	1.5643	1.4723

7. 大压辊—下轧辊间的牵伸倍数 E_7（表 4-2-17）

$$E_7 = \frac{76}{110} \times \frac{22}{Z_6} \times \frac{30}{Z_7} = \frac{456 \div Z_6}{Z_7}$$

表 4-2-17　大压辊—下轧辊间的牵伸倍数

Z_7(齿)	Z_6(齿)		
	15	16	17
23	1.3217	1.2391	1.1662
24	1.2667	1.1875	1.1176

8. 小压辊—大压辊间的牵伸倍数 E_8（表 4-2-18～表 4-2-21）

当开不同产量时,可能要改变大压辊到下轧辊张力牵伸牙 Z_6,当 Z_6 改变后,小压辊到大压辊间的棉条张力牵伸倍数也需改变。

配 1000mm×1100mm 机械传动直线式自动换筒圈条器时(此圈条器推荐 Z_5 用 16 齿)。

$$E_8 = \frac{60}{76} \times \frac{Z_7}{30} \times \frac{Z_6}{Z_5} \times \frac{16}{Z_3} \times \frac{48}{23} \times \frac{23}{Z_4} \times \frac{51}{32}$$

$$= 2.0132 \times Z_6 \times \frac{Z_7}{Z_5 \times Z_4}$$

当 $Z_7 = 23$ 齿时,

$$E_8 = \frac{60}{76} \times \frac{15}{20} \times \frac{Z_6}{Z_5} \times \frac{16}{Z_3} \times \frac{48}{23} \times \frac{23}{Z_4} \times \frac{51}{32}$$

$$= 46.3026 \times \frac{Z_6}{Z_5 \times Z_4}$$

当 $Z_5 = 30$ 齿时,

$$E_8 = 1.5434 \times \frac{Z_6}{Z_4}$$

表 4-2-18　Z_7 为 23 齿、Z_5 为 30 齿时小压辊—大压辊间的牵伸倍数

Z_4(齿)	Z_6(齿)		
	15	16	17
21	1.1024	1.1759	1.2494
22	1.0523	1.1225	1.1926
23	1.0066	1.0737	1.1408

当 $Z_5 = 31$ 齿时,

$$E_8 = 1.4936 \times \frac{Z_6}{Z_4}$$

表 4-2-19　Z_7 为 23 齿、Z_5 为 31 齿时小压辊—大压辊间的牵伸倍数

Z_4(齿)	Z_6(齿)		
	15	16	17
21	1.0669	1.1380	1.2091
22	1.0184	1.0863	1.1542
23	0.9741	1.0390	1.1040

$Z_7 = 24$ 齿时,

$$E_8 = 48.3158 \times \frac{Z_6}{Z_5 \times Z_4}$$

当 $Z_5 = 30$ 齿时,

$$E_8 = 1.6105 \times \frac{Z_6}{Z_4}$$

表 4-2-20　Z_7 为 24 齿、Z_5 为 30 齿时小压辊—大压辊间的牵伸倍数

Z_4(齿)	Z_6(齿)		
	15	16	17
21	1.1504	1.2271	1.3038
22	1.0981	1.1713	1.2445
23	1.0503	1.1204	1.1904

当 $Z_5 = 31$ 时,

$$E_8 = 1.5586 \times \frac{Z_6}{Z_4}$$

表 4-2-21　Z 为 24 齿、Z_5 为 31 齿时小压辊—大压辊间的牵伸倍数

Z_4(齿)	Z_6(齿)		
	15	16	17
21	1.1133	1.1875	1.2617
22	1.0627	1.1335	1.2044
23	1.0165	1.0842	1.1520

9. 总牵伸倍数

给棉罗拉速度 $v_{给棉罗拉}$(m/min):

$$v_{给棉罗拉} = \frac{1450}{50} \times f_{给棉电动机} \times \frac{1}{174.4} \times \frac{28}{62} \times 100 \times \frac{\pi}{1000}$$

$$= 0.02355 f_{给棉电动机} = 0.7065 \sim 1.8841$$

式中:$\dfrac{1450}{50}$——给棉电动机铭牌转速及频率;

$f_{给棉电动机}$——给电动机变频供电频率,取 $f_{给棉电动机} = 30 \sim 80$Hz。

配 1000mm×1100mm 机械传动直线式自动换筒圈条器,全机机械总牵伸倍数 $E_{总}$:

$$E_{总} = \frac{v_{小压辊}}{v_{给棉罗拉}} = \frac{92.2874 f_{道夫电动机}}{0.02355 f_{给棉电动机} Z_4}$$

$$= \frac{3918.8}{Z_4} \times \frac{f_{道夫电动机}}{f_{给棉电动机}}$$

(四)理论产量计算

配 FT209A 型机械传动直线式自动换筒圈条器[kg/(台·h)],理论产量 Q 为:

$$Q = \frac{1450}{50} \times f_{\text{道夫电动机}} \times \frac{16}{72} \times \frac{48}{23} \times \frac{23}{Z_4} \times \frac{51}{32} \times \frac{60\pi}{1000} \times \frac{W_{\text{生条}}}{1000} \times 60$$

$$= \frac{5.5757 f_{\text{道夫电动机}} \, w_{\text{生条}}}{Z_4}$$

(五)工艺参数配置

1. 不同原料、产量速度配置

不同原料、产量对应的速度见表4-2-22。

表4-2-22　不同原料、产量对应的速度配置表

原料种类	棉			化纤	
梳棉机产量 Q(kg/h)	$Q \leq 45$	$45 \leq Q \leq 70$	$Q > 70$	$Q \leq 70$	$Q > 70$
棉箱打手速度(r/min)	850	850	1150	1150	1150
锡林速度(r/min)	390	433	477	390	433
刺辊速度(r/min)	878	975	1073	878	975
盖板速度(mm/min)	160~220	180~250	250~320	100~150	120~180

随着锡林针布的衰退,锡林速度应该相应提高一挡。以格拉夫针布为例,格拉夫针布的寿命为500t,当纺到400t时,建议把锡林速度相应提高一挡,以保证正常的分梳质量及适当延长针布使用寿命。

2. 工艺牵伸

(1)梳棉机各部位牵伸配置,见表4-2-23。

表4-2-23　梳棉机各部位牵伸配置表

牵伸部位	工艺轮	对应牵伸值
给棉罗拉—棉箱输出罗拉 (给棉罗拉变换齿 Z)	22 齿	1.60
	24 齿	1.47
	26 齿	1.35
	28 齿	1.26
刺辊—给棉罗拉	变值	—
锡林—刺辊 (刺辊皮带轮变换轮)	ϕ205	2.10
	ϕ224	2.29
	ϕ242	2.47
剥棉罗拉—道夫	16 齿	1.01
下轧辊—剥棉罗拉 (剥棉罗拉变换齿 Z_S)	30 齿	1.26
	31 齿	1.30
胶圈—上下轧辊 (大压辊到下轧辊变换齿 Z_6)	15 齿	1.124
	16 齿	1.05

续表

牵伸部位	工艺轮	对应牵伸值
大压辊—胶圈	23 齿	1.13
（大压辊变换齿 Z）	24 齿	1.08
传圈条器工艺轮 Z_3	15 齿、16 齿、18 齿	
棉条张力牵伸轮 Z_4	21 齿、22 齿、23 齿	
棉条张力牵伸轮 Z_8	51 齿、52 齿、53 齿	

（2）不同出条速度对应牵伸工艺参数表，见表 4-2-24。

表 4-2-24　不同出条速度对应牵伸工艺参数表

牵伸部位	$v \leqslant 220\mathrm{m/min}$	$v > 220\mathrm{m/min}$
给棉罗拉—棉箱输出罗拉	1.47（24 齿）	1.60（22 齿）
刺辊—给棉罗拉	变值	
锡林—刺辊	2.29	2.29
剥棉罗拉—道夫	1.01（16 齿）	1.01（16 齿）
下轧辊—剥棉罗拉	1.30（31 齿）	1.30（31 齿）
胶圈—上下轧辊	1.05（16 齿）	1.124（15 齿）
大压辊—胶圈	1.13（23 齿）	1.13（23 齿）
传圈条器工艺轮	16 齿	15 齿
棉条张力牵伸轮 Z_4	23 齿	22 齿
棉条张力牵伸轮 Z	52 齿	52 齿

（3）工艺隔距。以下隔距图为初装和建议工艺隔距配置，具体到每个厂家，因原料、温湿度及质量指标要求的差异，可能会有所变化。初装车时，隔距应适当偏大掌握，回转盖板 6 点隔距偏大 2 英丝，正常生产 20t 左右后，检查机器后把隔距调整到正常生产隔距。

技能训练

本任务的技能训练以 C28tex 纱为例。

一、目标

(1)设计梳棉机的主要部件的速度、生条定量、牵伸等工艺。

(2)根据设计工艺计算相关工艺。

(3)将工艺上机。

[案例]16tex 纯棉机织纱
梳棉工艺设计

二、器材或装置

JWF1213 型梳棉机,各类专业工具。

三、步骤

(1)根据所纺品种进行工艺设计。

(2)工艺计算,完成工艺单。

(3)工艺上机(隔距、齿轮等)。

四、考核标准

考核标准表

考核项目	评分标准	配分	扣分	得分
工艺设计	1. 设计合理 2. 分析设计原则	30		
工艺计算	数据正确而且合理	20		
工艺上机	1. 隔距校正准确规范 2. 齿轮上机规范	50		
总分		100		

课后习题

任务三　生条质量控制

工作任务单

序号	任务名称	任务目标
1	生条质量测试	学会生条质量测试的试验操作
2	质量分析	根据实验数据分析质量情况
3	质量判断	根据数据分析做出正确的判断并分析原因

知识准备

梳棉生条质量直接影响后续成纱的条干均匀度、强力及疵点水平,对生条的质量控制尤为重要。生条质量指标主要有运转生产中的经常性检验指标和参考指标两大类,包括生条重量不匀率、生条短率、棉结杂质粒数、乌斯特条干不匀率、萨式不匀率等。生产实践中,企业生产质量内控指标一般以乌斯特公报的25%水平为标准,其中以5m重量不匀率、棉结杂质粒数及生条短绒率作为内控经常性检验指标。参考指标有棉网质量和乌斯特公报的参考水平。

[微课] 生条的质量

一、经常性检验指标

(一)生条条干不匀率

生条条干不匀率反映每米生条片段上的粗细不匀情况,表征棉条横截面纤维分布的均匀性,通常通过萨氏条干仪或乌斯特条干仪检测,与成纱的条干均匀度、强力及布面质量密切相关。据统计,生条重量不匀率每降低1%,成纱重量不匀率可降低0.5%~0.8%。生条条干不匀率一般控制范围见表4-3-1。

表4-3-1　生条条干不匀率一般控制范围

等级	Y311型粗条条干均匀度仪	电容式粗条条干均匀度仪
优	≤18%	≤3.25%
中	18%~20%	3.25%~4.0%
差	>20%	>4.0%

1. 生条条干不匀率的主要影响因素

影响生条条干不匀率的主要因素有分梳质量,纤维由锡林向道夫转移的均匀程度,机械状态以及棉网云斑、破洞、破边等。

（1）原料因素。

①纤维长度与整齐度。短纤维含量过高（如16mm以下的纤维占比超过4%）易导致牵伸区纤维控制不良，加剧条干不匀。

②棉卷均匀性。棉卷重量不匀率需控制在1.2%以内，黏层、破洞或接头不良会直接传递至生条。

（2）设备状态。

①针布磨损。锡林、道夫针布钝化或破损会导致分梳不充分，形成云斑、破洞等棉网缺陷。

②机械振动与隔距偏移。罗拉偏心、齿轮磨损或牵伸区隔距偏差（如刺辊—锡林隔距大于0.18mm）会引起周期性机械波。

（3）工艺参数。

①出条速度。速度过高（如大于240m/min）易造成棉网张力波动，导致短片段不匀。

②落棉率差异。各机台落棉率不一致会导致外不匀率升高，需通过除尘刀隔距、前上罩板高度等参数统一控制。

（4）环境与操作。

①温湿度波动。车间湿度低于55%易引发静电绕花，湿度高于60%则导致纤维粘连，均会增加条干不匀。

②操作规范性。棉箱清洁不及时、自调匀整参数校准不当（如传感器电压偏差>5mV）等会加剧重量不匀。

2. 生条条干不匀率的控制措施

（1）设备优化与维护。

①针布管理。定期检查锡林、道夫针布锐度，磨损后及时更换；采用高密度前梳理区齿条提升分梳效能。

②机械校准。确保罗拉弯曲度≤0.10mm，牵伸齿轮啮合公差≤0.05mm，并定期校验自调匀整传感器电压（标准值360mV±5mV）。

（2）工艺参数调整。

①匀整系统配置。采用混合环控制，短片段通过给棉罗拉转速调节，长片段通过棉箱压力（目标320Pa±40Pa）稳定筵棉密度。

②落棉一致性管理。统一各机台除尘刀隔距（如0.3mm）、小漏底入口隔距（如1.5mm），并每周检测落棉率差异（≤0.5%）。

（3）原料预处理与操作规范。

①精细化开松。针对黏胶、莫代尔等紧密纤维，采用多轴流开松机预处理，降低索丝率。

②操作标准化。每班监测生条重量（如每4h取样30段5m片段），按"±30/±1g"原则调整自调匀整参数。

（4）环境控制。车间湿度稳定在55%~60%，棉卷回潮率控制在8%~8.5%。

3. 生产实践案例分析

以某纺纱厂优化JWF1213型梳棉机工艺为例，对比调整前后生条质量变化，见表4-3-2。

表 4-3-2　JWF1213 型梳棉机工艺优化前后生条质量变化

指标	优化前	优化后	控制措施	数据来源
重量不匀率(%)	4.5	1.0	统一机台隔距,校准自调匀整传感器	武汉裕大华案例
棉结杂质(粒/g)	120	65	刺辊转速调至 6500r/min,增加盖板清洁频率	半精纺设备调整
条干 CV(%)	4.8	3.2	调整锡林—盖板隔距至 0.15mm,优化分梳强度	无锡越达纺织数据
短绒率(%)	5.2	3.8	刺辊—锡林隔距缩小至 0.18mm,减少纤维断裂	梳棉机工艺手册

(二)生条重量不匀率

生条重量不匀率是衡量梳棉机输出棉条单位长度(通常为 5m)重量差异的关键指标,直接影响后续成纱的重量均匀性和布面质量。根据检测范围和成因不同,可分为内不匀率和外不匀率两类。内不匀率:单台梳棉机生产的生条在 5m 片段内的重量差异,反映机台运行的稳定性,标准一般≤1.5%。外不匀率:多台梳棉机之间生条的平均重量差异,体现机台间工艺一致性,标准通常≤4.0%。重量不匀率过高会导致并条工序牵伸波动,进而使成纱重量偏差增大。研究表明,生条外不匀率每降低 1%,成纱重量不匀率可减少 0.6%~0.9%。生条重量不匀率一般控制范围见表 4-3-3。

表 4-3-3　生条重量不匀率控制范围

重量不匀率(%)	有自调匀整	无自调匀整
优	≤1.8	≤4
中	1.8~2.5	4~5
差	>2.5	>5

生条重量不匀率的形成是原料、设备、工艺及环境多因素综合作用的结果。

1. 原料与预处理

(1)原料特性对生条重量不匀率的影响。

①纤维长度与整齐度。短纤维含量高(如 16mm 以下的纤维占比超过 4%)会导致分梳过程中纤维控制困难,加剧牵伸不匀,从而增加生条重量波动。纤维整齐度差(如原棉中含未成熟纤维、僵瓣棉)易形成纤维束,影响分梳均匀性,间接导致棉卷密度不均。

②原料成熟度与含杂类型。成熟度低的纤维刚性差,易在刺辊打击下断裂或形成棉结,增加短绒率,进而影响棉层均匀性。含杂类型(如带纤维杂质、僵棉)若未在预处理中充分清除,会在梳棉工序形成局部棉网缺陷,导致重量偏差。

③回潮率与温湿度适应性。棉卷回潮率需控制在 8%~8.5%,过高易粘连导致喂棉不均,过低则纤维脆硬易断裂,均会增加重量不匀率。

(2)原料预处理对生条重量不匀率的影响。棉卷要保证良好的均匀性,棉卷重量不匀率需≤1.2%,破洞、粘层或接头不良会直接传递至生条。原料预处理车间湿度建议维持在 55%~60%,以平衡纤维的刚性与弹性,减少静电干扰。化纤需经精细开松与养生处理(油剂平衡时间≥24h),减少缠辊;多组分纤维需预混均匀,降低重量不匀率。

2. 设备状态

(1)针布状态。

锐度与平整度:锡林、道夫、盖板针布的锐度不足会导致分梳不充分,形成纤维束或棉结,增加生条短片段不匀;针齿倒伏或磨损则会加剧纤维损伤,提升短绒率。

隔距配置:锡林与刺辊、盖板间的隔距偏差(如刺辊—锡林隔距>0.18mm)会降低纤维转移效率,造成棉网破洞或云斑,显著增加重量外不匀率。

(2)罗拉与齿轮系统。

给棉罗拉加压:加压不足会导致喂棉不均匀,引发周期性重量波动;若罗拉弯曲度>0.10mm或齿轮啮合公差>0.05mm,则会产生机械波,导致生条内不匀率升高。

牵伸齿轮精度:牵伸变换齿轮磨损或齿数错误会改变牵伸倍数,影响生条定量稳定性,需定期检查齿轮啮合状态。

(3)剥棉与转移装置。剥棉罗拉隔距不一致(如误差>0.02mm)会导致棉网张力波动,形成破边或断网;道夫与锡林间转移效率低则易造成纤维返花,增加棉结和短绒。

(4)自调匀整系统。传感器电压偏差>5mV或棉箱压力波动>±40Pa会显著降低均匀性。

(5)机械精度。罗拉弯曲度>0.10mm、齿轮啮合公差>0.05mm会引发周期性机械波。

3. 工艺参数

梳棉工艺参数主要包括以下几个方面:定量控制包括生条定量、棉卷定量、喂棉罗拉速度等,直接影响生条的线密度和重量。梳理强度包括锡林速度、刺辊速度、盖板速度等,影响纤维的梳理程度和转移效果。隔距配置包括锡林—盖板隔距、锡林—道夫隔距、刺辊—锡林隔距等,影响纤维的梳理、转移和均匀混合。落棉控制包括落棉率、落棉隔距等,影响纤维的排除和生条的清洁度。

(1)定量控制。

①生条定量。生条定量过轻,纤维层变薄,容易受到外界干扰,导致重量不匀率增大;生条定量过重,纤维层变厚,梳理不充分,也会导致重量不匀率增大。因此,应根据纺纱品种和设备条件,选择合适的生条定量。

②棉卷定量。棉卷定量不均匀,会导致喂入梳棉机的纤维量波动,进而影响生条重量不匀率。因此,应严格控制棉卷定量的均匀性。

③喂棉罗拉速度。喂棉罗拉速度不稳定,会导致喂入梳棉机的纤维量波动,进而影响生条重量不匀率。因此,应保持喂棉罗拉速度的稳定。

(2)梳理强度。

①锡林速度。锡林速度提高,梳理作用增强,有利于纤维的伸直平行和杂质排除,但速度过高会导致纤维损伤和短绒增加,反而影响生条质量。因此,应根据纤维性能和纺纱要求,选择合适的锡林速度。

②刺辊速度。刺辊速度提高,有利于纤维的开松和转移,但速度过高会导致纤维损伤和短绒增加。因此,应根据纤维性能和纺纱要求,选择合适的刺辊速度。

③盖板速度。盖板速度提高,有利于纤维的梳理和均匀混合,但速度过高会导致纤维损伤和短绒增加。因此,应根据纤维性能和纺纱要求,选择合适的盖板速度。

(3)隔距配置。

①锡林—盖板隔距。锡林—盖板隔距过小,梳理作用过强,容易损伤纤维;隔距过大,梳理作用不足,影响纤维的伸直平行和杂质排除。因此,应根据纤维性能和纺纱要求,选择合适的锡林—盖板隔距。

②锡林—道夫隔距。锡林—道夫隔距过小,纤维转移困难,容易造成道夫返花;隔距过大,纤维转移不充分,影响生条质量。因此,应根据纤维性能和纺纱要求,选择合适的锡林—道夫隔距。

③刺辊—锡林隔距。刺辊—锡林隔距过小,纤维转移困难,容易造成刺辊返花;隔距过大,纤维转移不充分,影响生条质量。因此,应根据纤维性能和纺纱要求,选择合适的刺辊—锡林隔距。

(4)落棉控制。

①落棉率。落棉率差异要求台间落棉率差异超过0.5%会导致外不匀率升高,需统一除尘刀隔距等参数。落棉率过低,杂质和短绒排除不充分,影响生条质量;落棉率过高,造成纤维浪费。因此,应根据原棉含杂情况和纺纱要求,选择合适的落棉率。

②落棉隔距。落棉隔距过小,容易排除长纤维,影响生条质量;落棉隔距过大,杂质和短绒排除不充分。因此,应根据纤维长度和纺纱要求,选择合适的落棉隔距。

此外,输棉管道压力的波动(如JWF1115型精开棉机的目标压力为320Pa±40Pa)直接影响筵棉密度稳定性。梳棉工艺参数对生条重量不匀率的影响是复杂的,各参数之间相互关联、相互制约。在实际生产中,应根据纺纱品种、原料性能、设备条件等因素,综合考虑各工艺参数的影响,进行合理的工艺设计和优化,才能有效降低生条重量不匀率,提高生条质量。

4. 环境与操作

(1)温湿度波动。车间湿度<55%易引发静电绕花,>60%则导致纤维粘连,均加剧不匀。

(2)清洁管理。棉箱或管道积花未及时清理会导致短绒堆积,干扰匀整系统运行。

(三)生条短绒率

生条短绒率是指生条中16mm以下纤维所占的百分比。一般生条短绒率控制范围为:中特纱为14%~18%;细特纱为10%~14%。短绒的产生主要源于梳棉工序中纤维的断裂和损伤,短绒率对生条重量不匀率的影响机制主要是对纤维的分布、牵伸过程产生影响。短绒对纤维的分布造成干扰的影响机制是由于短绒在生条中分布不均匀,容易聚集形成纤维束,导致生条局部密度不均,从而增加重量不匀率。短绒对牵伸过程造成干扰的影响原因表现在后续工序中,短绒由于长度不足,难以被有效牵伸,容易造成牵伸不匀,进一步加剧生条重量不匀率。短绒还会对落棉率的影响,短绒的增加会导致落棉率波动,进而影响生条的定量稳定性。各机台落棉率的差异会直接反映在生条重量不匀率上。其影响因素如下。

(1)原棉质量。成熟度低、强度差的原棉容易在梳理过程中断裂,增加短绒率。

（2）梳理强度。过高的锡林速度或刺辊速度会导致纤维过度损伤,增加短绒率。

（3）隔距配置。不合理的隔距(如锡林—盖板隔距过大)会导致纤维梳理不充分,增加短绒率。

（4）温湿度控制。车间湿度过低会增加纤维的脆性,导致短绒率上升。

（四）棉结杂质粒数

棉结是指纤维在梳理过程中因摩擦、纠缠而形成的纤维团。棉结的存在会影响纤维的均匀分布,进而影响生条质量。杂质是指原棉中混入的非纤维性物质,如棉籽、叶屑、灰尘等。杂质在梳理过程中难以完全排除,会残留在生条中。棉结在生条中分布不均匀,容易聚集形成纤维束,导致生条局部密度不均,从而增加重量不匀率。杂质在生条中分布不均匀,会影响纤维的正常排列,导致生条局部密度波动,进而增加重量不匀率。在后续工序中,棉结和杂质会干扰纤维的正常牵伸,导致牵伸不匀,进一步加剧生条重量不匀率。棉结和杂质的增加会导致落棉率波动,进而影响生条的定量稳定性。各机台落棉率的差异会直接反映在生条重量不匀率上。生条棉结杂质的控制范围见表4-3-4。

表4-3-4　生条棉结杂质的控制范围

棉纱线密度(tex)	棉结数/杂质总数		
	优	良	中
32以上	25~40/110~160	35~50/150~200	45~60/180~220
20~30	20~38/100~135	38~45/135~150	45~60/150~180
19~29	10~20/75~100	20~30/100~120	30~40/120~150
11以下	6~12/55~75	12~15/75~90	15~18/90~120

棉结杂质粒数的影响因素如下。

（1）原棉质量。含杂率高、成熟度低的原棉容易产生棉结和杂质。

（2）梳理强度。过高的锡林速度或刺辊速度会增加纤维摩擦,导致棉结增多。

（3）隔距配置。不合理的隔距(如锡林—盖板隔距过大)会导致梳理不充分,杂质排除不彻底。

（4）设备状态。梳棉机针布磨损或清洁不良会增加棉结和杂质的产生。

二、参考指标

1. 棉网质量

棉网质量一般分为三级:优质棉网定为一级;良好棉网定为二级;差的棉网定为三级。棉网清晰度是反映棉网结构状态的一个综合性指标,通过目测观察棉网中纤维的伸直度、分离度及均匀分布状况,能快速了解梳棉机的机械状态及工艺配置是否合理。棉网质量评级内容见表4-3-5。

表 4-3-5 棉网质量评级内容

棉网等级	评定内容
一级	棉网很清晰,无下列疵点:破洞,挂花,棉花,淡云斑
二级	棉网清晰,但有下列疵点:淡云斑;挂花时有出现;稍有破边;道夫一转有 2 处直径在 2cm 以内的小破洞;有 1 处直径在 2cm 的小破洞并兼有淡云斑
三级	棉网不清晰,有下列严重疵点:严重云斑;连续出现挂花;严重破边;道夫一转有 1 处直径在 5cm 以上的大破洞;有 2 处直径在 2~5cm 的小破洞;有 3 处直径为 2cm 及以内的小破洞;有 1~2 处直径在 2cm 以内的小破洞并兼有淡云斑

2. 乌斯特公报的参考水平

乌斯特公报(Uster Statistics)是全球纺织行业公认的质量基准,为纺纱企业提供衡量纱线质量的权威参考。自 1957 年首次发布以来,乌斯特公报持续更新,涵盖纱线均匀度、强力、毛羽、棉结等多个质量指标。乌斯特公报由瑞士乌斯特技术公司(Uster Technologies)发布,旨在为全球纺织行业提供纱线质量的统计数据和参考标准。其数据来源于全球数千家纺纱企业的实际生产数据,具有广泛的代表性和权威性。

(1)发布周期与分类。乌斯特公报每三年更新一次,目前最新版本为 2023 年版。公报根据纱线种类(如环锭纺、气流纺)、纤维类型(如棉、化纤)和纱线支数进行分类,提供了详细的统计数据和参考水平。乌斯特公报涵盖以下主要质量指标。

①纱线均匀度。包括条干 CV、细节、粗节、棉结等。

②纱线强力。包括断裂强度、断裂伸长率等。

③纱线毛羽。包括毛羽指数、毛羽分布等。

④纱线外观。包括异物、色差等。

(2)乌斯特公报的参考水平。

①统计百分位概念。乌斯特公报采用统计百分位(percentile)来表示纱线质量的分布情况。常见的百分位包括 5%、25%、50%、75% 和 95%。例如,50% 百分位表示全球 50% 的纱线质量优于该水平,50% 的纱线质量低于该水平。

②参考水平的应用。

5% 水平:代表全球顶尖的纱线质量,适用于高端纺织品生产。

25% 水平:代表较高的纱线质量,适用于中高端纺织品生产。

50% 水平:代表全球平均水平,适用于普通纺织品生产。

75% 水平:代表较低的纱线质量,适用于低端纺织品生产。

95% 水平:代表较差的纱线质量,通常需要改进工艺。

③参考水平的意义。乌斯特公报的参考水平为纺纱企业提供了以下帮助。

④质量对标。企业可以通过对比乌斯特公报,了解自身纱线质量在全球范围内的位置。

⑤工艺优化。通过分析质量差距,企业可以针对性地改进工艺,提高纱线质量。

⑥客户沟通。乌斯特公报为企业和客户提供了统一的质量评价标准,便于沟通和合作。

三、乌斯特公报在纺纱质量控制中的应用

(1)质量分析与改进。企业可以通过乌斯特公报的参考水平,分析自身纱线质量的薄弱环节。例如,如果纱线的条干 CV 高于50%水平,企业可以优化梳理和牵伸工艺,降低条干不匀率。

(2)设备选型与维护。乌斯特公报的数据可以帮助企业选择适合的设备。例如,对于高支纱生产,企业可以选择性能更优的细纱机和络筒机,以确保纱线质量达到25%或5%水平。

(3)原料选择与配棉。乌斯特公报为原料选择提供了参考。例如,对于高均匀度要求的纱线,企业可以选择短绒率低、成熟度高的原棉,以降低棉结和杂质含量。

(4)工艺参数优化。企业可以根据乌斯特公报的参考水平,调整工艺参数。例如,通过优化锡林速度、隔距配置和温湿度控制,降低纱线毛羽和棉结。

四、JWF1213型梳棉机生条质量控制技术

(一)JWF1213型梳棉机的技术特点与生条质量关联

JWF1213型梳棉机作为高产高效设备,其设计理念与工艺配置直接影响生条质量。核心特点如下。

(1)大梳理面积与高产能力。幅宽为1280mm,锡林直径为1288mm,梳理区面积较前代机型增加47%,产量最高达160kg/h。大梳理面积提升纤维分梳效果,减少未分解纤维束,降低棉结和短绒率。

(2)模块化分梳系统。双联弹簧加压固定盖板、棉网清洁器组合设计,可依据原料特性(如纯棉、化纤)调整分梳强度,优化纤维分离度与杂质清除效率。

(3)混合环自调匀整系统。采用高精度涡流传感器检测纤维厚度变化,结合短、长片段控制,实现生条重量不匀率≤1.0%的稳定输出。

(4)防缠绕与转移优化。铝合金罩板流线设计、三罗拉剥棉系统及道夫隔距调整,减少纤维缠绕,改善棉网转移稳定性,避免破边、破洞现象。

(二)生条质量控制的关键指标与目标

生条质量直接影响成纱品质,主要控制指标见表4-3-6。

表4-3-6　生条质量控制的关键指标

指标	控制范围	检测方法	影响因素
5m重量不匀率(%)	≤4.0%	称重法(30个子样)	原料均匀性、自调匀整系统精度
条干不匀率 CV(%)	≤4.0%(乌斯特)	AFIS测试仪	分梳质量、机械状态
棉结杂质(粒/g)	≤30(纯棉普梳)	目测结合称重	分梳工艺、落棉配置
短绒率(小于16mm的纤维)(%)	≤4%	纤维长度分析仪	分梳强度、针布选型
棉网清晰度	无云斑、破洞	目测	针布锋利度、隔距稳定性

(三) JWF1213 型梳棉机生条质量控制措施

1. 工艺优化配置

(1) 分梳工艺。

①针布选型。根据纤维类型选择配套针布。例如，纯棉细号纱推荐锡林针布为 AC2530×01550 型(工作角为 60°，齿密为 860 齿/平方英寸)，道夫针布为 AD4030×01890 型，盖板针布为 MCC36 型。以上选型可提升分梳效果并减少纤维损伤。

②隔距调整。锡林—盖板隔距收至 0.15mm，刺辊—锡林隔距放大至 6mm，平衡分梳强度与纤维转移效率。

③速度匹配。刺辊速度优化为 7946r/min(化纤)或 1172r/min(纯棉)，减少纤维搓转导致的棉结。

(2) 自调匀整系统调试。

①传感器校准。确保 TP1、TP2 位移传感器电压稳定在 360mV±5mV，TP3 压力传感器初始电压 500mV，避免信号漂移影响匀整精度 4。

②原料特性参数。纯棉设为 25，化纤设为 37，匹配不同纤维的刚性差异，提升匀整适应性。

2. 设备维护与改进

(1) 关键部件维护。

①"五锋一准"原则。保持刺辊、锡林、道夫、盖板、分梳板针齿的锋利度与隔距精度，减少棉结产生。

②气流控制优化。调整大漏底入口隔距至 6mm，道夫下罩板位置上移 2mm，避免高温高湿环境下返花问题。

(2) 清洁与润滑管理。定期清理棉箱网眼板、滤尘系统，保持风道畅通，防止棉层密度波动。

输棉平帘与给棉罗拉速比设为 1∶0.9，确保棉层连续喂入，减少断条风险。

3. 原料与温湿度管理

梳棉车间湿度控制在 55%~60%，棉卷回潮率 8%~8.5%，增强纤维刚性，减少静电吸附。生产的典型纱线质量指标具体见表 4-3-7。

表 4-3-7　典型纱线的质量指标

工艺参数	设定范围	对质量的影响
出条速度	240m/min(稳定生产)	速度过高易导致棉网张力不均
生条定量	3.5~10g/m	定量过轻增加条干不匀率
刺辊转速	1172~7946r/min	转速过高增加短绒，过低降低除杂效率
锡林转速	347~477r/min	转速影响分梳强度与纤维损伤
盖板速度	70~408mm/min	速度过快降低盖板清洁效率
棉箱压力	目标 320Pa(±40Pa)	压力不稳导致筵棉密度波动

技能训练

以 C21tex 纱为例。

一、目标

(1)测试生条的质量。

(2)分析质量指标。

(3)根据数据分析判断质量状况是否正常。

二、器材或装置

条粗测长仪,乌斯特条干仪(或萨氏条干仪),AFIS分析机等。

三、步骤

(1)做各项指标实验。

(2)分析实验数据。

(3)作出判断。

四、考核标准

考核标准表

考核项目	评分标准	配分	扣分	得分
生条试验	1. 方法得当 2. 结果正确	50		
分析	分析有理有据	30		
做出判断	1. 根据分析做出质量情况判断 2. 影响产品质量的原因	20		
合计				

课后习题

任务四　梳棉基本操作

工作任务单

序号	任务名称	任务目标
1	梳棉挡车巡回练习	掌握巡回原则和巡回路线,确定有序巡回
2	梳棉单项操作练习	熟练掌握梳棉前生条与包卷接头操作

知识准备

随着纺织行业智能化的发展,梳棉工序的自动化水平不断提升。智能梳棉巡回路线作为智能化生产的重要组成部分,能够有效提高设备运行效率、降低人工成本,并确保生条质量的稳定性。

[微课]梳棉的操作

一、智能梳棉巡回路线的设计原理

1. 数据采集与分析

智能梳棉巡回路线的设计基于对梳棉机运行数据的实时采集与分析。通过传感器、摄像头等设备,采集梳棉机的运行状态、工艺参数、生条质量等数据,并利用大数据分析技术,识别潜在问题。

2. 路径规划算法

智能巡回路线采用路径规划算法,根据设备分布、生产任务和问题优先级,自动生成最优巡回路径。常见的算法如下。

(1)最短路径算法。以最短时间完成巡回任务为目标。

(2)优先级算法。根据设备故障风险或生条质量问题优先级,调整巡回顺序。

3. 自动化执行

智能巡回路线通过自动化设备(如巡检机器人)或智能终端(如平板计算机)执行。巡检设备按照预设路线自动移动,并实时上传检测数据。

二、智能梳棉巡回路线的实施方法

1. 设备配置

传感器:安装温度、振动、压力等传感器,实时监测设备状态。

摄像头:用于检测针布磨损、隔距偏移等问题。

巡检机器人:配备多种检测设备,自动完成巡回任务。

2. 系统集成

数据平台:将采集的数据上传至中央数据平台,进行统一分析和处理。

智能终端:为操作人员配备智能终端,实时接收巡回任务和检测结果。

3. 巡回内容

设备状态检查:包括针布磨损、隔距校准、清洁状态等。

工艺参数监控:包括锡林速度、刺辊速度、盖板速度等。

生条质量检测:包括棉结和杂质粒数、短绒率、重量不匀率等。

车间环境检查:包括温湿度、飞花和灰尘等。

4. 数据分析与反馈

实时报警:当检测到异常数据时,系统自动报警并生成处理建议。

数据报告:定期生成巡回报告,分析设备状态和生条质量趋势。

优化建议:根据数据分析结果,提出工艺参数优化和设备维护建议。

三、智能梳棉巡回路线的应用案例

某纺纱企业通过以下步骤实现了智能梳棉巡回路线。

设备升级:在梳棉机上安装传感器和摄像头,配置巡检机器人。

系统部署:搭建中央数据平台,为操作人员配备智能终端。

路线设计:根据设备分布和生产任务,设计最优巡回路线。

实施运行:巡检机器人按照预设路线自动完成巡回任务,实时上传检测数据。

经过三个月的运行,设备故障率降低了25%,生条重量不匀率从4.2%降至3.0%。

四、智能梳棉巡回路线的优势

(1)提高效率。智能巡回路线能够快速完成检测任务,减少人工巡检时间,提高生产效率。

(2)降低成本。通过自动化设备减少人工成本,同时降低设备故障率和维修费用。

(3)提升质量。实时监控设备状态和生条质量,及时发现并解决问题,确保生条质量稳定。

(4)数据驱动。基于数据分析优化工艺参数和设备维护计划,实现精细化生产管理。

智能梳棉巡回路线是纺织行业智能化发展的重要方向。通过科学的路线设计、设备配置和系统集成,可以有效提高设备运行效率、降低生产成本,并确保生条质量的稳定性。

五、传统梳棉巡回工作

(1)看台量。8~12台/人。

(2)巡回时间。每一次巡回时间根据看多少台来定,一般一个巡回为5~20min,看8台车巡回路线如图4-4-1所示。

(3)巡回路线。巡回路线分小巡回和大巡回两种,又分为机前小巡回和机后小巡回两种。

①机前小巡回

②机后小巡回

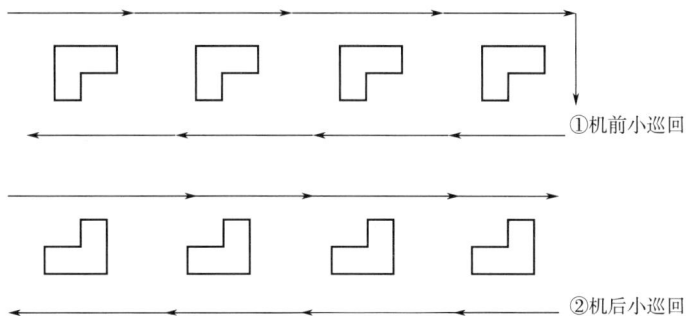

图 4-4-1　看 8 台车巡回路线图

小巡回:从图示可知,采用机前小巡回走①所示路线,采用机后小巡回走②路线。两者相比,应以机前巡回为主,可随时观察显示屏的各项数据,及时处理发生的故障。

大巡回:机前小巡回加上机后小巡回,合并称为大巡回。

(4)巡回方法。巡回不走重复路线,特殊情况可不按巡回路线走,如处理断头、报警等,应走最近的路。

巡回时做到三结合:结合拉满筒、结合清洁工作、结合检查生条质量。

发现红灯亮,预示将要满筒,应立即做好换筒准备,按键"满筒长度"开关,如不及时按下开关,就要重新生头。

巡回中要完成四个必做:机前机后小清洁、机前机后大揩、及时运送棉条筒、清扫地面。

发现下列问题应及时处理:吸尘、吸管堵塞;输出棉层粗细不均匀;自调匀整装置绕花;机械异响;硬物夹入等。

六、单项操作

1. 前生头

把棉网全部捞清后,捞起部分棉网,用两手掌搓尖,引入压辊及龙头,生出棉条与筒内棉条相接头,注意执行顺向包卷接头。生出的棉条做鱼尾,筒内的棉条做笔尖,不允许倒接头。

2. 棉条包卷接头

棉条包卷接头要求纤维松散、平直、均匀、内松外紧,搭头长度适当,粗细与原棉条一致。棉条包卷接头方法见表 4-4-1。

表 4-4-1　棉条包卷接头方法

序号	名称	简图	说明
1	放条		右手拿棉条,螺纹向上,放在左手四指上,左手拇指将棉条左侧边压在中指第二节上

序号	名称	简图	说明
2	分条		右手拇、食指将棉条向右侧翻开、摊平
3	夹持		左手拇指放于食、中指处,右手食、中指以剪刀形夹持棉条下端,两夹持点相距 100mm
4	拉鱼尾形		右手平拉,拉断棉条并丢去。左手中留下松散、平直、稀薄、均匀的鱼尾形
5	拿接头条		右手拇、食、中指拿接头条,螺纹在侧面
6	送条		将接头条送入左手食、中指间并夹紧,两夹持点相距 80mm

续表

序号	名称	简图	说明
7	拉笔尖形		右手先松后向上慢拉,丢去废条。左手留下松、平、不开花的笔尖形
8	送笔尖形		左手中、无名指把笔尖送出。右手拇、食指拿笔尖,中指托付。左手掌托鱼尾形,手心下移动
9	搭头	50mm	右手把笔尖放在左手鱼尾上,右侧对齐,鱼尾笔尖相搭50mm
10	包卷(1)		右手拇指在上,食、中指在下,向左顺向包卷。左手拇指松开,把笔尖从上到下,轻轻捋直,包2/3卷
11	包卷(2)		右手拇、食指从右向左转动,再包1/3卷

七、JWF1213 型梳棉机带安全功能的操作元件

JWF1213 型梳棉机机器外观示意图如图 4-4-2 所示。

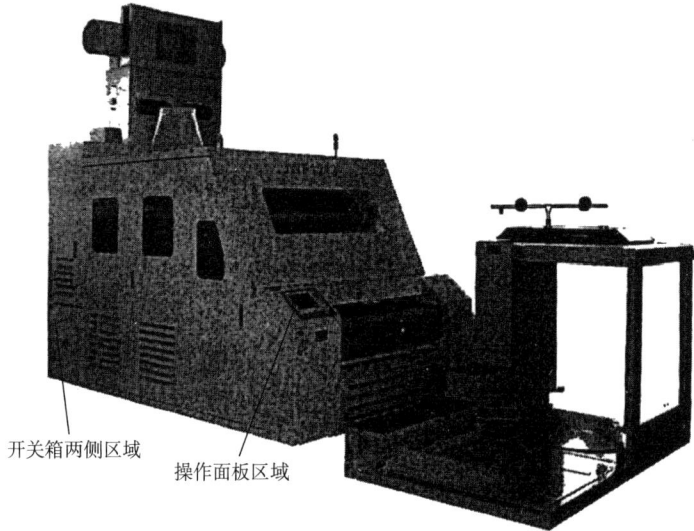

开关箱两侧区域

操作面板区域

图 4-4-2　JWF1213 型梳棉机机器外观示意图

（1）在梳棉机的开关箱两侧区域及操作面板区域均有急停按钮，如果有紧急情况可以按下此按钮，梳棉机立即进入停车减速状态，其中给棉、道夫、盖板和圈条器立即停止运行，锡林和刺辊由于惯性还要继续运转一段时间。

（2）在梳棉机开关箱右侧区域有电源开关，在进行大检修以及更换电气件的时候需要停车断电。

技能训练

以 C28tex 纱为例。

一、目标

(1)测试生条的质量。

(2)分析质量指标。

(3)根据数据分析判断质量状况是否正常。

二、器材或装置

条粗测长仪,乌斯特条干仪(或萨氏条干仪),AFIS 分析机等。

三、步骤

(1)做各项指标试验。

(2)分析试验数据。

(3)作出判断。

四、考核标准

考核标准表

考核项目	评分标准	配分	扣分	得分
生条试验	1. 方法得当 2. 结果正确	50		
分析	分析有理有据	30		
做出判断	1. 根据分析做出质量情况判断 2. 影响产品质量的原因	20		
合计				

课后习题

项目五　智能并条技术

任务导入

（1）了解并条机的基本组成及各部分作用,掌握并条任务及其工艺流程。

（2）掌握并合原理、牵伸原理。

（3）掌握并条的工艺设计原则、工艺计算以及工艺上机。

（4）了解立达-D9 型并条机的主要技术规格并熟悉其选配。

（5）掌握熟条的质量控制。

（6）掌握并条机的值车操作。

技能目标

（1）学会操作并条机,掌握操作中应注意的事项。

（2）学会并条工艺(罗拉加压、隔距、熟条定量、牵伸分配等)设计及工艺上机。

（3）学会测试、分析熟条质量指标。

（4）学会智能并条机日常操作,掌握并条机的值车操作要领。

任务一　认识并条机

工作任务单

序号	任务名称	任务目标
1	并条工艺流程及各装置	掌握并条工艺流程,形成总体印象
2	各部件作用	掌握各部件名称、规格及其主要作用和工作原理

知识准备

[微课]并条工序的任务

一、并条工序的任务

并条工序是纺纱流程中的重要环节,位于梳棉工序之后、粗纱工序之前。其主要任务是通过并合与牵伸,改善纤维的平行伸直度,降低条子的重量不匀率,为后续工序提供高质量的半制品。

1. 改善纤维平行伸直度

梳棉工序输出的生条中,纤维排列较为杂乱,存在弯钩和纠缠现象。并条工序通过多根条子的并合与牵伸,将 6~8 根棉条随机并合,使纤维平行伸直,改善条子的长、中片段的均匀度。

用牵伸的方法改善条子的结构,提高纤维的伸直度和分离度。

2. 均匀混合纤维

在纺制混纺纱时,并条工序通过多根条子的并合,实现不同纤维的均匀混合,确保成纱的色泽、手感和性能一致。

3. 降低条子重量不匀率

生条的重量不匀率较高,直接影响成纱质量。并条工序通过多根条子的并合,利用"并合效应"降低条子的重量不匀率,将熟条的重量偏差率控制在一定范围以内,降低细纱的重量不匀率。

4. 成条

将制成的条子有规律地存放在棉条筒内,便于后道工序加工。

二、并条机的工艺流程

并条机的工艺流程示意图如图 5-1-1 所示。

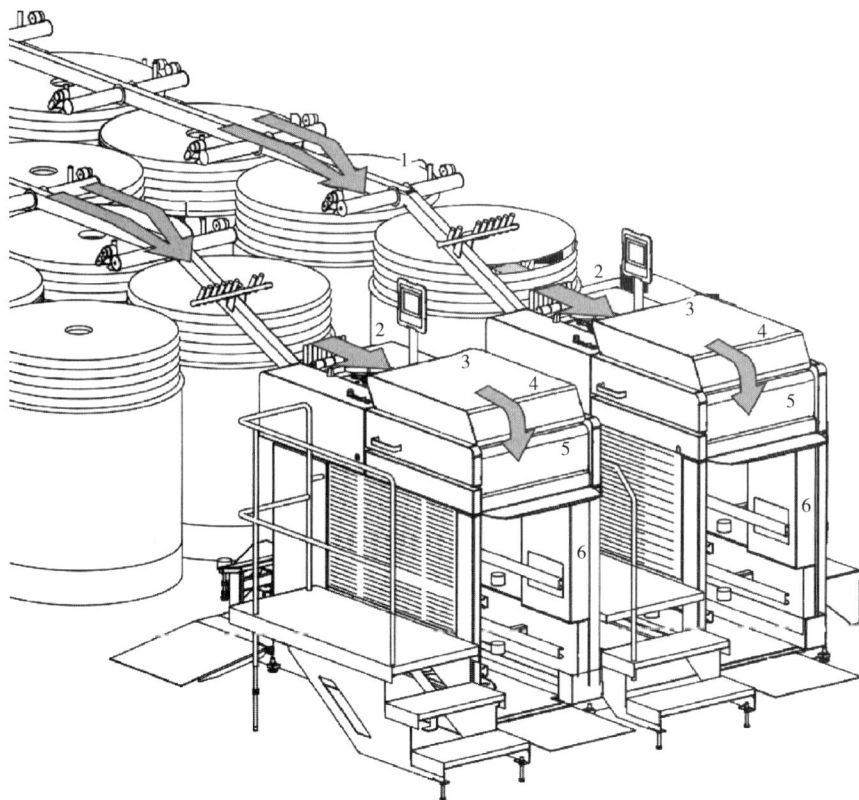

图 5-1-1　并条机工艺流程示意图

1—导条架　2—检测系统　3—牵伸系统　4—压辊　5—棉条监控系统　6—圈条

导条架 1 将来自条筒的棉条输入检测系统 2。当检测系统 2 完成棉条检测后,棉条被导入牵伸系统 3 中。当牵伸系统 3 完成棉条牵伸后,压辊 4 将棉条输出至圈条装置 6。棉条监控系统 5 监控出条质量。

三、并条机的主要部件

并条机的主要组成部分如图5-1-2所示。

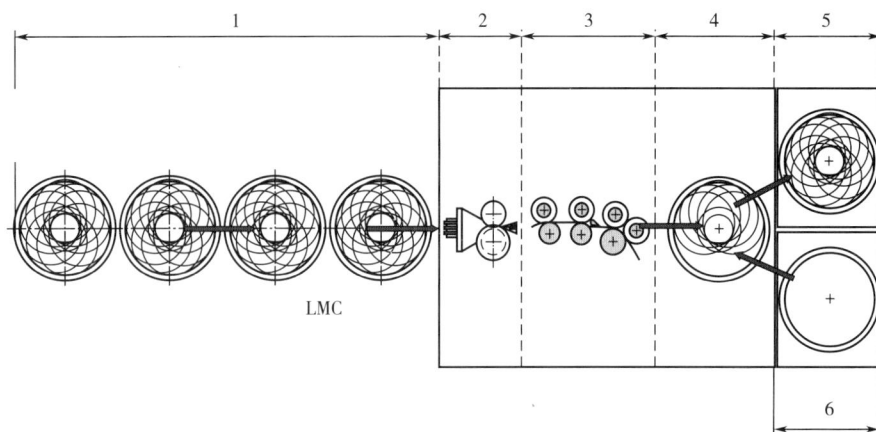

图 5-1-2　并条机的主要组成部分

1—导条架　2—棉条喂入装置和自调匀整装置　3—牵伸系统　4—圈条器

5—换筒装置　6—备用条筒喂入装置 RMC 机器右侧 LMC 机器左侧

1. 门和罩盖

并条机的门和罩盖如图5-1-3所示。

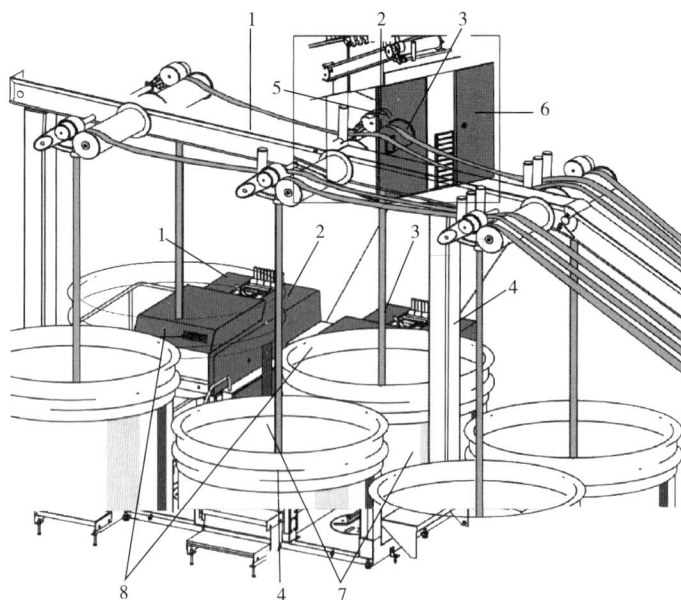

图 5-1-3　并条机的门和罩盖

1—机器左侧的左罩盖　2—机器左侧的右罩盖　3—机器右侧的左罩盖　4—机器右侧的右罩盖

5—吸风箱门　6—气动系统门　7—开关柜门　8—牵伸系统罩盖

（1）带锁的门和罩盖。转锁可防止门和罩盖意外打开。操作人员使用三角钥匙开关门和罩盖。带锁的门和罩盖由左罩盖或右罩盖,气动系统门和控制柜柜门构成。

（2）不带锁的门和罩盖。打开和关闭这些门和罩盖时无需使用钥匙。不带锁的门和罩盖由吸风箱门和牵伸系统罩盖构成。

2. 喂入部分

喂入部分主要由导条台、导条罗拉、导条棒、导条块和给棉罗拉等组成,多根棉条在此并合,起到混合和改善不匀的作用。棉条喂入部分如图5-1-4所示。棉条从6~8个条筒4经过积极式导条架1喂入机器。加压罗拉2和给棉罗拉3将棉条向前输送。加压罗拉2的总数和给棉罗拉3的总数与条筒4的总数相同。加压罗拉2负责监控位于导条罗拉2上的棉条。当出现断条或条筒4已空时,机器停止运行。

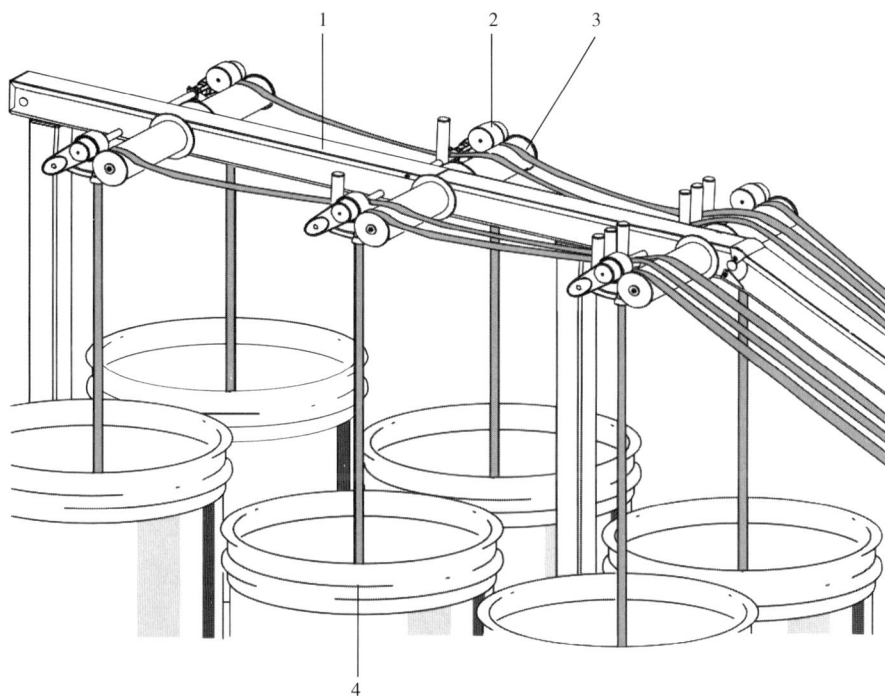

图5-1-4　并条机棉条喂入部分

并条机喂入区如图5-1-5所示。加压罗拉1和光栅2监控棉条是否顺利喂入机器。当出现断条时,机器停止运行。当喂入区阻塞时,机器停止运行。

3. 牵伸系统

牵伸部分主要由罗拉、胶辊、加压装置、清洁装置和集合器等部件组成,作用是将并合的原料牵细,同时提高纤维的伸直平行度。并条机牵伸系统如图5-1-6所示。

立达-D9并条机采用"4上3下"的牵伸系统。该牵伸系统适用于短纤(如棉)或纤维长度不超过60mm的纤维(如化纤)。该牵伸系统适用于4~11倍牵伸的牵伸范围。胶辊1、胶辊2和胶辊3将罗拉4、罗拉5和罗拉6向下压,压力由机械或气动装置控制。原料被固定在罗拉对之间。导条胶辊 7 将棉网导向棉网导嘴。棉网导嘴将来自牵伸系统的棉网变为棉条。压辊将棉条送入棉条管。

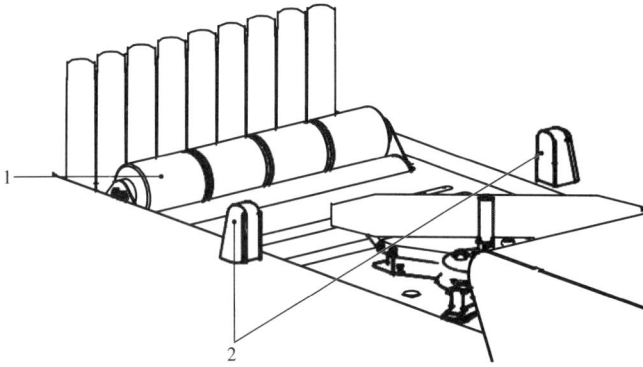

图 5-1-6　并条机牵伸系统形式

1—喂入罗拉的胶辊　2—中罗拉的胶辊
3—输出罗拉的胶辊　4—喂入罗拉
5—中罗拉　6—输出罗拉　7—导条胶辊
V—牵伸 V 总牵伸　VV—牵伸 VV 后牵伸
HV—牵伸 HV 主牵伸

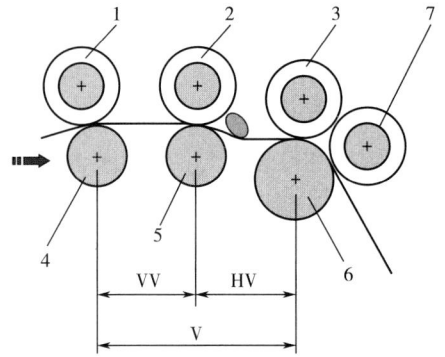

图 5-1-5　并条机喂入区

1—加压罗拉　2—光栅

如图 5-1-7 所示,牵伸系统压力用于牵伸系统中纤维原料的导入和输出。因此,胶辊 1、胶辊 2 和胶辊 3 分别压向罗拉 4、罗拉 5 和罗拉 6。

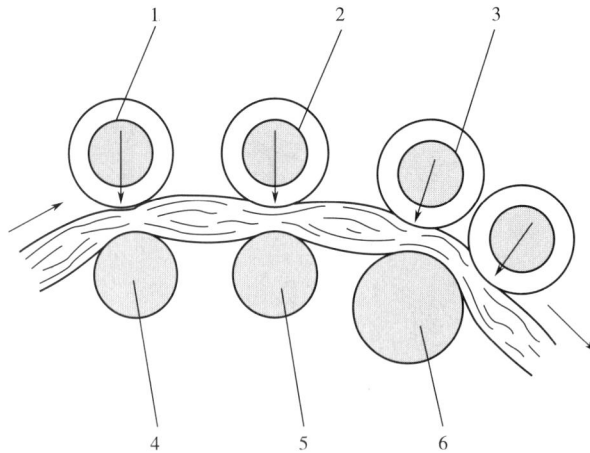

图 5-1-7　并条机牵伸系统压力

1、2、3—胶辊　4、5、6—罗拉

4. 自调匀整装置

并条机自调匀整装置如图 5-1-8 所示。

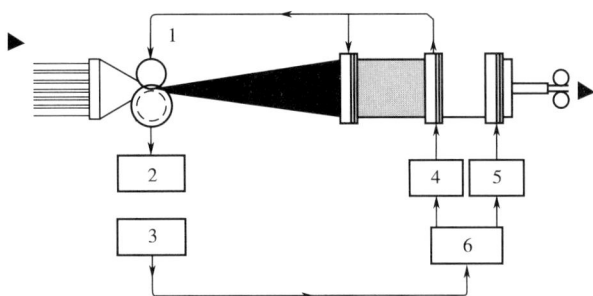

图5-1-8 并条机自调匀整装置

1—检测罗拉 2—信号转换器 3—计算机D295 4—喂入驱动装置 5—输出驱动单元 6—驱动控制系统

自调匀整装置的工作原理如下:从喂入区进入的棉条从一对检测罗拉1之间通过。该检测罗拉1监控棉条是否变化。信号转换器2将偏转运动转换为电信号,并传输至计算机3。计算机3与驱动控制系统6算出喂入驱动装置4的正确标称值。喂入驱动装置4控制喂入罗拉、中罗拉、检测罗拉1和给棉罗拉的速度。输出驱动单元5维持稳定的输出罗拉速度,以确保能够准确地计算出产量。这样能适当调节主牵伸区的牵伸,同时匀整棉条的体积变化。

5. 棉条监控

并条机压辊如图5-1-9所示。

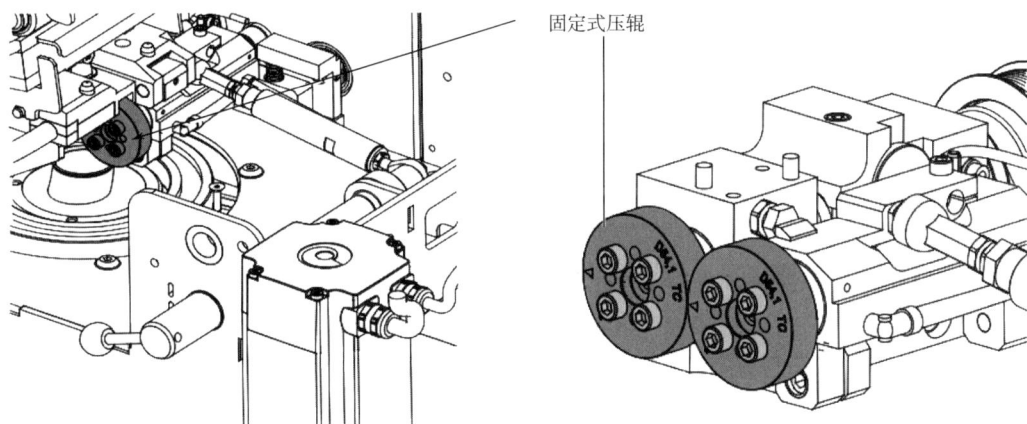

固定式压辊

图5-1-9 并条机压辊

立达质量监测系统(RQM)通过1个可移动压辊和1个固定式压辊1来监测出条质量。如果压辊1之间的棉条厚度超过规定限值,则机器自动停机。RQM独立于自调匀整装置运行。RQM质量数据包括:棉条定量A,棉条均匀度CV,波谱图参数值,粗节参数。

6. 圈条和换筒

圈条部分主要由弧形导管、紧压罗拉、圈条斜管和圈条盘等组成,作用是制成符合一定规格的棉条。棉条经由圈条器的棉条管送入条筒中。当条筒中的圈条量达到规定值时,换筒装置用空筒替换满筒换筒装置通过推板1将满筒从条筒台推至地面。如需减小条筒速度,可以使用条筒刹车2。条筒刹车可防止条筒在通过推板推出时发生倾斜。设置条筒刹车的条筒直径≤

600mm。并条机条筒刹车和推板如图5-1-10所示。

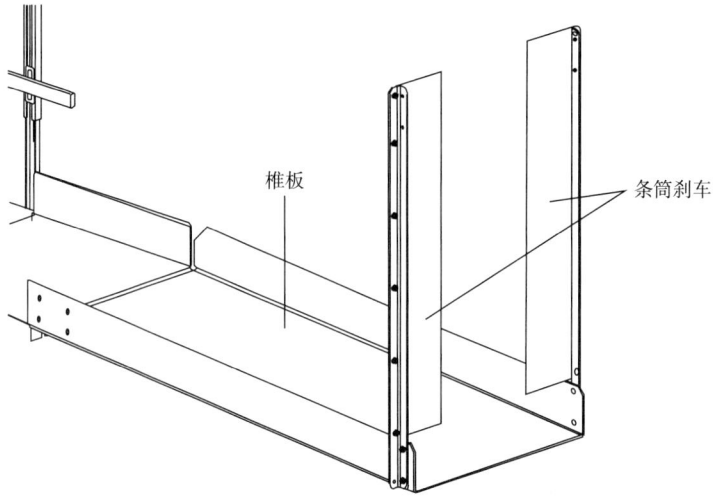

图5-1-10　并条机条筒刹车和推板

7. 吸风系统

吸风系统收集并去除来自出条的尘杂和短纤。

清洁片可以清除胶辊和牵伸系统罗拉上的纤维。胶辊上的清洁片根据预定间隔时间抬起。

机器中安装集成吸风系统。机器含自动滤网清洁功能。当滤网脏污时,刮杆将自动清除滤网上的灰尘和杂质。灰尘和杂质掉落在吸风箱的底部。已清洁的空气回到室内或排入导气管。对于中央吸风系统而言,机器可随时连接到纺纱厂的中央系统。

四、机器主要技术参数

立达-D9型并条机的技术参数见表5-1-1。

表5-1-1　立达-D9型并条机的技术参数

描述	数据
合并棉条数量	4~8条
纤维长度	≤60mm
总喂入棉条定量	12~50ktex
出条定量	1.25~7.00ktex
牵伸	4.0~11.6
出条速度	250~1200m/min
条筒直径	300~600mm
条筒高度	900~1524mm

实现罗拉牵伸的条件如下：

(1)须条上必须具有积极握持的两点,且两握持点之间有一定的距离。

(2)两握持点必须有相对速度,输出端的线速度应大于输入端的线速度。

(3)握持点上应具有一定的握持力。

五、立达-D9 型并条机操作

1. 启动按钮

(1)启动按钮呈绿色。

(2)按下启动按钮前,先确保所有的罩盖和门已关闭。启动按钮具有两项功能:一是启动机器;二是在删除所有错误信息后重新启动机器。

2. 停机按钮

停止按钮呈红色。

按下停止按钮后,机器停止运行,同时牵伸系统也将在一定时间后自动卸压。按下停止按钮时,检测罗拉不卸压。

3. 点动按钮

点动按钮呈黑色。

当按住点动按钮时,机器开始以慢速模式运行(100m/min)。在以下情形中,可以按下点动按钮使机器进入点动模式。

(1)所有的罩盖和门均已关闭;

(2)只有牵伸系统罩壳打开;

(3)左侧罩盖或右侧罩盖打开,同时钥匙开关转向右边(相应罩盖的限位开关在钥匙开关的作用下忽略)。

4. 旋钮开关

旋转开关具有以下功能。

(1)当旋转开关转至右边位置Ⅱ并在短时间内松开时,牵伸系统和检测罗拉加压。

(2)当旋转开关转至左边位置Ⅰ并在短时间内松开时,牵伸系统和检测罗拉卸压。

(3)当旋转开关转至右边位置并保持。

(4)牵伸系统和检测罗拉加压。

(5)棉网末端在脉冲气流的作用下向导条喇叭口移动。

5. 钥匙开关

钥匙开关由钥匙启动或关闭。

正常运行时,钥匙向左转动。钥匙必须由授权人员保管。

如需进入点动模式,将钥匙向右转动。当钥匙转向右侧时:左侧和右侧罩盖的安全铰链开关被忽略。

操作人员可为检测罗拉加压。

当左侧或右侧罩盖打开时,可在机器上开展校准任务。

当左侧或右侧罩盖打开时,可以按下基本组合按钮中的点动按钮。

6. 总开关

主开关分为挡位 0/OFF 和挡位 I/ON。主开关设置在 0/OFF 位置,以断开机器电源。主开关设置在 I/ON 位置,以连接机器电源。主开关不是急停按钮。在开始这些程序前,必须将主开关置于 0/OFF 位置并用挂锁锁好。

7. 急停按钮

急停按钮只有在紧急情况下才能使用。当操作人员按下急停按钮时:机器将立即停止运行、所有与机器相连接的辅助机器也将立即停止运行。如需释放急停按钮,则转动该按钮。

8. 显示元件

(1)LED 发光条。并条机 LED 发光条 H40 的位置如图 5-1-11 所示。LED 发光条 H40 在换筒过程中闪烁。LED 发光条的初步信号可在数据窗口中设置。

(2)操作面板。并条机的操作面板如图 5-1-12 所示。操作面板包括:

LED 角形发光条 1、2、3、4,USB 接口 5,网络接口 6 和控制面板 7。USB 接口用于上传或下载数据。网络接口用于连接网络。

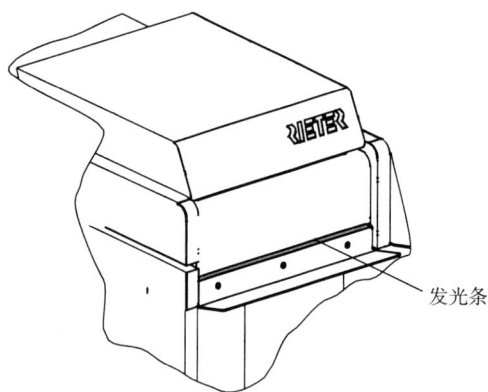

图 5-1-11 LED 发光条 H40 位置示意图

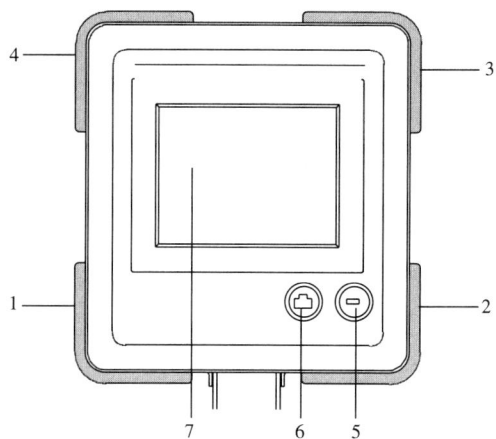

图 5-1-12 并条机操作面板

LED 角形发光条的作用见表 5-1-2。

表 5-1-2 LED 角形发光条的作用

状态	含义
LED 角形发光条 1 和 4 亮起	原料喂入故障
LED 角形发光条 2 和 3 亮起	故障
LED 角形发光条 2 和 3 闪烁	换筒装置故障
所有的 LED 角形发光条同时闪烁	警告消息

技能训练

一、目标

(1)观察并条机的工艺流程和各装置的外形结构。

(2)操作并条机,学会开关车等操作。

二、器材或设备

立达-D9 型并条机;C28tex 棉条等。

三、步骤

(1)熟练并条机的工艺流程。

(2)认识并能说出各机构的名称。

(3)开关车。

四、考核标准

考核标准表

考核项目	评分标准	配分	扣分	得分
并条机工艺流程及各装置	1. 说出并条机的工艺流程 2. 指出各装置的位置,说出各装置作用	50		
开关车	1. 操作开关车 2. 说出开关车注意事项	50		
合计		100		

课后习题

任务二　并条工艺设计与工艺上机

工作任务单

序号	任务名称	任务目标
1	并条各项工艺设计	学会设计不同品种、不同机型的并条工艺
2	工艺计算	根据设计工艺转换为具体的上机参数
3	工艺上机	根据具体的工艺实习工艺上机

知识准备

并条机的工艺设计主要是对棉条定量的设计与控制、对各道并条牵伸倍数的设计、对罗拉加压及罗拉隔距的设计等。在进行工艺设计时必须事先考虑熟条的质量要求、所要加工原料的特点、设备条件等因素。

一、并合工艺设计

(一)棉条定量

棉条定量应根据纺纱线密度、纺纱品种、加工原料、配置设备数量和对产品质量的要求等因素综合考虑,一般在 10~30g/5m。纺细特纱及化纤混纺时,产品质量要求较高,定量应偏轻;罗拉压力足够、后工序设备牵伸能力较大的情况下,可以适当加重定量。在头并、二并、三并的定量选配上逐道减轻。配置棉条定量的参考因素见表 5-2-1。

[微课]并条机的
工艺设计

表 5-2-1　棉条定量的参考因素

参考因素	纺纱线密度		产品品种		加工原料		工艺道数		罗拉加压	
	细	中粗	精梳	梳棉	化纤	纯棉	二并	头并	不足	充足
棉条定量	宜轻	宜重	宜轻	宜重	宜轻	宜重	宜轻	宜重	宜轻	宜重

棉条定量选用范围见表 5-2-2。

表 5-2-2　棉条定量选用范围

纺纱线密度(tex)	棉条定量(g/5m)	纺纱线密度(tex)	棉条定量(g/5m)
32 以上	20~25	9~13	13~17
20~30	17~22	7.5 以下	13 以下
13~19	15~20	—	—

(二)并合原理、工艺道数及喂入棉条排列

并合的实质是把各根纱条的横截面沿着长度方向连续叠加,这样可以通过纱条粗细片段之间的随机叠合,达到提高纱条均匀度的目的。每根纱条的各个片段粗细不一,并合后可能出现以下三种情况。

(1)细段与粗段相并合,其结果可得到粗细适中的纱条。

(2)粗段与粗段或细段与细段相并合,其结果是粗细不匀既没有改善也没有恶化。

(3)粗段或细段与粗细适中的片段相并合,其结果是并合后不匀的相对差异缩小。

在以上三种情况中,出现(1)和(3)的机会较多。例如,n 根定量相同、不匀率 C_0 相同的纤维条并合后,纤维条的不匀率 $C=C_0/\sqrt{n}$,即并合条子的不匀率是并合前条子的 $1/\sqrt{n}$。增加并合数对于改善重量不匀率,提高纤维混合均匀有效,但并合根数 n 过大,并合效果不明显,因为牵伸增大会恶化均匀度。过多并合数和过大的牵伸倍数,会使纤维疲劳、条子烂熟而使条干均匀和纱疵,使用预牵伸和自调匀整并棉机,可以减少并条道数。为了保证质量,一般纯棉纱采用两道并条,并合数通常为 8×6 或 8×8;涤/棉精梳细特纱采用三道混并条,并合数则随混纺比不同而改变。

(三)并合道数、并合根数与普梳棉条质量的关系

在梳棉机、并条机具有自调匀整系统的纺纱厂,生产普梳棉纱采用二道并条工艺。其中,一道并条使用不带自调匀整系统的并条机,采用 6 根或 8 根棉条并合;二道并条使用带有自调匀整系统的并条机,多数采用 6 根头道棉条并合,少数采用 8 根头道棉条并合。生产实践证明,普梳棉纱并条采用二道并条,头道并条根数和二道并条根数均采用 8 根的并合效果较好。

由于普梳棉纱梳棉条纤维抱合力强,纤维的伸直度和分散度相对较差,增加头道并条、二道并条的并合根数,加大并条工序的牵伸倍数,可改善纤维的伸直平行度,减少弯钩纤维数量和浮游纤维数量,达到减少并条棉条疵点和改善并条棉条均匀度的目的。无论是生产细号棉纱还是粗号纯棉普梳纱,二道并条均采用 8 根棉条并合,纺纱效果最理想,与并条机是否带有自调匀整系统关系不密切。在带有自调匀整系统的并条机上生产普梳纯棉纱,应杜绝采用头道并条的纺纱工艺,否则后道工序会受弯钩纤维和伸直度的影响,而使各类疵点数量大幅增加。

(四)并合道数、并合根数与精梳棉条质量的关系

纯棉精梳纱与纯棉普梳纱最主要的区别在于纯棉精梳纱增加了精梳准备工序、预并工序、条并卷工序和精梳工序。纤维经精梳工序清除了棉层中的部分短绒、危害性纤维、弯钩纤维、杂质和疵点,且精梳条具有较好的纤维伸直度和分散度,浮游纤维得到有效控制。但精梳条增加并合道数会导致纤维之间的抱合力下降,易出现毛边、乱边、破边等过熟现象,造成后工序纺纱产生细节、粗节和棉结等疵点。

为防止精梳条并合后出现过熟现象,纺纱厂通常会在并条工序出条时,减小喇叭口来控制精梳条的游离性、增加纤维之间的凝聚力,对纤维束质量进行控制。在无自调匀整系统并条机的纺纱厂,多数情况下头并、二并均采用 6 根棉条并合进行精梳棉纱生产,这样既能控制精梳棉纱重不匀率和质量偏差,又能保证并条后精梳条条干 C_V 值持续稳定。在并条机有自调匀整系统的情况下,纺纱厂大多数采用 6 根精梳条一次并合进行精梳棉纱生产,也有少数采用 8 根精梳条一次并合。

精梳棉纱生精梳工序受生产环境温、湿度影响,经常会出现"三缠"问题严重、机台之间落棉差异相对较大的问题,导致机台之间棉条质量差异超过2.5%。精梳机台本身与并条喂给精梳棉条生产机台数量不匹配、前工序混配棉质量变化,均会导致纤维长度整齐度、短绒率发生明显变化,甚至会出现精梳条质量偏差超过5%的问题。采用一道带有自调匀整的并条机生产精梳条,自调匀整系统在线控制数据大幅波动,造成并条后精梳条内部短片段不匀数量明显增加,对后工序纺纱、织造质量产生不利影响。

对于精梳棉纱生产,并条工序在精梳机状态、前工序状态稳定的情况下,尤其是混配棉绝对稳定时,采用自调匀整并条机一道并条生产精梳棉纱是较好的纺纱工艺选择。为防止生产中出现不稳定因素,无论并条机是否有自调匀整系统,采用二道并条、并合根数为8根×6根或6根×6根,均有可能产生少量偶发性纱疵和常发性纱疵(在自动络筒工序一般可通过电子清纱器清除),但可以防止棉纱隐性纱疵大量出现,避免后工序针织物染色质量问题。总而言之,纺纱厂需根据生产实际确定并条工艺。

纯棉纺工艺道数视品种而定,见表5-2-3。

表5-2-3　纯棉纺工艺道数

品种	精梳棉纱		细特纱及特种用纱	粗、中特纱	转杯纱
	预并	精并			
有自调匀整并条机	1	1	2~3	2	1~2
没有自调匀整并条机	1	2	2~3	2	2

(五)提高并合效应降低重量不匀率的途径

对于并条工序来说,无论并条机有无自调匀整系统,为保证并条棉条不过熟或不出现蓬松、零乱、严重毛条、毛边的情况,应尽可能采用较多的并合道数、并合根数,这是稳定后工序棉纱质量、织物质量的根本,也是消除并条工序产生隐性纱疵、控制牵伸波和机械波的关键。具体可以采取措施为轻重条搭配,减少喂入条子的意外牵伸,保证正确的喂入根数。并合根数和并合效果关系如图5-2-1所示。

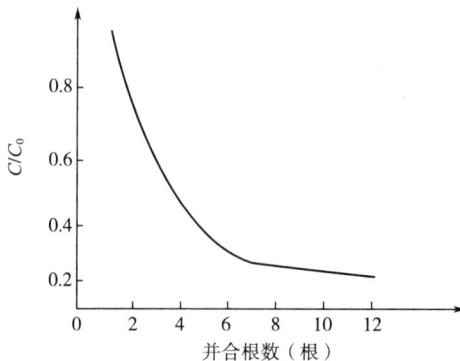

图5-2-1　并合根数和并合效果的关系

二、牵伸工艺原理

(一) 罗拉牵伸的基本概念

牵伸:将纤维条内各纤维沿长度方向作相对位移而分布在更长的长度上,使纤维条截面减细变薄,这是一个降低产品线密度的过程。

罗拉牵伸:利用不同转速的罗拉握持纤维条,使纤维条抽长拉细。

[微课] 牵伸的工艺原理

牵伸倍数 E 表示牵伸的程度:

$$E = L_2/L_1 = W_1/W_2$$

式中: L_1 、 L_2 ——分别为牵伸前后的长度;

W_1 、 W_2 ——分别为牵伸前后的线密度。

(二) 实现罗拉牵伸的基本条件

实现罗拉牵伸的基本条件有三个:速度差、握持力和隔距。三个条件必须同时满足,缺一不可,才能实现罗拉牵伸。罗拉牵伸过程如图 5-2-2 所示。速度差指输出罗拉的表面线速度 V_2 大于输入罗拉的表面线速度 V_1 ,即 $V_2 > V_1$;握持力指必须对皮辊(上罗拉)施加一定的压力 F ,使罗拉钳口对纤维条产生足够的握持力;隔距指前后罗拉钳口之间的握持距要大于纤维品质长度 L_p 或化纤平均长度 L 。

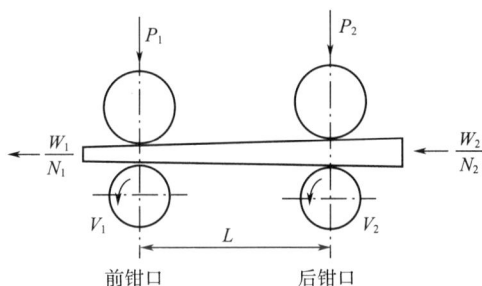

图 5-2-2　罗拉牵伸过程

机械牵伸倍数 E_m 为前后罗拉表面线速度之比。在罗拉牵伸中,若不计罗拉与纤维条间的滑溜, E_m 为:

$$E_m = V_1/V_2$$

式中: V_1 ——前罗拉表面线速度,m/min;

V_2 ——后罗拉表面线速度,m/min;

E_m ——机械牵伸倍数(理想牵伸倍数)。

可见,牵伸倍数与输出罗拉表面线速度成正比。但在实际牵伸中,有纤维散失、胶辊滑溜、产品意外伸长、纤维弹性回缩等情况发生,使得实际牵伸倍数并不等于机械牵伸倍数。生产上通过调整 V_1 与 V_2 的比值来达到所需的牵伸倍数,故实际牵伸倍数为:

$$E_P = W_2/W_1 = Tt_2/Tt_1$$

式中: W_2 、 W_1 ——分别为输入和输出产品单位长度的重量;

Tt_2 、 Tt_1 ——分别为输入和输出产品的线密度;

E_P——实际牵伸倍数。

牵伸效率 η 指实际牵伸倍数与机械牵伸倍数之比：

$$\eta = \frac{E_P}{E_m} \times 100\%$$

实际生产中常用 $1/\eta$，算出 E_m，然后确定牵伸变换齿轮的齿数。工艺上把 $1/\eta$ 称为牵伸配合率 P，其值由统计资料取得。

(三) 总牵伸倍数和部分牵伸倍数

一个牵伸机构常由几对罗拉组成几个牵伸区，相邻两对罗拉间的牵伸倍数称为部分牵伸倍数，最后一对罗拉到最前一对罗拉的牵伸倍数称为总牵伸倍数。罗拉牵伸原理示意图如图 5-2-3 所示。

三对罗拉组成两个牵伸区：$V_1 > V_2 > V_3$；

$e_1 = V_1/V_2$；$e_2 = V_2/V_3$；则 $E = e_1 \times e_2$。

四对罗拉组成三个牵伸区：$V_1 > V_2 > V_3 > V_4$；

$e_1 = V_1/V_2$；$e_2 = V_2/V_3$；$e_3 = V_3/V_4$；则 $E = e_1 \times e_2 \times e_3$。

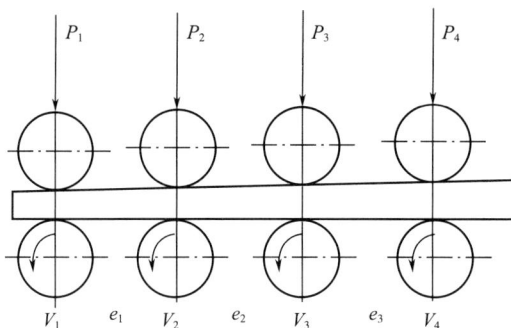

图 5-2-3　罗拉牵伸原理示意图

可知，总牵伸倍数等于各部分牵伸倍数之积。总牵伸倍数应接近于并合数，一般选择范围为并合数的 0.9~1.2 倍。并条总牵伸倍数配置范围见表 5-2-4。

表 5-2-4　并条总牵伸倍数配置范围

牵伸形式	四罗拉双区		单区	曲线牵伸	
并合数（根）	6	8	6	6	8
总牵伸倍数	5.5~6.5	7.5~8.5	6~7	5.6~7.5	7~9.5

1. 各道并条机的牵伸分配

并条机的牵伸分配有两种工艺路线可供选择：一种是头并牵伸大（大于并合数）、二并牵伸小（等于或略小于并合数），又称倒牵伸，这种牵伸配置对改善熟条的条干均匀度有利；另一种是头并牵伸小、二并牵伸大，又称顺牵伸，这种牵伸配置利于纤维的伸直，利于成纱强力的提高。纺特细特纱时，为减少后续工序的牵伸，也可采用头并略大于并合数，而二并可更大（如当并合数为 8 根时，可采用 9 倍牵伸或 10 倍以上）。原则上头并牵伸倍数要小于并合数，头并的后区牵伸选 2 倍左右；二并的总牵伸倍数略大于并合数，后区牵伸维持弹性牵伸（小于 1.2 倍）。

2. 部分牵伸分配的确定

一般配置的范围为头道并条的后区牵伸倍数在 1.6~2.1 之间、二道并条的后区牵伸倍数在 1.06~1.15 之间。由于喂入后区的纤维排列十分紊乱，棉条内在结构较差，不宜进行大倍数牵伸。另外，后区采用小牵伸，有利于前区牵伸的进行。

（1）主牵伸区。主牵伸区具体牵伸倍数配置应考虑的主要因素为摩擦力界布置是否合理，纤维伸直状态如何，加压是否良好等因素。

（2）张力牵伸。前张力牵伸应考虑加工的纤维品种，出条速度及相对湿度等因素，一般控制在 0.99~1.03 倍。张力牵伸太小，棉网下坠易断头；张力牵伸过大，则棉网易破边而影响条干。出条速度高，相对湿度高时，牵伸倍数宜大。纺纯棉时前张力牵伸宜小，一般应在 1 以内；化纤的回弹性较大，混纺时由于两种纤维弹性伸长不同，前张力牵伸应略大于 1。后张力牵伸与棉条喂入形式有关，应使喂入棉条不起毛，避免意外牵伸。

三、并条机的牵伸形式

（一）直线牵伸（最初并条机所用）

四上四下简单罗拉牵伸示意图如图 5-2-4。

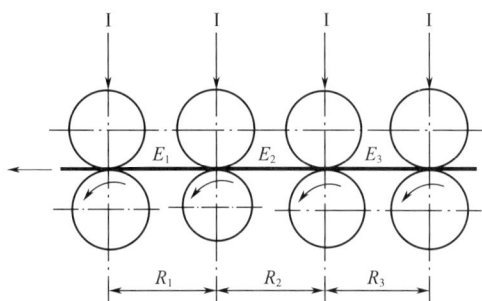

[微课]牵伸区内的条干不匀
和具体的牵伸

图 5-2-4　四上四下简单罗拉牵伸

四上四下罗拉牵伸系统是纺纱工程中的关键设备，其独特的结构设计为纤维牵伸提供了理想的工艺条件。该系统由四个上罗拉和四个下罗拉组成，形成三个牵伸区，每个牵伸区都承担着特定的工艺功能。

四上四下罗拉牵伸系统采用对称式设计，四个上罗拉分别由胶辊和金属罗拉组成，四个下罗拉均为金属罗拉。这种配置形成了前区、中区和后区三个牵伸区域，总牵伸倍数可达 10~50 倍。前区承担主牵伸功能，中区负责纤维的整理和控制，后区主要起集束作用。各区的牵伸分配比例通常为：前区 60%~70%，中区 20%~30%，后区 10%~15%。

智能纺纱技术的发展使四上四下罗拉牵伸系统的性能得到进一步提升。现代智能牵伸系统配备了高精度压力传感器和伺服控制系统，能够实时监测和调整罗拉压力分布。例如，在加工细特纱时，智能系统会自动增加前区牵伸力，同时降低后区压力，这种动态调节使牵伸效率提高 20%，能耗降低 15%。此外，基于机器视觉的质量检测系统与牵伸系统的联动，实现了工艺参数的闭环控制。

(二) 曲线牵伸

须条在牵伸区中的通道称为曲线。

1. 三上四下特点

三上四下罗拉牵伸示意图如图 5-2-5 所示。一根大胶辊代替第 2、第 3 胶辊,骑跨在第 2、第 3 罗拉上,组成两个独立牵伸区;BC、CD、DE 包围弧增强了摩擦力界;BC 有利于控制纤维运动。

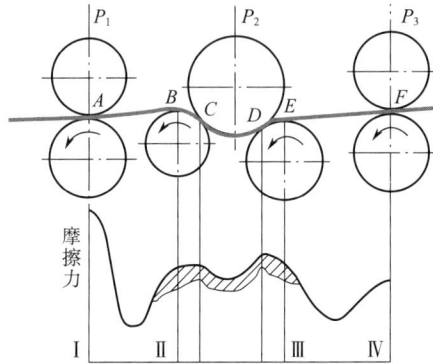

图 5-2-5 三上四下罗拉牵伸

2. 多胶辊曲线牵伸

多胶辊曲线牵伸系统是现代纺纱技术的重要创新。它突破了传统直线牵伸的局限,通过独特的曲线牵伸路径设计,显著提升了纤维控制效果和纱线质量。该系统通常采用 3~5 个胶辊 (图 5-2-6),前胶辊起导向作用,无牵伸作用。

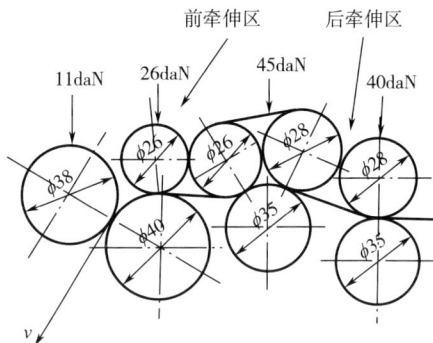

图 5-2-6 多胶辊曲线牵伸示意图

多胶辊形成连续的曲线牵伸区,为纤维运动提供了更理想的工艺环境。

多胶辊曲线牵伸系统由多个胶辊和对应的下罗拉组成,形成连续的曲线牵伸路径。胶辊采用高弹性复合材料,表面经过特殊处理,确保稳定的摩擦系数。下罗拉则采用高精度金属罗拉,表面镀铬处理以提高耐磨性。这种配置形成了渐进式的牵伸力场,使纤维在牵伸区内实现平稳变速。

3. 压力棒曲线牵伸

压力棒曲线牵伸的主牵伸区有压力棒,有三上三下压力棒加导向皮辊和四上四下压力棒加导向胶辊,是目前并条机上应用最广泛的牵伸形式。图 5-2-7 为 FA306 型下压式压力棒示意图。

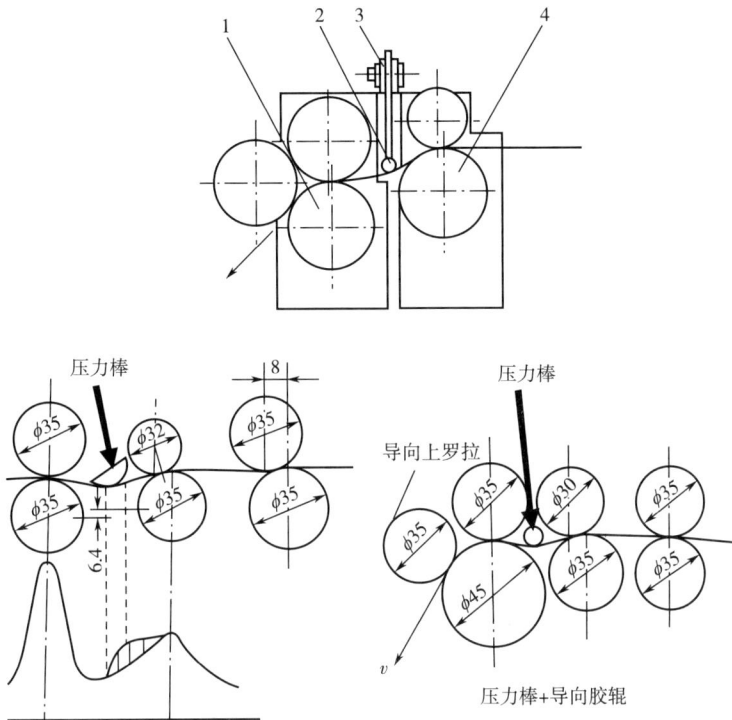

图 5-2-7 FA306 型下压式压力棒示意图

1—前罗拉 2—压力棒 3—压力棒调节环 4—第二罗拉

(1)特点。

①产生附加摩擦力界,加强对浮游纤维的控制,使变速点靠近前罗拉钳口。

②压力棒可调,对纤维的适应性好。

③压力棒对须条的压力有自调作用。

(2)罗拉握持距确定。罗拉握持距为相邻两罗拉握持点间所包含所有线段长度之和。影响罗拉握持距的主要因素为纤维长度及整齐度。纤维长度长、整齐度好时,可偏大掌握。生产中,罗拉握持距必须大于纤维品质长度。另外,罗拉握持距的确定还应考虑棉条定量(当定量偏轻时握持距可偏小掌握)、加压大小(加压重时握持距可偏小掌握)、出条速度(出条速度快时握持距应偏小掌握)、工艺道数(头道比二道的握持距应偏小掌握)等因素。握持距 S 可根据下式确定:

$$S = L_p + P$$

式中:S——罗拉握持距,mm;

L_p——品质长度,mm;

P——根据牵伸力的差异及罗拉钳口扩展长度而确定的长度,mm。

在压力棒牵伸装置中,主牵伸区的罗拉握持距一般为 $L_p + (6 \sim 10)$ mm。主牵伸区罗拉握持距的大小取决于前胶辊移距(前移或后移)、二胶辊移距(前移后移)以及压力棒在主牵伸区内与前罗拉间的隔距三个参数。

实践表明压力棒牵伸装置的前区握持距对条干均匀度影响较大,在前罗拉钳口握持力充分的条件下,握持距越小,条干均匀度越好;后牵伸区的罗拉握持距一般定为 $L_p+(11\sim14)$ mm。

4. 罗拉加压

重加压是实现对纤维运动有效控制的主要手段,也是实现并条机优质高产的重要手段。并条机罗拉加压的确定,必须考虑牵伸形式、牵伸倍数、罗拉速度、棉条定量以及原料性能等因素,一般为 200~400N。罗拉速度快棉条定量重、牵伸倍数高时,加压宜重。棉与化纤混纺时的加压量应较纺纯棉时提高 20% 左右,加工纯化纤时的加压量应提高 30% 左右。

并条罗拉确定加压轻重的主要因素,见表 5-2-5。

表 5-2-5　并条罗拉确定加压轻重的主要因素

因素	棉条定量		输出速度		罗拉隔距		并合数		纤维伸直度		胶辊硬度	
	重	轻	高	低	小	大	多	少	差	好	硬	软
加压轻重	宜重	宜轻	宜重	宜轻	宜重	宜轻	宜重	宜轻	宜重	宜轻	宜重	宜轻

牵伸形式、出条速度与加压重量间的关系,见表 5-2-6。

表 5-2-6　牵伸形式、出条速度与加压重量间的关系

牵伸形式	出条速度（m/min）	罗拉加压(N)					
		导向辊	前上罗拉	二上罗拉	三上罗拉	后上罗拉	压力棒
三上四下曲线牵伸	150 以下	—	150~200	250~300		200~250	—
三上四下曲线牵伸	150~250		200~250	300~350		200~250	—
五上三下曲线牵伸	200~500	140	260	450		400	—
三上三下压力棒	200~600	150~200	300~350	350~400		350~400	50~100

四、立达-D9 型并条机工艺计算

(一)定量计算

棉卷湿重(g/5m)为:

$$G_{湿} = G_{干} \times (1 + 实际回潮率 \%)$$

棉卷线密度(tex)为:

$$N_T = G_{干} \times (1 + 公定回潮率) \times 1000$$

(二)牵伸计算

$$E_{实} = \frac{喂入条子干定量 \times 并合数}{输出条子干定量}$$

$$E_{机} = \frac{E_{实}}{牵伸配合率}$$

$$前区牵伸分配(倍) = \frac{E_{总机械}}{E_{前张力} \times E_{后区} \times E_{后张力}}$$

(三)产量计算[kg/(台·h)]

$$G_{理} = \frac{2 \times 60 \times V \times Tt}{1000 \times 1000}$$

$$G_{额} = G_{理} \times 时间效率$$

式中:V——最大出条线速度,m/mim;

　　Tt——条子线密度,tex。

立达-D9 型并条机传动图如图 5-2-8 所示。

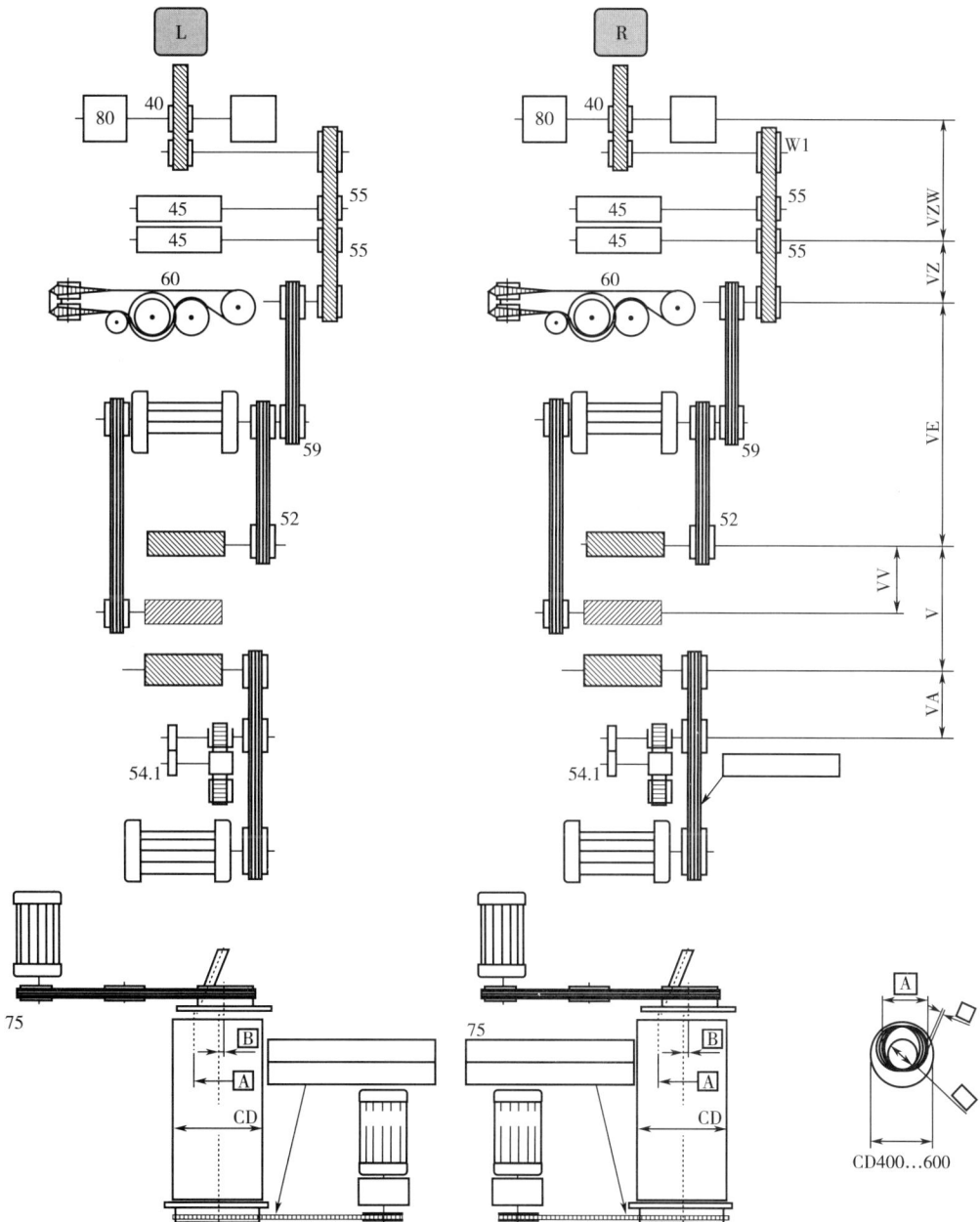

图 5-2-8　立达-D9 型并条机传动图

调换轮 J 、 W 的齿数对不同规格的条筒的配置与调换 V 带轮、B、C、D 及齿轮 Z 对不同规格的条筒的配置,见表 5-2-7。

表 5-2-7　不同规格条筒配置

条筒直径	B	C	D	J	W	Z
ϕ500	ϕ100	ϕ90	ϕ96	28 齿	64 齿	1
ϕ400	ϕ90	ϕ110	ϕ90	27 齿	64 齿	1
ϕ350	ϕ104	ϕ90	ϕ104	27 齿	64 齿	2
ϕ300	ϕ90	ϕ95	ϕ90	29 齿	62 齿	2

技能训练

以 C28tex 纱为例。

[案例]16tex 纯棉机织纱
并条工艺设计

一、目标

(1)设计并条机的主要部件的熟条定量、牵伸配置、罗拉隔距等工艺。

(2)根据设计工艺计算相关工艺。

(3)将工艺上机。

二、器材或装置

立达－D9 型并条机,各类专业工具。

三、步骤

(1)根据所纺品种进行工艺设计。

(2)工艺计算,完成并条工艺单。

(3)工艺上机(隔距、齿轮等)。

(4)熟条重量调整。

四、考核标准

考核标准表

考核项目	评分标准	配分	扣分	得分
工艺设计	1. 设计合理 2. 分析设计原则	30		
工艺计算	数据正确而且合理	20		
工艺上机	1. 调整罗拉隔距 2. 齿轮上机规范	40		
熟条重量调整	合理配置齿轮,调整重量	10		
合计		100		

课后习题

任务三　熟条质量控制

工作任务单

序号	任务名称	任务目标
1	熟条质量指标	学会熟条质量测试的试验操作
2	质量分析与判断	根据试验数据分析质量情况

知识准备

控制熟条质量是实现优质生产的重要环节。对熟条控制主要有定量控制、条干均匀度控制、重量不匀控制。

[微课]并条质量指标

一、棉条质量参考指标

熟条作为纺纱过程中的关键半制品,其质量直接影响最终纱线的品质和生产效率。建立完善的熟条质量评估体系,对于提高纺纱工艺水平和产品质量具有重要意义。本任务将从物理指标、工艺性能指标和可纺性指标三个方面,详细阐述熟条质量的评估体系和控制要点。

(一)物理指标评估体系

1. 条干均匀度

条干均匀度是评价熟条质量的基础指标,主要包括重量不匀率和长度不匀率两个方面。重量不匀率通常用变异系数 CV 表示,优质熟条的重量不匀率应控制在 3.5% 以下。长度不匀率则通过 5m 重量偏差来评估,要求控制在 ±2.5% 以内。在实际生产中,可采用乌斯特条干仪进行精确测量,每班至少检测 3 次,确保数据的可靠性。

2. 纤维结构指标

纤维结构直接影响熟条的可纺性和最终纱线质量。主要评估指标包括:

纤维平行度:要求 ≥85%,可通过显微镜观察法测定;

短绒率(16mm 以下):控制在 ≤12%,采用纤维长度分析仪检测;

纤维伸直度:≥90%,使用纤维投影仪测定。

3. 条子结构特征

条子结构特征反映了熟条的紧密程度和表面状态,主要包括:

条干粗糙度:≤4.5%,采用激光扫描法测定;

毛羽指数:≤3.5,使用毛羽测试仪检测;

条子紧密度:在 0.35~0.45g/cm³,通过体积重量法测定。

(二)工艺性能指标

1. 牵伸性能

牵伸性能是评价熟条加工性能的重要指标,主要包括:

牵伸效率:≥92%,反映纤维在牵伸区的控制效果;

牵伸不匀率:≤2.8%,影响最终纱线的条干均匀度;

纤维变速点分布:要求集中度≥85%。

2. 加捻性能

加捻性能直接影响纱线的强力和外观,主要指标包括:

捻度不匀率:≤4.0%;

强力利用率:≥85%;

捻回弹性:≥90%。

(三)可纺性指标

生产稳定性主要指标包括:

断头率:≤15 次/千锭时;

飞花率:≤1.5%;

生产效率:≥92%。

质量一致性主要指标包括:

班次差异:≤5%;

机台差异:≤3%;

批次稳定性:CV≤2.5%。

熟条质量参考指标,见表 5-3-1。

表 5-3-1　熟条质量参数指标

纺纱类别	Y311 型条干不匀率(%)不大于	重量不匀率(%)不大于	重量偏差	乌斯特条干变异系数
梳棉中、粗特纱	21	1.0	细特纱的重量偏差范围是±2.5%。月度±0.5%以内	小于4%
梳棉细特纱	18	0.9		
精梳细特纱	13	0.8		
化纤或混纺纱	13	0.8		

二、提高熟条质量的技术措施

(一)熟条质量不匀率控制

1. 轻重条搭配

不同梳棉机生产的同一品种生条应该喂入同一台头道并条机,同一台梳棉机生产的生条应该喂入不同的头道并条机;头道并条机的两个眼生产的同一品种半熟条,应该采用"巡回换筒"的方式,交叉喂入末道并条机的两个眼。

例如,将生条条筒号与梳棉机对应编号;头道并条机后喂入的条子尽可能不使用重复的筒号;如果要重复,也要均匀配置,避免同一梳棉机生产的条子用得太多;头道并条的左眼、右眼生产的条子交叉搭配喂入末道并条机,即末道并条机每眼喂入 8 根条子,其中来自头道并条左眼、右眼的条子各 4 根。采取轻重条搭配的喂入方法,可有效地降低并条机每眼输出棉条的质量差异,降低熟条质量不匀率。

2. 积极式喂入,减少意外伸长

采用高架式积极喂入,在运转操作时注意里外条筒、远近条筒、满浅条筒的合理搭配,尽量减少喂入过程中的意外伸长。

3. 断头自停可靠

采用高灵敏度的断头自停装置,保证喂入根数,防止漏条或交叉重叠。

4. 胶辊工作状态

保证并条机两眼的胶辊加压及直径一致,回转灵活。

5. 自调匀整

若使用自调匀整装置,可以大大减小质量不匀率及质量偏差。

(二)熟条质量偏差控制

熟条是并条工序的最终产品,其定量控制就是将纺出熟条的平均干燥质量(g/5m)与设计的标准干燥质量(简称定量)间的差异控制在一定的范围内。

生产实践证明,严格控制单机台的平均质量差异,既可降低棉条的质量不匀率,又可降低全机台的平均质量差异。如果单机台的平均质量差异控制在±1%以内,则全机台的平均质量差异一般为±0.5%。这样就可使细纱的质量偏差和质量不匀率稳定在国家标准规定的范围以内。因此,熟条干重主要是由单机台控制。

(三)条干均匀度的控制

纱条的条干不匀分为规律性条干不匀和非规律性条干不匀。

1. 规律性条干不匀产生的原因及消除方法

(1)规律性条干不匀产生的原因。规律性条干不匀是由于牵伸部分的某个回转部件有缺陷而形成的周期性粗节、细节,如罗拉、胶辊的偏心、齿轮磨损或缺齿等,这些缺损回转件每转一周就产生一个粗节和一个细节。这种不匀就是规律性条干不匀,也称为机械波。

在两眼并条机上,如果两个眼纺出的条子的条干不匀规律性相同,则应从传动部分去找故障,可能是罗拉头齿轮键松动、偏心、缺齿或罗拉头轴颈磨损、轴承损坏等原因造成的。如果仅一眼有规律性不匀,则可能是该眼的罗拉弯曲、偏心或沟槽表面局部有损伤凹陷以及胶辊偏心、弯曲、表面局部有损伤凹陷或胶辊轴承磨损、轴承损坏等原因造成的。

(2)规律性条干不匀的消除方法。当发现有规律性条干不匀的条子时,可用上述方法找出原因并及时排除故障。平时应加强机器的维护管理,按正常周期保全、保养,对不正常的机件及时修复或调换,以预防规律性条干不匀的条子出现。

2. 非规律性条干不匀产生的原因及改善途径

(1)非规律性条干不匀产生的原因。非规律性条干不匀主要是由于牵伸部分对浮游纤维的运动控制不当,造成浮游纤维运动不正常而引起的,也称为牵伸波,产生的主要原因如下。

①工艺设计不合理。如罗拉隔距过大或过小、胶辊压力偏轻、后区牵伸过大或过小。

②罗拉隔距走动。这是由于罗拉滑座螺丝松动或因罗拉缠花严重而造成的。罗拉隔距走动,改变了对纤维的握持状态,引起纤维变速点的变化。

③胶辊直径变化。实际生产中,由于胶辊使用日久或管理不善,其直径往往和规定的标准产生差异。胶辊直径增大或减小,使摩擦力界变宽或变窄引起纤维变速点的改变。

④胶辊加压状态失常。如两端压力不一致、弹簧使用日久而失效或加压触头没有压在胶辊套筒的中心,都会引起压力不足,因而不能很好地控制纤维的运动,致使纤维变速无规律。

⑤罗拉或胶辊缠花。若车间温湿度高、罗拉和胶辊表面有油污、胶辊表面毛糙,都容易造成罗拉或胶辊缠花。

⑥其他原因,如喂入棉条重叠、棉条跑出后胶辊两端、棉条通道挂花、胶辊中凹、胶辊回转不灵、上下清洁器作用不良及吸棉风道堵塞或漏风引起飞花附入棉条等。

(2)改善非规律性条干不匀的途径。

①加强工艺管理。使工艺设计合理化,每次改变工艺设计,都应先在少量机台上做试验,当棉条均匀度正常时再全面推广。

②加强保全保养工作。定期检查罗拉隔距,保证其准确性;加强胶辊的管理,严格规定各挡胶辊的标准直径及允许的公差范围;定期检查胶辊的压力,使加压量达到工艺设计的要求。

③加强运转操作管理。

三、提高棉条质量的主要方法

提高棉条质量的主要方法见表5-3-2。

表5-3-2　提高棉条质量的主要方法

项目	内容
原料	纤维整齐度好,棉结杂质少,喂入生条条干均匀,纤维分离度好
设备	1. 机台运转平稳,无明显震动 2. 罗拉、胶辊的偏心弯曲在许可范围内,滚动轴承完好灵活,压力棒完好光洁 3. 胶辊直径符合规定,表面平整光洁,加压柱位置正确 4. 牵伸齿轮精度达到规定等级,啮合适当,键销配合良好,油浴润滑良好,各传动带无损,张力正常 5. 自停装置反应灵敏,低速启动符合要求 6. 清洁装置和吸尘效果良好,吸尘箱自洁装置良好,棉条通道部分光洁,无飞花短绒集聚 7. 喇叭头口径符合规定,无损伤毛 8. 导条块位置正确,表面光洁,位置排列整齐。无叠条现象 9. 自动换筒、自调匀整装置处于良好工作状态
工艺	牵伸分配合理,加压、隔距、速度和压力棒位置配置适当,选择适当工艺道数和棉条排列方法;保证混合均匀,调换齿轮无差错
操作管理	按规定巡回检查,实行固定供应,接头包卷质量符合规定后部翻筒不过高,无缺根断根现象,加强满筒定长管理,无条筒过满现象
环境	温湿度正常,光照合理,车间含尘量达到标准

技能训练

以 C28tex 纱为例。

一、目标

(1) 测试熟条的质量。

(2) 分析质量指标。

(3) 根据数据分析判断质量状况。

二、器材或装置

条粗测长仪,乌斯特条干仪(或萨氏条干仪)等。

三、步骤

(1) 做各项指标实验。

(2) 分析实验数据。

(3) 作出判断。

四、考核标准

考核标准表

考核项目	评分标准	配分	扣分	得分
熟条试验	1. 方法得当 2. 结果正确	50		
分析	分析有理有据	30		
做出判断	1. 根据分析做出质量情况判断 2. 影响产品质量的原因	20		

课后习题

任务四　并条基本操作

工作任务单

序号	任务名称	任务目标
1	并条挡车巡回	掌握巡回原则和巡回路线,确定有序巡回
2	并条单项操作	熟练掌握机前接条与包卷接头操作

知识准备

立达-D9型并条机的基本操作主要包括交接班工作、巡回、棉条分段、清洁工作以及最后的单项操作,重点在于巡回与单项操作。

一、智能管理系统应用

1. 数据采集与分析

实时采集:生产速度、质量指标、设备状态等数据。

数据分析:建立质量预测模型,实现趋势分析。

异常预警:设置参数阈值,自动报警。

2. 工艺优化系统

参数自学习:根据历史数据优化工艺参数。

智能调节:实时调整牵伸倍数、罗拉隔距等参数。

质量追溯:建立完整的生产数据档案。

3. 设备管理系统

状态监测:实时监控设备运行状态。

故障诊断:自动识别故障类型,提供解决方案。

维护提醒:根据设备运行时间自动生成维护计划。

4. 能源管理系统

能耗监测:实时记录设备能耗。

节能优化:自动调整设备运行参数,降低能耗。

能效分析:提供能耗分析报告,指导节能改进。

二、维护保养规程

1. 日常维护

清洁设备表面和内部;检查传动部件润滑情况;确认各检测装置工作正常。

2. 定期保养

每月检查罗拉、胶辊状态;每季度校准检测仪器;每年进行设备全面检修。

3. 关键部件维护

罗拉:定期检查表面状态,及时更换磨损件。

胶辊:保持表面清洁,定期更换。

传动系统:定期检查皮带张力,及时更换磨损件。

三、巡回工作

1. 看台量

一般情况下,看台量为3~4台/人。

2. 巡回时间

每一次巡回的时间根据看台多少来定,一般一个巡回为5~15min。

3. 巡回路线

看四台车巡回路线如图5-4-1所示,看三台车巡回路线如图5-4-2所示。

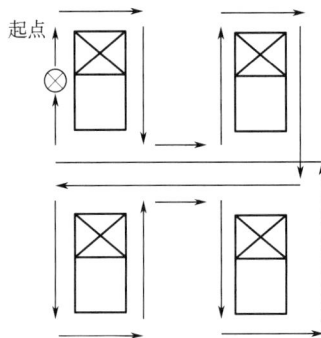

图5-4-1　看四台车巡回路线

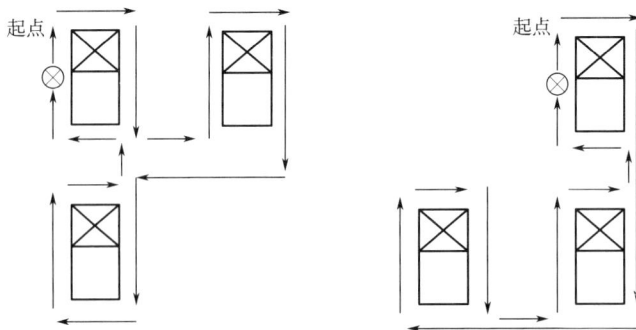

图5-4-2　看三台车巡回路线

四、单项操作

并条的单项操作主要是棉条包卷接头,其操作方法与梳棉生条包卷方法相同。

技能训练

一、目标

(1)掌握并条巡回方法。

(2)复习包卷接头。

(3)熟练掌握机前接头。

二、器材或装置

立达-D9型并条机,竹签等。

三、步骤

(1)走巡回练习。

(2)单项操作联系(机前接头)。

四、考核标准

考核标准表(一)

考核项目	评分标准	配分	扣分	得分
巡回练习	1. 路线正确,安排合理有序 2. 分清轻重缓解	30		
单项操作	1. 单项操作正确熟练 2. 在规定时间内完成	70		

考核标准表(二)

项目	品种	纯棉、黏胶、涤棉	纯化纤	扣分(分/根)	说明
机前接头	粗头或细头	10cm 以上	13cm 以上	2	粗于或细于样条的1/2
		3~10cm	5~13cm	1	
		3cm 以内	5cm 以内	0.5	
	偏粗、偏细	10cm	13cm	1	
		3~10cm	5~13cm	0.5	
	疙瘩条麻花节	3cm 及以上	5cm 及以上	1	
		3cm 以下	5cm 以下	0.5	

课后习题

项目六　智能粗纱技术

任务导入

（1）了解粗纱机的基本组成及各部分作用，掌握粗纱任务及其工艺流程。

（2）掌握粗纱的加捻、卷绕成形的机构以及工作原理。

（3）了解 CMT1801 型自动落纱粗纱机的主要技术规格并熟悉其选配。

（4）掌握粗纱的质量控制。

（5）掌握粗纱机的基本操作。

技能目标

（1）学会操作粗纱机，掌握各项单项操作并掌握操作中应注意的事项。

（2）学会粗纱工艺（速度、隔距、定量、牵伸、捻度、成形等）设计及工艺上机。

（3）学会分析粗纱质量指标。

（4）学会粗纱机的基本操作，会粗纱生头。

任务一　认识粗纱机

工作任务单

序号	任务名称	任务目标
1	粗纱机的工艺流程	掌握粗纱机工艺流程，形成总体印象
2	各部件作用	通过观察粗纱机各部件外形结构，掌握各部件名称、运转方式及其主要作用和工作原理

知识准备

[微课]认识粗纱机

一、粗纱工序的任务

粗纱工序是纺制细纱的准备工序，其任务如下。

（1）牵伸。将棉条抽长拉细 5~12 倍，并使纤维进一步伸直平行。

（2）加捻。由于粗纱机牵伸后的须条强力较低，所以需加上一定的捻度来提高粗纱强力，以避免卷绕和退绕时的意外伸长，并为细纱牵伸做准备。

（3）卷绕成形。将加捻后的粗纱卷绕在筒管上，制成一定形状和大小的卷装。

二、粗纱机的工艺流程及主要结构

(一)粗纱机的工艺流程

选取 CMT1801 型自动落纱粗纱机为例说明粗纱的工艺流程。粗纱机可分为喂入、牵伸、加捻、卷绕、成形五个部分。图 6-1-1 为 CMT1801 型自动落纱粗纱机的工艺过程熟条从条筒引出,由导条辊积极输送进入牵伸装置;熟条经牵伸装置牵伸成规定的线密度后由前罗拉输出,经锭翼加捻成粗纱,并引至筒管;锭翼随锭子一起回转,锭子一转,锭翼给纱条上加上一个捻回;筒管由升降龙筋传动,由于锭翼与筒管回转的转速差,使粗纱通过压掌卷绕在筒管上;升降龙筋带着筒管做上下运动,从而实现了粗纱在筒管上的轴向卷绕;控制龙筋的升降速度和升降动程,便可制成两端为截头圆锥形的粗纱管纱。

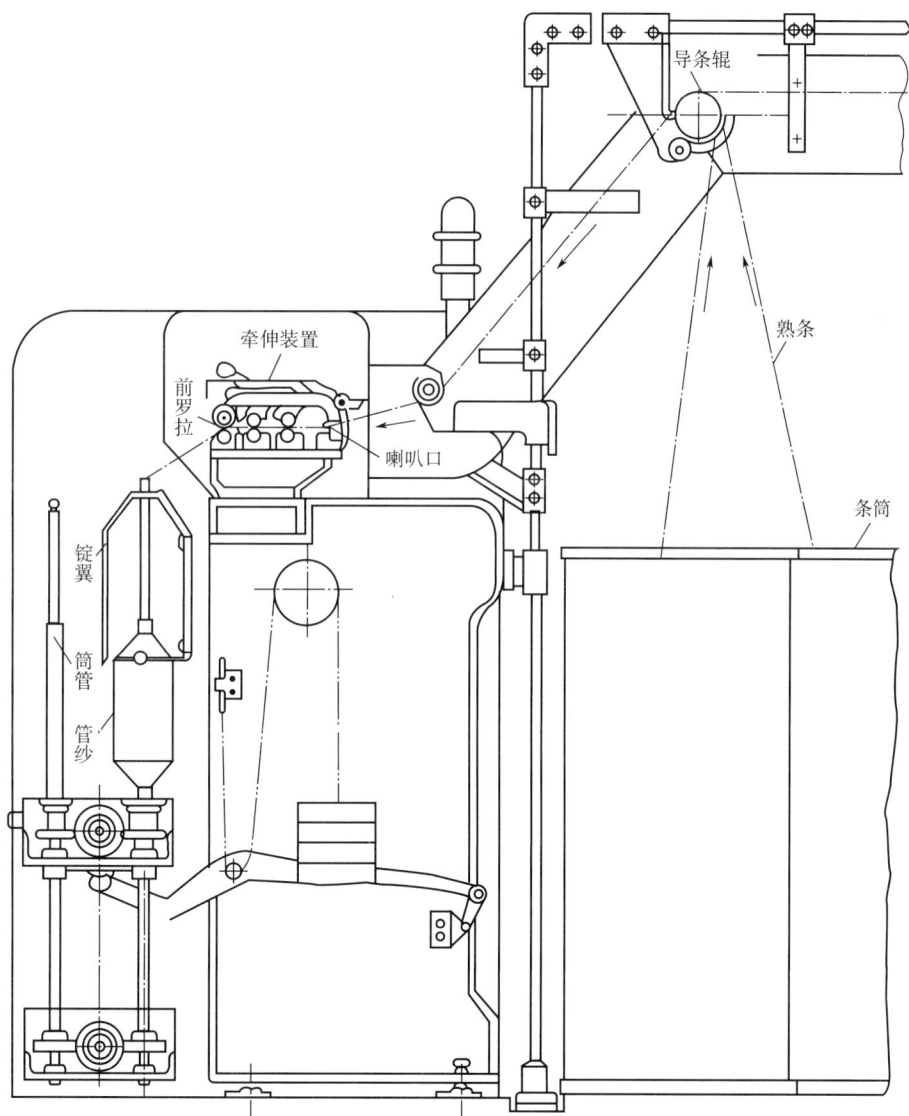

图 6-1-1　CMT1081 型自动落纱粗纱机工艺过程

(二)粗纱机的主要结构

CMT1801 型自动落纱粗纱机如图 6-1-2 所示,由机架、车头、牵伸、上龙筋、下龙筋和移出装置、落纱机架、落纱架、平衡装置、喂入、清洁、机械手、电器等部分组成。主要结构特点如下。

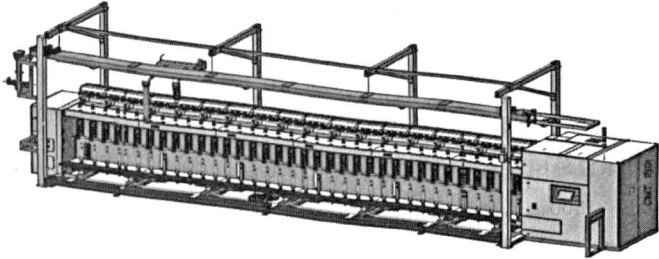

图 6-1-2　粗纱机示意图

(1)粗纱机机架联接。机架由车面、支撑角钢、连接角钢及上龙筋板联接而成,车头由底板支撑与电气箱连为整体,中间车架由调节螺钉支撑。

(2)下龙筋和移出装置。该部分由龙筋板、移出座架、连支脚、导出轴座、导出轴、移出滑座、踏板支撑、踏板等件组成,与粗纱机支架连接为整体。在各个支架上有一套移出滑座,下龙筋板通过自身的定位孔与移出托手上的定位头可靠定位,随托手移出移入。

(3)传动机构。由四台电动机通过圆弧齿同步带分别驱动卷绕、锭翼、牵伸、升降机构,传动平稳、准确、噪声低。通过变频器调速,可以得到最佳纺纱速度。对高速传动部位,均采用进口轴承。

(4)牵伸装置。第一、第二、第四列罗拉为沟槽式,第三列罗拉为滚花式。罗拉表面镀硬铬以提高耐磨性和握持力。每列罗拉用螺纹联接而成。加压装置采用 YJ40-190×4 弹簧摇架加压(TEXPARTS-PK1500、气动摇架、板簧摇架选用)。采用阶梯曲面下销(根据纤维长度不同分为长、中、短三种),牵伸变速柔和。

(5)清洁装置。采用间歇式回转绒带配巡回式吹吸风装置,保持车面、牵伸系统始终清洁。车面、锭翼采用吹风除尘,此处吹风风力可调,工作时根据纺纱品种及车面清洁情况进行调节。清洁器采用负压吸花。车后飞花收集有负压风机收集和开放式传动带收集两种形式。

(6)锭翼、纱管传动。采用封闭式锭翼,纱管采用齿轮传动。

(7)平衡形式。下龙筋的升降由一根升降大轴承担,下龙筋采用配重,利用配重轮、圆轮、链条、传动齿条组成纺纱平衡装置,结构简单,升降平稳。

(8)换向装置。为变频电动机与减速机联合实现正反转,直接完成换向动作。

(9)纱管传动。采用万向联轴节及涨紧连接套,结构简单,传动平稳。

(10)高架导条积极喂入,采用铝合金沟槽辊,无意外牵伸。

(11)落纱架机架。由车后立柱、车前导向柱、横梁、横撑、斜撑等零件组成,通过连接支撑与机架连接构成一个整体,稳固可靠。

(12)落纱架。变频器控制电动机减速机实现纱架升降,吊锭的回转由电动机减速机通过钢带驱动,实现取纱、插管、等待等自动落纱的功能。

(13)落纱架防护装置(选配)。在落纱架上方横梁上安装了落纱架防落装置,由气缸控制钩板的位置,当落纱时,气缸收缩,钩板与落纱架上的支架脱开,落纱架下降完成落纱。然后落纱架上升,当落纱架上的碰头碰到上定位开关时,气缸杆伸出,带动钩板进入落纱架的支架中,使整个落纱架处于静止防护状态。

三、CMT1801 型自动落纱粗纱机的主要规格及技术特征

采用计算机控制的多电动机分部传动,配备液晶触摸屏,可实现人机对话,使工艺调整极为方便,代表了世界先进的控制水平。采用间歇式积极回转绒带配巡回式清洁装置。锭翼形式为封闭悬锭式。电动机启动方式为变频调速慢速启动。机器手向可采用右手车或左手车。断头自停形式的红外线光电控制。

CMT1801 型自动落纱粗纱机的主要规格及技术特征见表 6-1-1。

表 6-1-1 CMT1801 型自动落纱粗纱机的主要规格及技术特征

序号	项目	规格			
		CMT1801		CMT1801-194	
1	锭距(mm)	220		194	
2	锭数	120 锭为基准,按 12 锭倍数自由加减 70mm			
3	节距(mm)	440		388	
4	每节锭数	4		4	
5	成型尺寸(mm)	150×400		135×400	
6	罗拉直径(mm)	4.2~12		4.2~12	
7	捻度范围	自由设定			
8	适纺线密度(tex)	200~1250			
9	牵伸形式	四罗拉双短胶圈牵伸(三罗拉牵伸选用)			
10	罗拉直径(mm)	上:29、29、25、29(TEXPARTS、SUESSEN除外,也可单独订货) 下:28.5、28.5、28.5、28.5 32、32、32、32			
11	适纺纤维长度	22~50mm 四罗拉牵伸、51~65mm(三罗拉牵伸选用)			
12	加压形式	YJ40-190×4 摇架(YJ4-190×4) (TEXPARTS-PK1500 弹簧摇架、气动摇架、SUESSEN 板簧摇架选用)			
13	弹簧摇架加压重量 (N/两锭)	三挡	前	中前	中后	后
		黑	90	150	100	100
		绿	120	200	150	150
		红	150	250	200	200
14	板簧摇架加压重量 (N/两锭)	三挡	前	中前	中后	后
		I	185	175	140	175
		II	230	220	170	220
		III	280	270	200	270

续表

序号	项目	规格	
		CMT1801	CMT1801-194
15	罗拉中心距	前区 35~57mm，中区 47~68mm，后区 45~68mm	
16	锭速	空载机械转速 1600r/min	
17	罗拉凳角度(°)	15	
18	喂入装置	高架式导条辊，积极喂入	
19	120 锭 φ400 条筒外围尺寸(mm)	15460×4160×1900	13900×4160×1900
20	120 锭 φ500 条筒外围尺寸(mm)	15460×5100×1900	13900×5100×1900
21	车面高度(mm)	1500	
22	输入电压	三相五线制 AC380V±10%、AC220V±10%，电源;线 16mm²	
23	总功率(kW)	(普通 120 锭/132 锭):28.02(普通 144 锭/156 锭): 34.02(新集尘 120 锭/132 锭): 25.045(新集尘 144 锭/156 锭):31.045	
24	锭翼电动机功率(kW)	(120 锭/132 锭)5.5;(144 锭/156 锭):7.5	
25	卷绕电动机功率(kW)	(120 锭/132 锭):11(144 锭/156 锭):15	
26	龙筋升降电动机功率(kW)	2.2	
27	罗拉电动机功率(kW)	3	
28	龙筋移出电动机功率(kW)	0.37	
29	落纱架升降电动机功率(kW)	1.1	

四、粗纱主要机构及其作用

(一)粗纱机的喂入机构

粗纱机喂入机构的主要作用是从棉条筒中引出棉条，将棉条有规则地送到牵伸装置，防止或尽可能减少意外牵伸。喂入机构元件有喂入架、分条器、导条辊、喇叭口、横动装置。

喂入架的作用是高架喂入，大卷装便于工人机后操作。

分条器一般由铝或胶木制成，其作用是隔离棉条，防止相互纠缠。

导条辊的作用是托持并引导棉条向前输送，由后罗拉通过链条依次积极传动，其表面速度略慢于后罗拉的表面速度，使棉条在输送中不致松垂。采用高架喂入时，因棉条经过的路线长，应尽量减少意外伸长，以保证粗纱质量。可采用 3 列或 5 列导条高架喂入，从条筒中引出条子，积极传动，减少意外牵伸。

喇叭口的作用是正确引导棉条进入牵伸装置，使棉条经过整理和压缩后，以扁平形截面且横向压力分布均匀地喂入后钳口。

横动装置的作用是避免须条喂入时长期接触胶辊同一位置产生磨损，通过蜗轮、蜗杆传动。

(二)粗纱机的牵伸机构

1. 粗纱机的牵伸元件

粗纱机的牵伸元件主要有罗拉、胶辊、胶圈与上、下销、加压机构、集合器。粗纱机的牵伸区划分为前区——主牵伸区(胶圈牵伸区)和后区——预牵伸区(简单罗拉牵伸区)。

罗拉:由多节组成,每节4~6锭,节间用螺纹联接,螺纹旋紧的旋向,须与罗拉的回转方向一致,保证在运转中越转越紧。前、后罗拉表面有倾斜或平行的沟槽,中罗拉表面有滚花。

胶辊:由双节活芯式、两节组成一套,外包丁腈橡胶。要求表面光滑、耐磨,并具有适当的弹性和硬度,并与胶辊要保持平行。

胶圈主要材料是合成橡胶,要求厚薄均匀,弹性好。下胶圈套入下罗拉,前端由固定下销支持;上胶圈套入上罗拉,前端由可上下摆动的弹簧销支持。在片簧作用下,上下销之间形成弹性皮圈钳口。下胶圈由罗拉带动,上胶圈由下胶圈的摩擦力带动。胶圈的主要作用是产生罗拉钳口压力,使其握持纤维,控制纤维运动。

加压机构的形式主要有弹簧摇架式、气压摇架式、重锤杠杆式。国产新型粗纱机多采用弹簧摇架式。加压时按下手柄,摇架自锁;释压时抬起手柄,摇架脱离自锁。

集合器的主要作用是增加纱条密度、收拢边纤维、减少毛羽和飞花。

2. 粗纱机的牵伸机构形式

目前粗纱机普遍使用双胶圈牵伸装置,用双胶圈来控制浮游纤维运动。上、下胶圈的工作面对须条直接接触,产生一定的摩擦力界,加强牵伸区中部摩擦力界和控制面,摩擦力界较为均匀。双胶圈牵伸装置有三罗拉双短胶圈、四(三)罗拉长短胶圈、四罗拉双短胶圈三种牵伸形式。

三罗拉双短胶圈牵伸的特点是前牵伸区以胶圈加强后钳口的摩擦力界强度,对纤维变速有利;下胶圈销上托,防止胶圈中凹,使胶圈部分的摩擦力界保持一定强度;胶圈销前缘尖突,使浮游区长度缩小;胶圈及弹性胶圈销对牵伸区中牵伸力的变化有自调作用,故而整个牵伸区中能保持较为稳定的牵伸力。

现代粗纱机牵伸型式的共有特征是主区采用双胶圈控制。该牵伸形式的前区摩擦力界布置合理,纤维变速较理想,因而牵伸倍数可以增大,成纱质量可以提高。

三罗拉长短胶圈牵伸的设计依据是双短胶圈牵伸的下皮圈易发生松弛卜凹的现象,通过张力架使扭簧作用于下胶圈上,以维持稳定的胶圈张力,有利于正常牵伸,改善条干。

四罗拉双短胶圈牵伸(D型牵伸)的设计依据是三罗拉双胶圈的主牵伸区在牵伸的同时又集束,使浮游区长度不能更小,纤维性状易扰乱的情况,有以下特点。

(1)主牵伸区不放集合器,使浮游区长度可以更短,牵伸能力可进一步提高。

(2)牵伸和集束分两个区域进行,避免牵伸和集束同时进行而扰乱纤维性状。此形式适合重定量粗纱,可在皮圈牵伸区内把纤维铺开,充分发挥胶圈对纤维的控制作用。

(三)粗纱机的加捻机构

粗纱机的加捻机构主要包括锭子、锭翼和假捻器等元件。由前罗拉输出的须条由锭翼回转而加捻,锭翼一转,纱条上加上一个捻回。粗纱机的加捻机构按锭翼的设置形式不同分为三类,

即悬吊式(吊锭)、竖式(竖锭)和封闭式。现代粗纱机多采用悬吊式加捻机构,有以下特点:

(1)锭杆用于支撑筒管,有的没有锭杆。

(2)筒管。用于绕纱。上龙筋固定,锭翼装于其上,形成悬吊锭翼。与托锭式相比,锭翼无摆动。

(3)锭翼。由空心臂、实心臂和压掌组成。空心臂是引导粗纱的通道,实心臂起平衡作用。压掌由压掌杆、压掌叶、上圆环和下圆环组成,上、下圆环套在空心臂上,可在一定范围内绕空心臂转动。前罗拉吐出的须条自锭翼上端顶孔穿入,从侧孔引出后,再穿入空心臂。自空心臂引出的粗纱在压掌上绕2~3圈后经压掌叶上的导纱孔卷绕在筒管上。

(4)粗纱路线。前罗拉→顶孔→侧孔→空心臂→压掌杆下部→筒管。

(5)加捻作用。锭子带动锭翼回转,使锭翼到前罗拉段纱条获得捻度。

(6)卷绕作用。筒管转速大于锭翼转速实现卷绕;上龙筋带动筒管升降,实现不同部位的卷绕。

(四)粗纱的卷绕成形机构

1. 实现粗纱卷绕的条件

(1)卷绕的基本要求。有适当的紧密度,以增加卷装容量;纱圈排列整齐,层次分明,不脱圈,不塌边,使退绕顺利。

粗纱在下道工序中采用周向退绕,故粗纱筒子采用圆柱形平行卷绕。

管纱的形成过程为:同一层粗纱一圈挨一圈地卷绕→同一层纱卷绕直径不变;自内向外一层挨一层地卷绕→卷绕直逐渐增大;两端成圆锥形→绕纱动程逐层缩短。管纱中间是圆柱体,两端呈截头圆锥体。

粗纱的卷绕首先是,第一层绕完后,改变轴向卷绕的方向,卷绕第二层,依次逐层卷绕,直到满纱。这样逐圈逐层卷绕便于在细纱机上退绕。卷绕过程中,粗纱沿着筒管轴向的卷绕高度逐层缩短,使两端绕成截头圆锥的形状,以免两端脱圈、冒纱,难于退绕而成为坏纱。

(2)粗纱卷绕的条件。为了将管纱绕成上述的形状,粗纱卷绕时,必须符合以下四个条件。

①管纱的卷绕速度与卷绕直径成反比。粗纱卷绕时,任一时间内管纱的绕取长度,必须和前罗拉输出的长度相等,即:

$$n_w = \frac{L}{\pi d_x}$$

式中:n_w——管纱的卷绕转速,r/min;

    L——单位时间前罗拉输出纱条的长度,mm/min;

    d_x——管纱的卷绕直径,mm。

由上式可知,由于前罗拉的输出速度是常量,且 d_x 逐层增大,因此 n_w 在同一层内相同,而随着 d_x 的变大应逐层减慢,即与管纱的 d_x 成反比。

②筒管与锭翼有相对运动。粗纱通过锭翼压掌的引导卷绕到筒管上,筒管和锭翼必须有相对运动,才能实现卷绕。由于筒管和锭翼同向回转,因此两者的转速应有差异。筒管回转速度大于锭翼回转速度的称为管导,锭翼回转速度大于筒管回转速度的称为翼导。管导与翼导时的

压掌导纱方向、筒管绕纱方向各不相同。由于加捻过程中,锭翼转速恒定不变,因此采用翼导时,筒管转速随着卷绕直径的增加而增大,致使管纱回转不稳定,动力消耗不平衡,而且断头后,管纱上的纱头在回转气流作用下退绕飘头,易影响邻纱。此外,采用翼导还会因传动惯性而使开车启动时张力增加而导致断头。所以在棉纺粗纱机上,都采用管导式卷绕。在卷绕中,筒管转速与锭翼转速之差为卷绕的转速 n_w,即:

$$n_w = n_b - n_s$$

式中:n_b——筒管的回转速度,r/min;

$\quad n_s$——锭翼的回转速度,即锭子转速,r/min。

由上式可知,n_b 由恒速和变速两部分组成,筒管的恒速与锭速相等,筒管的变速为卷绕速度,与管纱的卷绕直径成反比。

③筒管的升降速度与管纱的卷绕直径成反比。为使粗纱沿筒管轴向排列均匀紧密,筒管相对于锭翼压掌作升降运动,即导纱运动。

粗纱逐圈轴向排列是由升降龙筋带动筒管作升降运动而实现的,每绕一圈粗纱,升降龙筋需移动一个圈距。升降龙筋的升降速度为:

$$v = \frac{L \times a}{\pi d_x}$$

式中:a——粗纱轴向卷绕圈距,mm。

如果粗纱线密度不变,轴向卷绕圈距是个常量。由上式可知,升降龙筋的升降速度在同一卷绕层内相同,而相继各层逐层减慢,即筒管的升降速度与管纱的卷绕直径成反比。

④升降龙筋的升降动程逐层缩短。为了使管纱绕成两端呈截头圆锥体的形状,升降龙筋的升降动程需要逐层缩短,以使管纱各卷绕层高度逐渐降低,形成两端稳定的卷装结构。

2. 变速装置

变速装置的主要作用是通过改变输入轴与输出轴的传动比,将输入的恒速运动变成随筒管卷绕直径增加而逐层减小的变速运动,以满足筒管转速、龙筋升降速度逐层降低的要求。国产粗纱机一般采用上下铁炮式无级变速装置。主动铁炮由主轴传动,速度恒定不变,被动铁炮通过皮带由主动铁炮传动,当皮带的位置变化时,则被动铁炮的速度发生变化。空管时(粗纱管纱的直径最小),皮带在铁炮的最大端,在从动铁炮的最小端,因此从动铁炮的速度最大;每卷绕一层粗纱后,皮带向主动铁炮的大端移动一小段距离,向从动铁炮的小端移动一小段距离,从动铁炮的速度减小。

3. 成形装置

筒管每绕完一层粗纱,成形装置完成以下三个动作。

(1)减速。移动锥轮皮带作用位置,以减慢筒管转速和龙筋升降速度。

(2)换向。移动换向机构拨叉,切换锥齿轮的啮合传动,改变龙筋升降方向。

(3)减小动程。缩短龙筋下一次升降动程,使粗纱管卷装两头呈圆锥形。

上述动作在绕纱两端龙筋升降调头之前完成,由一根随龙筋升降运动的圆齿杆触发。

(五)粗纱机的其他机构

1. 粗纱伸长率补偿装置

(1)作用。在一落纱中,根据粗纱伸长率的变化,改变铁炮皮带移动量,以控制大、中、小纱的伸长率差异。

(2)工作原理。在各纱段铁炮皮带正常移动量的基础上,通过装置产生该纱段所需的附加移动量,从而使各纱段的伸长率差异较小。

2. 防细节装置

(1)细节的产生。前罗拉表面速度和筒管的卷绕速度因齿轮传动惯性不同而产生速差,关车时前罗拉因惯性小而先停,筒管因惯性大而慢停,使前罗拉至锭端间的纱条受到过大张力而产生关车细节。

(2)作用原理。控制前罗拉与卷绕部分停车时的惯性,调整停车后前罗拉至锭端间纱条的松紧,避免细节的产生。

3. 清洁装置

(1)作用。清除罗拉、胶辊和胶圈表面的短绒和杂质,防止纤维缠绕机件,减少车间飞花与含尘,减少纱疵。

(2)方式。积极回转绒带式清洁装置,断头吸棉装置,吹吸自动清洁装置。

4. 自动落纱粗纱机及粗细联输送系统

粗纱机采用四电动机分部传动罗拉、锭翼、筒管和龙筋,运用计算机、伺服及变频技术,通过数学模型控制,实现多电动机之间的同步控制和恒张力纺纱。锭子工艺速度最高达到1500r/min。采用的内置式自动落纱系统,从锭翼两侧自动取满纱放空管的落纱形式,实现从落纱到换管、生头、开车自动完成的粗纱机全自动纺纱。

粗细联输送系统将粗纱机落下的粗纱输送至纱库,待细纱机发出需求信号后再将纱库内的粗纱送至细纱机;将细纱机用完的空管送回空管库,待粗纱机发出需求信号后再将空管送至粗纱机,供粗纱机自动落纱使用,实现粗细联。采用轻型悬挂输送系统,包括多种形式轨道(直导轨、圆弧导轨、岔弧导轨)、滑架小车、自动运行操作模式。带有粗纱或空管的同品种链杆进入纱库后,控制系统将记录进入纱库的先后顺序,当有粗纱机需要空管或细纱机需要粗纱时,控制系统将按照先进先出的原则有序将带有粗纱或空管的链杆出库。通过对滑车链数据的读取,准确地将每台粗纱机生产的粗纱输送到相应的细纱机,并将细纱机使用后的粗纱空管准确地返回粗纱机,实现品种识别和管理功能。采用射频识别技术对满筒粗纱或粗纱空管的品种进行监控。同时该系统将带尾纱的空管送至尾纱清除机清除残留尾纱。

我国自动落纱粗纱机和粗细联系统采用先进技术,在粗纱机自动落纱基础上实现了多台粗纱机对多台细纱机的粗细联输送和连续化生产,极大地提高了劳动生产率和产品质量,对推进行业技术进步具有重要意义。

5. 安全装置

CMT1801型自动落纱粗纱机在主机及其附属设备都装有安全和防护装置,这些装置均符合当前最新的安全技术水平。如果操作或使用不当,则会危及操作人员的安全或损坏设备及其他物品,因此要求所有从事机器操作、保养和维修的人员,都必须就其工作内容接受安全培训和指导,必须严格遵守相关的安全注意事项和设备操作规程,只有正确使用设备而又不违反安全条例,安全才能得到保证。

（1）主开关。主开关安装在控制箱的正面。在进行任何保养,维修和调节工作时,均应注意将主开关置于"0—OFF"位置并锁定,切断机器电源。

（2）可自动触发的安全装置有:门接触开关、车前飞纱光电、落纱架光电、移出/移入限位开关、立柱安全光电、护栏检测光电、落纱架升降限位开关。操作人员可随时通过中断安全链使机器停车(目的明确的停机)。

（3）可操作的紧急停车开关。车头紧急停车开关安装在控制箱正面的控制面板上,车尾紧急停车开关安装在车尾导向柱上。若出现紧急故障及危险时,操作人员可立即按下车头或车尾紧急停车开关,直到其卡位。主电源被切断,机器停止运行,消除故障及危险后,解除紧急停车开关的锁定,使机器重新投入运行。

（4）其他安全装置。该操作按钮安装在上龙筋板的龙筋盖上,可进行点动、停止、启动等操作。

五、JWF1213 型粗纱机操作

JWF1213 型粗纱机的所有操作均可通过人机界面完成,操作简单、直观。JWF1213 智能粗纱机的自动落纱程序操作是确保设备高效运行的关键环节。

（一）开机准备

1. 设备检查

确认输送带无损伤、无异物;检查各传感器表面清洁;确认安全防护装置完好,润滑系统正常。

2. 参数设置

通过人机界面(HMI)输入工艺参数:

纱支:0.6~3.5 英支;

卷绕密度:0.35~0.45g/cm^3;

落纱速度:15~25s/锭。

3. 设置安全参数

急停响应时间:≤0.1s;

过载保护阈值:额定值 110%。

4. 空管准备

检查空管质量,确保无损伤;将空管整齐排列在指定位置;确认空管数量满足生产需求,排列整齐。

（二）启动程序

1. 系统初始化

启动主电源,等待系统自检完成,检查各子系统状态指示灯确认无故障报警。

2. 试运行

选择"手动模式",测试机械手动作是否顺畅,检查输送带运行是否平稳,测试急停按钮功能。确认所有准备工作完成之后,选择"自动模式",按下启动按钮,设备开始运行。

(三)运行监控

实时监控内容如下。

观察 HMI 运行参数,主要包括:当前产量,落纱成功率,设备效率,监控机械手动作状态,检查输送带运行情况,质量检查。

定时抽样检查主要包括:纱管成形质量,落纱位置准确性,纱管损伤情况。

记录检查结果内容包括:异常处理,发现异常立即按下急停按钮,记录故障代码和现象,按照故障处理手册进行排查。

(四)停机操作

正常停机:完成当前落纱周期后停机。

紧急停机:遇到异常情况立即按下急停按钮。

清洁维护:停机后及时清洁设备,做好保养记录。

数据备份:保存运行数据,记录设备状态。

通过严格按照上述操作步骤执行,可以确保 JWF1213 型智能粗纱机自动落纱系统的稳定运行,提高生产效率和产品质量。操作人员应熟练掌握每个步骤的操作要点,并在实践中不断总结经验,提高操作水平。同时,要注重设备维护和保养,延长设备使用寿命。

(五)落纱操作

1. 手动落纱程序

拨开关至手动挡→按下锥轮皮带放松键→按下锥轮皮带移动复位键→按下锥轮皮带张紧键→按下龙筋下降键使下龙筋降至落纱位置→落纱。后续步骤同自动落纱程序。

2. 落纱操作法

(1)取满纱。双手抱外排两只满纱,放入身后小车中;再同样取里排两只满纱放入车中。

(2)放空纱管。将空纱管放在下龙筋表面,每组 16 只相隔 8 个锭距。

(3)插空管。左手插外排,右手插里排,双手同时插入;管上端孔对准锭尖,下端槽与下龙筋凸牙啮合。

(4)生头。按龙筋上升键,下龙筋上升到卷绕位置,左手在外排,右手在里排,双手同时用食、中指,分别顺时针将纱头紧贴筒管植绒处。

(5)开车。

技能训练

一、目标

(1)观察粗纱机的工艺流程和各装置的外形结构。

(2)学会操作粗纱机,掌握开关车以及落纱操作。

二、器材或设备

JWF1312 型自动粗纱机。

三、步骤

(1)熟练粗纱机的工艺流程。

(2)认识并能说出各机构的名称。

(3)开关车。

四、考核标准

考核标准表

考核项目	评分标准	配分	扣分	得分
认识梳棉机	1. 说出粗纱机机的工艺流程 2. 指出各装置的位置,说出各装置作用	30		
开关车	1. 操作开关车、练习落纱操作 2. 说出开关车注意事项	30		
操作练习	1. 前生头、粗纱接头操作 2. 操作考核	20		
手包卷接头操作	1. 手包卷接头 2. 检验接头质量	10		
清洁	清洁项目及操作	10		
合计		100		

课后习题

任务二　粗纱工艺设计与工艺上机

工作任务单

序号	任务名称	任务目标
1	粗纱各项工艺设置	学会设计不同品种、不同机型的粗纱工艺
2	工艺计算	根据设计工艺转换为具体的上机参数
3	工艺上机	根据具体的工艺实习工艺上机

知识准备

粗纱工艺主要包括定量选择、锭速确定、牵伸配置、罗拉握持距及胶圈钳口隔距、罗拉加压、粗纱捻系数选择、粗纱卷绕密度以及集合器及喇叭头口径等方面,现结合 CMT1801 型自动落纱粗纱机,对粗纱工艺进行探讨。

[微课]粗纱工艺

一、粗纱工艺设计

(一)粗纱定量

在公定回潮率条件下,粗纱单位长度的重量称为定量。粗纱定量应根据并条熟条定量与细纱机牵伸能力、纺纱品种、产品质量要求、生产供应平衡以及粗纱设备性能等因素综合考虑确定。一般粗纱定量在 2~6g/10m,在纺细特细纱时,粗纱定量以 2~2.5g/10m 为宜。CMT1801 型自动落纱粗纱机的粗纱定量范围为 2~12.5g/10m,粗纱定量选用范围见表 6-2-1。

表 6-2-1　粗纱定量选用范围

纺纱线密度(tex)	32 以上	20~30	9.0~19	9.0 以下
粗纱干定量(g/10cm)	5.5~12.5	4.1~6.5	2.5~5.5	2.0~4.0

(二)锭速

锭速与纺纱品种、粗纱定量、捻系数、锭翼形式和粗纱机设备等有关。CMT1801 型自动落纱粗纱机的空载机械转速 1600r/min,生产细特纱采用较低的锭速,以稳定成纱质量。化纤纯纺或混纺,由于捻系数较小,锭速可降低 20%~30%。

(三)牵伸

1. 总牵伸

粗纱机总牵伸倍数应根据所纺细纱线密度、熟条定量、粗纱机的牵伸效能,并结合细纱机的牵伸能力,在保证提高产品质量的前提下合理配置。四罗拉双胶圈牵伸形式下总牵伸配置范围,见表 6-2-2。

表 6-2-2 粗纱机总牵伸配置范围

牵伸形式	四罗拉双胶圈牵伸		
纺纱线密度（tex）	粗	中细	特细
总牵伸	4.2~8	6~9	7~12

目前，双胶圈牵伸装置粗纱机的牵伸范围为 4~12 倍，一般为 5~10 倍。粗纱机采用四罗拉牵伸形式时，对重定量、大牵伸倍数有较明显的效果。CMT1801 型自动落纱粗纱机采用的牵伸形式为四罗拉双短皮圈牵伸，总牵伸变换齿轮齿数为 26~71 齿。

2. 牵伸分配

粗纱机的前牵伸区采用双胶圈及弹性钳口，对纤维的运动控制良好，所以牵伸倍数主要由前牵伸区承担。后区牵伸是简单罗拉牵伸，控制纤维能力较差，牵伸倍数不宜过大，采用张力牵伸，牵伸倍数一般为 1.12~1.48，通常情况下以偏小为宜。使具有结构紧密的纱条喂入主牵伸区，有利于改善条干，CMT1801 型自动落纱粗纱机的后区牵伸后牵伸可达到 1.8 倍，机后区变换齿轮齿数为 45~70 齿。

（四）罗拉握持距及胶圈钳口隔距

1. 粗纱机罗拉握持距

粗纱机罗拉握持距主要根据纤维长度、纤维品种、粗纱定量和不同牵伸形式适当配置。罗拉握持距的优化设置需要综合考虑纤维特性、纺纱工艺和设备参数等因素，如总牵伸倍数较大、加压较重，罗拉握持距应适当改小，反之应放大。首先，根据纤维的长度和细度，确定罗拉握持距的初始设置范围。例如，对于长度较长、细度较细的纤维，罗拉握持距应适当增大，以减少纤维的损伤和断头率；对于长度较短、细度较粗的纤维，罗拉握持距应适当减小，以提高纤维的受力和排列效果。其次，根据纺纱工艺的要求，调整罗拉握持距的具体数值。例如，在高速纺纱过程中，罗拉握持距应适当减小，以增加纤维的受力和捻度；在低速纺纱过程中，罗拉握持距应适当增大，以减少纤维的损伤和断头率。最后，根据设备参数和实际生产情况，进行罗拉握持距的微调。例如，通过实时监测纱线的张力和断头率，调整罗拉握持距的具体数值，以达到最佳的生产效果。罗拉握持距的选择见表 6-2-3。CMT1801 型自动落纱粗纱机的罗拉中心距范围为：前区 35~57mm，中区 47~68mm，后区 45~68mm。

表 6-2-3 罗拉握持距的选择

牵伸形式	前区握持距（整理区）	中区握持距	后区握持距
四罗拉双胶圈牵伸	$L_1 = \overparen{AB} + \overparen{BC}$	$L_2 = \overline{CD} + \overparen{DE}$	$L_3 = \overparen{EF}$
	前罗拉~二罗拉（L_1）	二罗拉~三罗拉（L_2）	三罗拉~四罗拉（L_3）
	略大于 L_p	胶圈架长度+浮游区长度	$>L_p+20$

注 L_p 为棉纤维品质长度或化纤主体长度，胶圈架长度纯棉为 30mm 或 34mm，浮游区长度纯棉为 15~17mm。

2. 胶圈钳口隔距

上下销分别支撑胶圈，利用胶圈的弹性夹持纱条，并控制纤维运动，上下销之间的原始距离称为钳口隔距，由隔距块维持，确保统一，准确。钳口隔距随纱条定量、纤维性质、罗拉中心距等诸因素进行调整。胶圈钳口隔距选择,见表6-2-4。CMT1801型自动落纱粗纱机钳口隔距调节采用先进的自动化控制系统,能够实现钳口隔距的精确调节和实时监控。

钳口隔距在CMT1801设备中的具体应用主要体现在以下几个方面:首先,在纤维分离和加捻过程中,钳口隔距的设置直接影响纤维的受力和排列状态;其次,在纱线卷绕过程中,钳口隔距的调整能够有效控制纱线的张力和卷绕密度;最后,在质量检测环节,钳口隔距的精确控制有助于提高纱线的均匀度和外观质量。因此,合理设置钳口隔距是保证CMT1801设备高效运行和高质量纱线生产的关键。

表6-2-4 双胶圈钳口隔距的选择

粗纱定量(g/10m)	2.0~4.0	4.0~5.0	5.0~6.0	6.0~8.0	8.0~12.5
钳口隔距(mm)	3.0~4.0	4.0~5.0	5.0~6.0	6.0~7.0	7.0~8.0

(五)罗拉加压

罗拉加压配置除牵伸形式外,还应考虑罗拉隔距、喂入定量、粗纱定量及加工纤维品种等因素,确保各列罗拉有足够的握持力。罗拉加压对纱线质量有着重要影响。适当的罗拉压力可以确保纤维在牵伸过程中得到有效控制,从而提高纱线的均匀度和强度。研究结果表明,当前罗拉压力为350N、中罗拉压力为300N、后罗拉压力为250N时,纱线质量达到最佳状态。过大的罗拉压力会导致纤维过度拉伸,增加断头率,同时会增加能耗;而过小的压力会导致纤维控制不足,影响纱线均匀度。因此,合理设置罗拉压力对于保证纱线质量和提高生产效率至关重要。在实际生产中,应根据纤维种类、纱线规格等因素,对罗拉压力进行适当调整,以达到最佳生产效果。

CMT1801型自动落纱粗纱机的罗拉加压系统由前罗拉、中罗拉和后罗拉组成,每个罗拉都配有独立的加压装置。该系统采用气动加压方式,通过调节气压来实现对罗拉压力的精确控制。加压装置由气缸、活塞、压力传感器等部件组成,能够实时监测和调整罗拉压力。这种设计不仅提高了压力控制的精度,还使得压力调整更加方便快捷,适应不同品种纱线的生产需求。采用的加压形式为YJ40-190×4摇架,TEXPARTS-PK1500型弹簧摇架、气动摇架、SUESSEN板簧摇架供选用。弹簧摇架加压重量见表6-2-5。

表6-2-5 弹簧摇架加压重量　　　　　　　　　　单位:N/两锭

弹簧摇架加压重量				板簧摇架加压重量				
三挡	前	中前	中后	后	三挡	前	中前	中后	后
黑	90	150	100	100	Ⅰ	185	175	140	175
绿	120	200	150	150	Ⅱ	230	220	170	220
红	150	250	200	200	Ⅲ	280	270	200	270

(六)捻系数

CMT1801型自动落纱粗纱机的捻度范围为20~80捻/m。

捻系数是粗纱生产过程中的关键质量指标,受多种因素影响。粗纱捻系数的选择,主要根据纤维长度、线密度、粗纱定量、细纱后区工艺、加工纯棉或化纤,同时参照细纱机牵伸形式、细纱用途及车间温湿度等因素而定。

①当纤维长、线密度小、整齐度好时，因纤维间的抱合力大，选用的捻系数宜小，反之宜大。

②粗纱定量直接影响纱线的线密度和捻度分布。较大的粗纱定量因其截面内的纤维根数多，捻系数宜小，反之宜大。

③当细纱机加压较重、握持力较大时，粗纱捻系数宜偏小掌握。

④精梳纱所用粗纱因纤维整齐度好，捻系数宜小。

⑤针织用粗纱，因细纱条干要求高，为加强细纱机后区的摩擦力界，捻系数宜大。

⑥车间温度高，纤维表面棉蜡融化，摩擦系数小，捻系数应大；车间湿度大，纤维间摩擦系数大，捻系数应小。

⑦梅雨季节，为防止机前纱条松垂下坠，捻系数应大。

⑧纺化纤时，为了不使细纱牵伸时牵伸力过大，粗纱的捻系数应较纺纯棉小。

⑨棉型化纤纯纺或与棉混纺，粗纱捻系数为纯棉纺的 50%~70%，中长化纤混纺时为纯棉的 40%~60%。

（七）粗纱卷绕密度

粗纱卷绕密度影响粗纱卷绕张力和粗纱容量。粗纱轴向卷绕密度配置，必须纱圈排列整齐，粗纱圈层之间不嵌入、不重叠为原则。粗纱纱圈间距应等于卷绕粗纱的高度，粗纱纱层应等于卷绕粗纱的厚度。粗纱定量越大，卷绕密度越大。CMT1801 型自动落纱粗纱机的粗纱定量范围一般为 2.0~12.5g/10m，可根据不同品种进行调整。锭速越高，卷绕张力越大，卷绕密度越大。CMT1801 型自动落纱粗纱机的锭速可达到 1600r/min，生产中根据不同原料和工艺要求进行调整。卷绕张力直接影响卷绕密度，张力越大，卷绕密度越大。CMT1801 型自动落纱粗纱机采用电子张力控制系统，可根据工艺要求精确控制卷绕张力。压掌压力越大，粗纱卷绕越紧密，卷绕密度越大。CMT1801 型自动落纱粗纱机的压掌压力可通过气压调节阀进行调节。三种原料粗纱轴向、径向密度的推荐值见表 6-2-6。

表 6-2-6　三种原料粗纱轴向、径向密度的推荐值

原料	单位体积内卷绕的纱线质量 r（g/cm³）	粗纱定量 W（g/10m）	3.0	3.5	4.0	4.5	5.0	5.5	6.0	6.5	7.0	7.5	8.0
纯棉	0.55	$H_{（径向密度）}$（圈/10cm）	57.3	53.1	49.6	46.8	44.4	42.3	40.5	38.9	37.2	36.2	35.1
涤纶	0.65		58.3	54.0	50.5	47.6	45.1	43.0	41.2	39.6	38.2	36.8	35.7
腈纶	0.45		48.5	45.0	42.0	39.6	37.6	35.8	43.3	32.9	32.9	30.7	29.8
纯棉	0.55	$R_{（轴向密度）}$（层/10cm）	268	249	232	219	208	198	190	182	182	170	165
涤纶	0.65		291	270	253	238	222.6	215	206	198	198	184	179
腈纶	0.45		243	225	210	198	188	279	171	165	165	153	149

（八）集合器及喇叭头口径

CMT1801 型自动落纱粗纱机前区集合器采用双喇叭口结构，由集合器支架、集合器喇叭

口、集合器压掌等部件组成。其工作原理是利用集合器喇叭口的收缩作用,将牵伸后的纤维束进行压缩和集束,形成具有一定强力和光洁度的粗纱。

1. 集合器喇叭口形状和尺寸

(1)形状。喇叭口形状直接影响纤维束的集束效果,常见的形状有圆形、椭圆形和矩形等。CMT1801 型自动落纱粗纱机采用双喇叭口结构,可根据不同纤维长度和纺纱工艺要求选择合适的喇叭口形状。

(2)尺寸。喇叭口尺寸过小会导致纤维束堵塞,影响纺纱顺利进行;尺寸过大会导致纤维束集束效果差,影响粗纱质量。CMT1801 型自动落纱粗纱机的喇叭口尺寸可根据不同纤维长度和纺纱工艺要求进行调整。

2. 集合器压掌压力

压掌压力过小会导致纤维束松散,影响粗纱强力;压力过大会导致纤维束损伤,影响粗纱质量。CMT1801 型自动落纱粗纱机的压掌压力可通过气压调节阀进行调节。

3. 集合器位置

集合器位置过高会导致纤维束不能充分集束,影响粗纱质量;位置过低会导致纤维束与集合器摩擦过大,影响纺纱顺利进行。CMT1801 型自动落纱粗纱机的集合器位置可根据不同纤维长度和纺纱工艺要求进行调整,前区集合器口径配置见表 6-2-7,后区集合器及喇叭口径配置见表 6-2-8。

表 6-2-7　前区集合器口径配置

粗纱干定量(g/10cm)	2.0~5.0	4.0~7.0	6.0~10.0
前区集合器口径(mm)	$\Phi5$	$\Phi5$	$\Phi5$

表 6-2-8　后区集合器及喇叭口径配置

喂入棉条定量(g/5m)	14~17	16~20	22~25
后区集合器口径(mm):宽×高	8×3	12×4	16×5
喂入喇叭头口径(mm):宽×高	12×3	16×4	20×5

二、粗纱机的传动计算

CMT1801 自动落纱粗纱机传动图如图 6-2-1 所示。

(一)速度计算

1. 锭翼转速

$$锭翼速度 = 锭翼电动机转速 \times \frac{40}{84} \times \frac{47}{32} = 锭翼电动机转速 \times 0.69940$$

CMT1801 型自动落纱粗纱机的锭翼电动机转速通常在 800~1600r/min 之间,具体转速取决于设备型号和生产需求。

2. 前罗拉速度

$$前罗拉速度 = 牵伸电动机转速 \times \frac{28}{98}$$

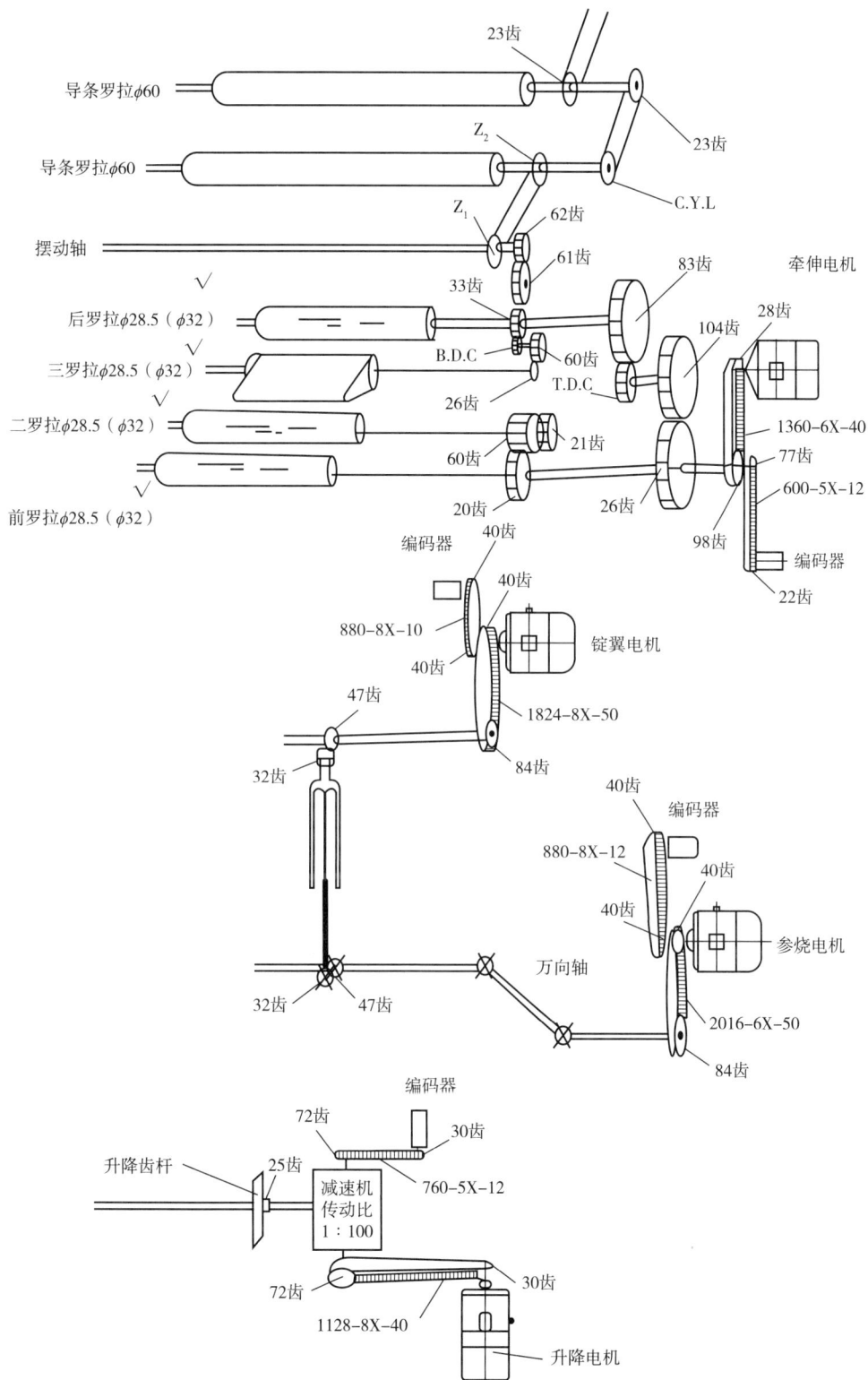

图 6-2-1 CMT1801 型自动落纱粗纱机传动图

T.D.C—牵深变换牙 B.D.C—后牵伸变换牙 Z_1、Z_2—链轮工艺轮

CMT1801 型自动落纱粗纱机的牵伸电动机转速通常在 1000~1600r/min 之间,具体数值可能因设备配置和生产需求有所不同。

(二)牵伸计算

1. 总牵伸

CMT1801 型自动粗纱机牵伸装置如图 6-2-2 所示。

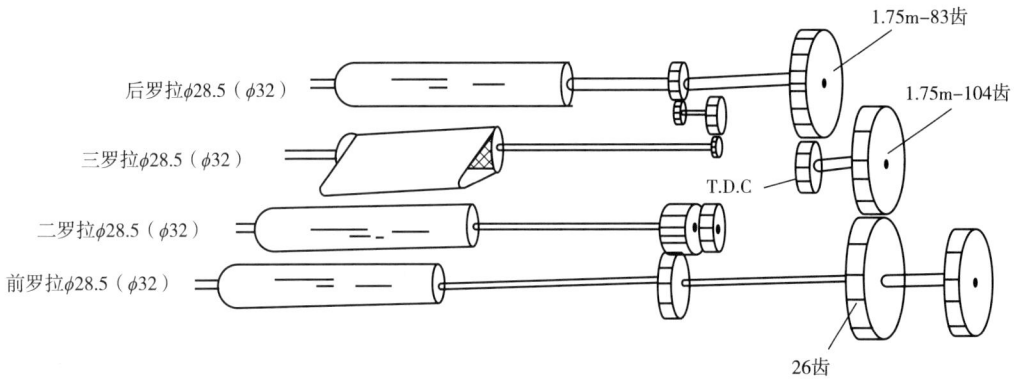

图 6-2-2　CMT1801 型自动粗纱机牵伸装置图

总牵伸常数=(104×3)/26=332;

总牵伸变换齿轮的齿数=332/牵伸倍数;

总牵伸变换齿轮齿数范围为 26~71 齿,见表 6-2-9。

表 6-2-9　总牵伸变换齿轮齿数范围

齿数 (齿)	牵伸倍数	齿数 (齿)	牵伸倍数	齿数 (齿)	牵伸倍数	齿数 (齿)	牵伸倍数
26	12.77	38	8.74	50	6.60	62	5.35
27	12.30	39	8.51	51	6.51	63	5.27
28	11.86	40	8.30	52	6.38	64	5.19
29	11.45	41	8.10	53	6.26	65	5.11
30	11.07	42	7.90	54	6.15	66	5.03
31	10.71	43	7.72	55	6.03	67	4.96
32	10.38	44	7.55	56	5.93	68	4.88
33	10.06	45	7.38	57	5.82	69	4.81
34	9.76	46	7.22	58	5.72	70	4.74
35	9.49	47	7.06	59	5.63	71	4.68
36	9.22	48	6.92	60	5.53		
37	8.97	49	6.78	61	5.45		

2. 后牵伸

CMT1801 型自动粗纱机牵伸装置后区传动图如图 6-2-3 所示。

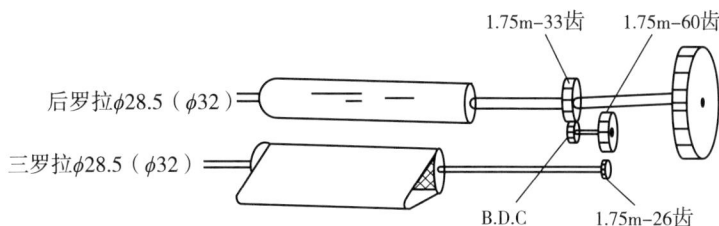

图 6-2-3　CMT1801 型自动粗纱机牵伸装置后区传动图

（1）罗拉直径为 28.5mm，下胶圈的厚度为 1.1mm。

$$后牵伸常数 = \frac{(28 + 1.1 \times 2 \times 0.8) \times 60 \times 33}{28.5 \times 26} = 80.86$$

后牵伸变换齿轮齿数范围为 45~70 齿，见表 6-2-10。

表 6-2-10　后牵伸变换齿轮齿数范围

齿数（齿）B. D. C	牵伸倍数	齿数（齿）B. D. C	牵伸倍数	齿数（齿）B. D. C	牵伸倍数	齿数（齿）B. D. C	牵伸倍数
45	1.80	52	1.56	59	1.37	66	1.23
46	1.77	53	1.53	60	1.35	67	1.21
47	1.72	54	1.50	61	1.33	68	1.19
48	1.68	55	1.47	62	1.30	69	1.17
49	1.65	56	1.44	63	1.28	70	1.16
50	1.62	57	1.41	64	1.26		
51	1.59	58	1.39	65	1.24		

（2）罗拉直径为 32mm，下胶圈的厚度为 11mm。

$$后牵伸常数 = \frac{(32 + 1.1 \times 2 \times 0.8) \div 60 \times 33}{32 \times 26} = 80.34$$

后牵伸变换齿轮齿数范围为 45~70 齿，见表 6-2-11。

表 6-2-11　后牵伸变换齿轮齿数范围

齿数（齿）B. D. C	牵伸倍数	齿数（齿）B. D. C	牵伸倍数	齿数（齿）B. D. C	牵伸倍数	齿数（齿）B. D. C	牵伸倍数
45	1.79	52	1.55	59	1.36	66	1.22
46	1.75	53	1.52	60	1.34	67	1.20
47	1.71	54	1.49	61	1.32	68	1.18
48	1.67	55	1.46	62	1.30	69	1.16
49	1.64	56	1.43	63	1.28	70	1.15
50	1.61	57	1.41	64	1.26		
51	1.58	58	1.39	65	1.24		

(三)产量计算

(1)罗拉直径为28.5mm,理论产量为:

$$每台时产量(m) = \frac{锭数 \times 罗拉转速(r/min) \times 28.5 \times \pi \times 60 \times (1-停车率)}{1000}$$

$$每台时产量(kg) = \frac{锭数 \times 罗拉转速 \times ((r/min) \times 28.5 \times \pi \times 60 \times (1-停车率) \times Tt}{1000 \times 1000 \times 1000}$$

式中:Tt——粗纱线密度。

(2)罗拉直径为32mm,理论产量为:

$$每台时产量(m) = \frac{锭数 \times 前罗拉转速(r/min) \times 32 \times \pi \times 60 \times (1-停车率)}{1000}$$

$$每台时产量(kg) = \frac{锭数 \times 前罗拉转速(r/min) \times 32 \times \pi \times 60 \times (1-停车率) \times Tt}{1000 \times 1000 \times 1000}$$

式中:Tt——粗纱线密度。

技能训练

以 C28tex 纱为例。

一、目标

（1）设计粗纱机主要部件的速度、牵伸、粗纱定量、捻度、成形等工艺。

（2）根据设计工艺计算相关工艺。

（3）将工艺上机。

［案例］纯棉 16tex 机织纱
粗纱工艺设计

二、器材或装置

CMT1801 型自动落纱粗纱机，各类专业工具。

三、步骤

（1）根据所纺品种进行工艺设计。

（2）工艺计算，完成工艺单。

（3）工艺上机（隔距、齿轮等）。

四、考核标准

考核标准表

考核项目	评分标准	配分	扣分	得分
工艺设计	1. 设计合理 2. 分析设计原则	30		
工艺计算	数据正确而且合理	20		
工艺上机	1. 隔距校正准确规范 2. 齿轮上机规范	50		

课后习题

任务三 粗纱质量控制

工作任务单

序号	任务名称	任务目标
1	粗纱质量测试	学会粗纱质量测试的试验操作
2	质量分析与判断	根据实验数据分析质量情况

知识准备

一、粗纱质量指标

粗纱质量控制参考指标,见表6-3-1。

表6-3-1 粗纱质量控制参考指标

纺纱类别		回潮率（%）	重量不匀率（%）	粗纱伸长率（%）	捻度（捻/10cm）
纯棉纱	粗	6.8~7.4	1.1	1.5~2.5	以设计捻度为标准
	中	6.7~7.3	1.1	1.5~2.5	
	细	6.6~7.2	1.1	1.5~2.5	
精梳纱		6.6~7.2	1.3	1.5~2.5	
化纤混纺纱		2.6±0.2	1.2	-0.5~1.5	

二、粗纱张力的调整

在一般情况下,当目测纺纱段张力过大或过小,或测试伸长率超过规定范围时,必须进行粗纱张力调整。CMT1801型自动落纱粗纱机粗纱张力调整主要通过以下方法实现。

（1）调整张力补偿装置。通过调整张力补偿弹簧的预紧力,改变粗纱张力的大小。

（2）调整导纱装置。调整导纱杆的位置、角度,改变粗纱与导纱装置的接触面积和摩擦系数,从而影响粗纱张力。

（3）调整卷绕密度。通过调整卷绕齿轮的齿数比,改变粗纱卷绕密度,从而影响粗纱张力。

（4）调整锭速。通过调整主电动机频率,改变锭速,从而影响粗纱张力。

三、改善粗纱伸长率的措施

与传统粗纱机相比,智能粗纱机在改善粗纱伸长率方面具有三个方面优势。一是能够对产品进行实时监测,实时监测粗纱张力、锭速、卷绕密度等参数,为粗纱伸长率的控制提供数据支持。二是基于实时监测数据,自动调整工艺参数,实现对粗纱伸长率的精准控制。三是对生产数据进行分析,找出影响粗纱伸长率的关键因素,并优化生产工艺。

智能粗纱机改善粗纱伸长率可采取以下措施。

(1)优化纺纱原料。智能粗纱机可根据纺纱原料的特性,自动调整工艺参数,例如针对不同长度、细度的纤维,设置不同的粗纱张力和锭速。

(2)动态调整粗纱张力。智能粗纱机可实时监测粗纱张力,并根据预设的粗纱伸长率目标值,动态调整粗纱张力,如在粗纱张力过大时自动降低张力。

(3)智能控制锭速。智能粗纱机可根据粗纱定量、卷绕密度等参数,自动调整锭速,如在粗纱定量较大时降低锭速。

(4)优化卷绕密度。智能粗纱机可根据粗纱成形情况,自动调整卷绕密度,如在粗纱成形不良时降低卷绕密度。

(5)环境温湿度控制。智能粗纱机可连接环境温湿度传感器,实时监测车间温湿度,并根据温湿度变化自动调整工艺参数,如在湿度较高时降低粗纱张力。

四、控制粗纱重量不匀率

1. 减少前、后排粗纱张力的差异

由于粗纱机前、后排锭子距前罗拉钳口距离及纺纱角的不同,因而造成前、后排粗纱的伸长不等,形成重量不匀。锭翼锭孔加装假捻器对解决上述问题有较好的效果。具体方法是前排假捻器上的槽数多于后排,前排的假捻数多于后排。

筒管直径大小差异、筒管孔径或底部磨灭、锭子凹槽与锭翼销子配合不良、压掌弧形或位置不当、粗纱卷绕压掌圈数不一、锭子高低不一等原因引起锭子运转不平稳,都会造成同一排锭子粗纱伸长率不等,形成重量不匀。为了降低粗纱重量不匀率,应该加强经常性的维修工作。

2. 减少大、中、小纱之间的伸长差异

就同一锭子来说,也可能因卷绕条件不当,使大、中、小纱间的伸长产生很大差异。为了正常纺纱,前罗拉钳口至筒管间的纱条要有适当的张力。按照正常卷绕条件,应当在一落纱中张力保持恒定。

喂入条子重量不匀率每增加1%,粗纱重量不匀率增加0.5%~0.8%,使用智能粗纱机的在线监测系统,实时调整牵伸倍数和罗拉隔距,将喂入条子重量不匀率控制在1.5%以下。牵伸倍数波动±0.2,粗纱重量不匀率增加0.3%~0.5%,通过智能粗纱机的闭环控制系统,将牵伸倍数波动控制在±0.05以内。粗纱张力波动±1cN,粗纱重量不匀率增加0.2%~0.4%,使用智能粗纱机的张力传感器和动态调节系统,将粗纱张力波动控制在±0.2cN以内。罗拉弯曲超过

0.1mm或胶辊磨损超过0.5mm,粗纱重量不匀率增加0.5%~1.0%,通过智能粗纱机的振动传感器和数据分析技术,实时监测设备状态,及时维护和更换磨损部件。温度波动超过±2℃或湿度波动超过±5%,粗纱重量不匀率增加0.3%~0.6%,使用智能粗纱机的环境监测系统,将车间温度控制在(25±1)℃,相对湿度控制在(60±2)%。

五、提高粗纱质量的途径

1. 提高操作质量

(1)粗纱前接头和棉条包卷的质量必须符合操作要求。

(2)缠绕罗拉、胶辊时,应将同挡胶辊相邻筒管上的粗纱扯去一段。

(3)个别牵伸部件出现问题如胶辊回转失灵、摇架压力差异过大、胶圈断缺、集棉器跑偏等原因造成粗纱出硬头时,应及时修复,否则不应生头纺纱。

(4)锭翼通道挂花导致粗纱张力波动时,应及时清除锭翼通道或假捻器内的挂花。

(5)定期清除吸棉箱滤网。

(6)认真做好机台规定内容的清洁工作。

(7)粗纱张力偏小时,严禁用前胶辊压位调整张力。

2. 严格工艺检查

(1)定期进行粗纱条干不匀率、粗纱重量不匀率的常规试验工作,发现粗纱质量达不到指标时,对有关机台应及时检修改进。

(2)严格控制每台粗纱伸长率,促使大、中、小纱之间粗纱张力基本一致,控制大、小纱伸长率差异小于1.5%,减少前、后排及机台之间的伸长率差异。

(3)根据粗纱原料等变化情况调整粗纱捻系数。

(4)定期检查罗拉隔距、胶辊前冲后移量、罗拉加压及主要变换齿轮是否符合工艺设计要求。

(5)粗纱摇架的加压弹簧应按周期进行测压检查,减少锭间压力差异,促使加压弹簧保持良好的使用状态。

3. 运转管理

(1)粗纱前后纺机台实际固定供应,便于跟踪追迹,提高产品质量。

(2)加强车间湿度管理,减少粗纱回潮率波动。

(3)检查摇架、胶辊与罗拉对中、上下胶圈对齐。

(4)前、中、后三个集合器应在一直线上,且与罗拉对中。

(5)保证清洁装置工作正常进行,不合要求的应及时调整。

4. 应用智能化技术

(1)在线监测与反馈控制。使用高精度传感器实时监测粗纱张力、锭速、卷绕密度等参数,并通过反馈控制系统自动调整工艺参数。

(2)数据分析与优化。利用大数据分析技术,找出影响粗纱质量的关键因素,并优化生产工艺。

(3)智能诊断与维护。通过振动传感器和数据分析技术,实时监测设备状态,及时发现和解决潜在问题。

（4）数据支持。在线监测与反馈控制后,粗纱重量不匀率降低 0.5%～1.0%。数据分析与优化后,粗纱条干均匀度提高 10%～15%。

5. 加强操作人员培训

（1）定期培训。对操作人员进行定期培训,提高其操作技能和质量意识。

（2）标准化操作。制定标准化操作流程,确保每位操作人员都能按照统一标准进行操作。

（3）质量考核。建立质量考核机制,激励操作人员提高粗纱质量。

（4）数据支持。操作人员培训后,粗纱重量不匀率降低 0.2%～0.3%。标准化操作后,粗纱条干均匀度提高 5%～10%。

技能训练

以 C28tex 纱为例。

一、目标

（1）测试粗纱的质量。

（2）分析质量指标。

（3）根据数据分析判断质量状况是否正常。

二、器材或装置

条粗测长仪,乌斯特条干仪(或萨氏条干仪)等。

三、步骤

（1）做各项指标试验。

（2）分析实验数据。

（3）作出判断。

四、考核标准

考核标准表

考核项目	评分标准	配分	扣分	得分
粗纱试验	1. 方法得当 2. 结果正确	50		
分析	分析有理有据	30		
做出判断	1. 根据分析做出质量情况判断 2. 影响产品质量的原因	20		

课后习题

任务四　粗纱基本操作

工作任务单

序号	任务名称	任务目标
1	粗纱挡车巡回练习	掌握巡回原则和巡回路线,确定有序巡回
2	粗纱单项操作练习	熟练掌握机前接条与包卷接头操作

知识准备

粗纱的基本操作主要包括巡回路线、单项操作、落纱工作等内容。巡回路线应根据现场生产,合理选择。粗纱工序的单项操作包括机前接头和机后手包条两项。

一、巡回工作

1. 巡回路线

(1)"8"字形巡回路线如图6-4-1所示,应用较多。其特点是单面巡回,全面照顾。

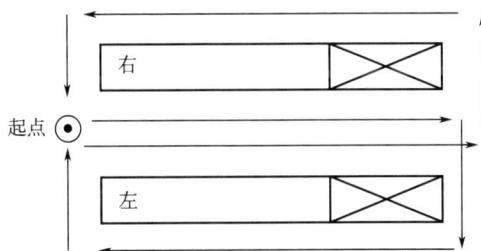

图6-4-1　"8"字形巡回路线

(2)"凹"字形巡回路线如图6-4-2所示,主要用于大清洁时的巡回。

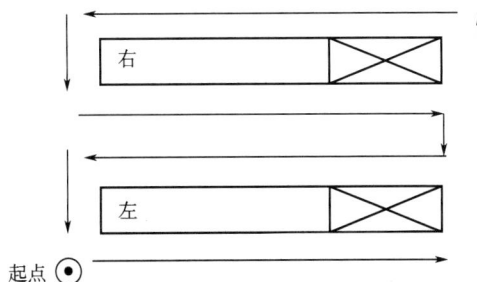

图6-4-2　"凹"字形巡回路线

（3）外巡回路线如图6-4-3所示，主要用于查机后喂入情况，结合查棉条质量、破条、疵点、飞花等。

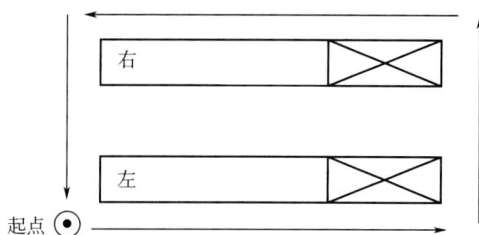

图6-4-3　外巡回路线

（4）内巡回路线如图6-4-4所示，主要用于检查机前情况，结合查杀条张力、摘锭翼飞花及机前清洁工作。

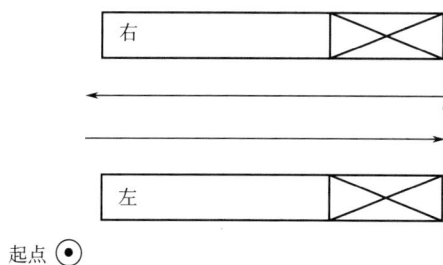

图6-4-4　内巡回路线

（5）半面巡回路线如图6-4-5所示，主要用于换筒，可以最短路线完成换筒。

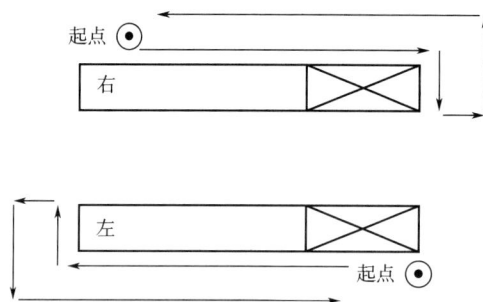

图6-4-5　半面巡回路线

2. 巡回时间

巡回时间按看管机台数量确定。一般看管两台的巡回时间为15min。

3. 巡回方法

（1）生产正常情况下，要保持时间均衡，路线正确，不走重复路线。遇到特殊情况，要灵活处理，做到先易后难。先近后远，先急后缓，暂不受路线限制。

（2）巡回中做到"三结合"。结合远换筒；结合做清洁工作；结合防疵、捉疵。

（3）巡回中做到"三看"。进车道全面看，远看纱条，近看纱层；出车道回头看，看有无断头；机后工作抬头看，看棉条有无疵点，机前有无断头。

二、清洁工作

在每一巡回中，合理安排各项清洁工作，如胶辊、上龙筋、下龙筋、前后车面、车头车尾、墙板花、绒板花、风箱花、扫地等。

三、单项操作

粗纱工序的单项操作包括机前接头和机后手包条两项。

1. 机前接头

机前接头操作示意见表6-4-1。

表6-4-1　机前接头操作示意

序号	名称	简图	说明
1	机前断头		关车后吐出纱条
2	穿尼龙棒		右手拿尼龙棒，由上向下穿出锭壳
3	退绕与引头	长1000mm	右手拇、食指夹持纱管，逆时针退绕；左手拇、食指夹持纱头，边加捻边引出

序号	名称	简图	说明
4	绕尼龙棒		左手食、中指将纱条绕过尼龙棒
5	引纱条		左手配合,右手拇、食指将尼龙棒向上拉,引出纱条
6	绕压掌		右手拇、食指将纱条绕在压掌上,绕过三圈;右手将上端的纱条引向罗拉处
7	加捻		左手小指压住纱条,右手拇、食指顺时针加捻

续表

序号	名称	简图	说明
8	拉笔尖		左夹持 A 处,右手拇、食指先逆时针退捻,再向上拉断,去废条左手留下笔尖形
9	拉纱条		右手食、中指夹持罗拉下方纱条,向下平直拉断,丢去废条
10	包卷(1)		左手拇、食指拿笔尖,凑合到须条左下方,笔尖顺时针转90°
11	包卷(2)	先↖45° 后↙90°	左手中指、无名指压住纱条,拇、食指顺时针转45°,再逆时针转90°,理光

2. 机后手包条

机后手包条与梳棉生条包卷方法相同。

技能训练

一、目标

(1)掌握粗纱巡回。

(2)掌握手包卷接头。

(3)熟练掌握机前接头。

二、器材或装置

FA458A 粗纱机或 CMT1801 型自动落纱粗纱机,竹签等。

三、步骤

(1)走巡回练习。

(2)单项操作(机前接头)。

四、考核标准

考核标准表

考核项目	评分标准	配分	扣分	得分
巡回练习	1. 路线正确,安排合理有序 2. 分清轻重缓解	30		
单项操作	1. 单项操作正确熟练 2. 在规定时间内完成	70		

注 单项操作测定:

单项测定每项测 2 次,取好的一次计分;

测定数量:机前接头 10 个,机后棉条包卷 10 个;

以手触棉条起计算时间;

测定速度:手包卷时,棉——65s;涤——90s;机前接头——180s。质量标准:手包卷 1 个不合格——扣 1.5 分。

课后习题

项目七 智能细纱技术

任务导入

（1）了解新型细纱机的基本组成机构及其主要元件，了解新型细纱机各部分作用，掌握细纱任务及其工艺流程。

（2）掌握细纱的加捻、卷绕成形机构以及工作原理。

（3）了解 JWF1572 型细纱机的主要技术规格并熟悉其选配。

（4）掌握细纱的牵伸、加捻卷绕工艺设计原则、工艺计算以及工艺上机。

（5）掌握细纱的质量控制。

技能目标

（1）学会操作 JWF1572 型细纱机，掌握各项单项操作并掌握操作中应注意的事项。

（2）学会细纱工艺（定量、速度、隔距、牵伸、捻度、成形等）设计及工艺上机。

（3）学会分析细纱质量指标。

（4）学会细纱机的日常操作，学会细纱接头。

任务一 认识细纱机

工作任务单

序号	任务名称	任务目标
1	细纱机的任务和工艺流程	掌握细纱机的任务、工艺流程，形成总体印象
2	细纱机各部件组成及其作用	掌握各部件名称、运转方式及其主要作用和工作原理

知识准备

细纱工序是成纱的最后一道工序，其作用是将粗纱纺制成具有一定线密度和力学性能、符合质量标准的细纱。

[微课]认识细纱机

一、细纱机的任务

细纱工序的主要任务如下。

（1）牵伸。对喂入的粗纱施加 9~110 倍的牵伸，使成纱达到所要求的特数及均匀度。

（2）加捻。对牵伸后的须条加上所需的捻度，使成纱具有一定的强力、弹性、手感和光泽等物理机械性能,以满足服用性能的要求。

(3)卷绕成形。将纺成的细纱按一定的成形卷装要求卷绕在筒管上,便于运输、储藏和后道工序加工使用。

二、细纱机的工艺流程

JWF1572 型细纱机(图 7-1-1)依托经纬细纱机现有技术,广泛研究世界先进技术,对标国际领先设备,基于快速装配理念创新设计完成。JWF1572 型细纱机对中墙板、龙筋、双侧工艺吸棉、零卷绕夹纱器、钢带、锭子罗拉同步控制等技术攻关,突破电子加捻、整体中墙板、快速定位安装、节能双侧工艺吸棉、零卷绕夹纱器、钢带式凸盘输等多项技术难点,满足用户对高速、节能、省工、智能化的要求。

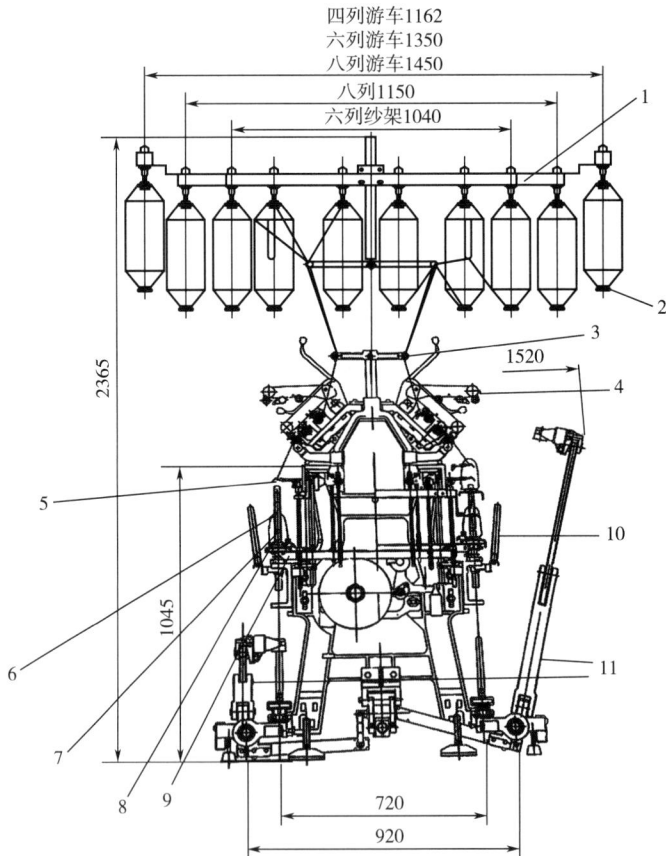

图 7-1-1 JWF1572 型细纱机示意图

粗纱从吊在纱架 1 上的吊锭粗纱筒管 2 表面退绕出来,经过导纱杆 3 及缓慢往复的导纱器,进入牵伸装置 4,被牵伸后的须条由前罗拉输出,通过导纱钩 5,穿过钢丝圈 8,卷绕到紧套于锭子 6 的筒管 7 上。锭子高速回转通过纱条带动钢丝圈绕钢领 10 回转,钢丝圈每转一圈,就给牵伸后的须条加上一个捻回。由于空气及摩擦阻力,钢丝圈的运动速度小于锭子的回转速度,两者转速之差,就是筒管的卷绕速度。钢领板在成形机构的控制下,做有规律的垂直升降运动,使纱条按一定的成形要求卷绕在筒管上。

集落摆臂座 11 以销孔定位,细纱通过集体落纱装置进行集体落纱。集体落纱的全过程为:细纱机满管,并完成钢领板下降等关机动作,升降臂在初始位置;升降臂夹持空管后外摆,上升将空管卸放在寄放站 10;升降臂继续上升,摆进到拔纱位置,夹持满纱筒管上拔;升降臂外摆、下降,摆进到存纱位置,将满管卸放到输送带上的凸盘;升降臂外摆、上升,夹持空管后继续上升,摆进,卸放空管到锭子套管;升降臂外摆、下降,摆进到初始位置,细纱机重新启动。空管自动摆放,是在自动落纱之前,将空纱管逐个摆放在定位输送钢带上。自动摆放空管系统主要由取管圆筒、推管气缸、空纱管检测装置等组成,如图 7-1-2 所示。JWF1572 型细纱机沿用了经纬细纱机优秀的纺纱断面,采用新型机架适应高速纺纱,整机在安装时间、稳定性、三率、节能、自动化程度等方面有较大提升,大幅降低维护成本,提高劳动生产率。

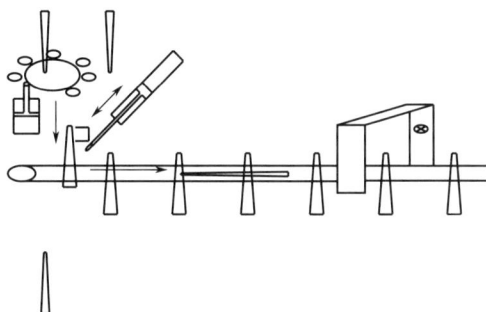

图 7-1-2　自动摆放空管系统

三、JWF1572 型细纱机主要规格

表 7-1-1 为 JWF1572 型细纱机的主要规格及技术特征。

表 7-1-1　JWF1572 型细纱机的主要规格及技术特征

序号	项目	规格
1	锭距(mm)	70
2	锭数(锭)	A 系列 792　864　936　1008　1080　1152　1244　1296　1368　1440
		B 系列 840　912　984　1056　1128　1200　1272　1344　1416
		C 系列 828　900　972　1044　1116　1188　1260　1332　1404
		D 系列 804　876　948　1020　1092　1164　1236　1308　1380
		注:>1200 锭的设备仅限于纺纯棉单纱(含四罗拉紧密纺)
3	钢领直径(mm)	38、40、42、45(FG 平面钢领)
4	钢领边宽(mm)	2.6、3.2、4
5	适纺纱线线密度(tex)	2.92~96.2
6	牵伸倍数(倍)	总牵伸倍数 10~60(标配),后区牵伸倍数 1.06~1.53
7	适纺捻度(捻/m)	230~2260(φ19 锭盘)

序号	项目	规格
8	锭速(r/min)	12000~25000
9	捻向	Z捻(单张力盘);Z捻或S捻(双张力盘)
10	粗纱卷绕	最大φ152×406,粗纱筒管顶孔直径φ19~22.3 粗纱筒管顶孔直径φ25以上
11	升降动程(mm)	160、180(铝套管锭子)
12	适纺纤维长度(mm)	40以下、51、60
13	锭子传动	主轴滚盘传动,4锭一组,变频调速
14	牵伸型式	三列罗拉,长短皮圈,摇架加压
15	下罗拉直径(mm)	27×27×27、27×30×27
16	每节罗拉锭数(锭)	6
17	上罗拉直径(mm)	前后上罗拉包覆丁氰后为φ29或φ30,中上罗拉为φ25
18	摇架加压 (N/两锭)	前100、140、180,常用140 中100 后140
19	下罗拉中心距(mm) 前中 中后 前后	YJ2-142C 43.5~68 50(min) 142(max)
20	锭子	铝套管锭子JWD4111FA系列、其他
21	断头吸棉型式	笛管式吸棉,地下集体排风 792~984锭,风量约3000m³/h 1008~1200锭,风量约3600m³/h 1200锭以上,风量约5000m³/h
22	电气控制	变频加PLC控制
23	电源	三相四线制,交流380V,50Hz
24	落纱型式	集体落纱
25	自动控制机构	1. 中途关车,自动适位制动停车 2. 中途落纱,钢领板自动下降到落纱位置,适位制动停车 3. 满管落纱,钢领板自动下降到落纱位置,适位制动停车 4. 开车前钢领板自动复位 5. 工艺参数显示
26	机器(≤1200锭) 外形尺寸(mm)	全长=锭数/2×70+5750(乱管理管机) 全长=锭数/2×70+6350(自动翻转乱管理管机) 全长=锭数/2×70+4315(细络联) 宽度:集体落纱1520(气架打开) 高度:集体落纱长机2365,紧密纺长车2665
27	全机重量	800锭约18t,1008锭约21.5t,1200锭约24.5t,1440锭约28.5t 1008锭紧密纺部分约2t

四、细纱智能化装备

纺织智能化装备是新一代信息技术与纺织技术相融合的载体,对于提高生产效率和产品质量具有关键作用。目前,智能化装备主要包括智能化设备和智能化加工、智能化检测、智能化管理四个方面。

1. 智能化设备

自动化是指设备或过程完成预先设定的工作,但系统自身缺少判断和决策能力。智能化是指设备不仅能够实现预先设定的目标,还能根据外界条件变化不断地修正和优化目标,具有感知、思维、学习和自适应以及行为决策等能力。近年来,纺纱设备通过应用信号传感与检测等高新技术,实现生产设备和生产过程的自动化、智能化,主要体现在细纱机械设备的自动化、集成控制和智能监控等方面。

细纱工序设备的自动化水平,主要体现在生头、自动落纱机等。在智能化方面,研发较多的是智能化组件,如自动导引运输车采用自动导航、自主避让等技术实现物流运输。在纺纱过程中,自动导引运输车已被广泛用于细纱的输送,保证各工序间有效地进行科学衔接、路线优化、动态监控。小车与车间调度系统相配合,实现细纱的自动运输。

2. 智能化加工

智能化加工是指纺织过程中利用机械化输送实现不同工序连接的生产方式,可减少产品加工的中间环节,如人工装卸、搬运半成品等,从而减少企业用工,提高生产效率。在细纱工序中细络联是典型的智能化加工模式,通过搭配物流自动输送系统,可实现中间工序半成品的自动装卸与运输。细络联系统装配新型管纱输送托盘结构、管纱实时报警处理系统、自动插拔管装置、自动残纱检测分离装置等,实现高速化、智能化的细络联合。

3. 智能化检测

现有环锭纺多采用随机采样对整台管纱质量进行预估,不但效率极低,还难以捕捉到任意管纱发生的质量随机跳动,严重影响到整批纱线的使用质量。智能化检测建立基于纱体视觉感知,在细纱机上使用高速CCD,采用超分辨率图像重构技术与多元混合结构光,融合结构化和非结构化数据,利用深度学习算法修正模型,实现细纱条干CV值、棉结、毛羽等质量指标的实时在线检测。

4. 智能化管理

现有的纺织企业资源计划(ERP)、制造执行系统(MES)和仓储管理系统(WMS)等系统在不同的业务流程中适用性不同,各有优缺点。为了发挥不同系统的优势,通过结合"互联网+"技术,集成ERP、MES和WMS等系统的优点,构建集成多功能的纺织智能化管理平台,覆盖纺织业务全流程,这将是未来纺织智能化管理方向发展的趋势。平台可集成不同智能化管理系统的功能,并将不同业务流程的信息即时发布给相关人员,形成全方位的监控与管理。

乌斯特质量专家系统是用于纱线制造过程中的高级工序优化的质量管理平台,用于保证纤维、纱线和织物的质量。结合在线监测、精确实验室测试、综合情报,其具有预测潜在瑕疵和防止索赔的能力。乌斯特应用智能技术将纺织专业知识与深层分析及在线设备仪器相结合,其智能算法指导基于数据的决策,随着每个附加仪器的连接,扩展了分析能力。乌斯特质量专家系统由质量专家系统及其三个子系统——异纤机专家系统、电清专家系统和单锭监控专家系统组成。子系统与乌斯特在线设备连接,在纺纱过程中,在线设备可以将生产及质量的所有数据传输到对应的专家系统;除了能够进行实时的数据传输,质量专家系统还可以直接下达指令给所有在线设备,从而保证对在线设备的远程控制。质量专家系统还可以直接与乌斯特实验室仪器连通,进而实时获取测试数据。通过对所有数据的分析处理,实现纱线预测、质量报警等功能。通过内置的乌斯特公报,实现企业生产的产品质量与全球标准的比对。

五、JWF1572 型细纱机机构特点

(一) 车头部分

车头模块优化布局,占地面积小,外形美观。油浴车头电子加捻,用独立电动机驱动前中后下罗拉,无须更换捻度齿轮。先进的同步控制技术,保证罗拉与锭子传动的同步性,具备掉电同步停车功能。优化的中罗拉传动链机构,承载能力大幅提高,满足纺化纤等原料的重载要求。采用新型凸轮机构取代传统位叉机构,有效缩小小纱气圈高度,同时有助于优化管纱成型,减少络筒脱圈的概率。全新的重载电子凸轮机构,满足重力开启夹纱锭子要求,结构简单,维护方便。采用车头车尾两头工艺吸棉技术,车头合理布置工艺吸棉风箱,采用高效节能风机,大幅降低能耗。

(二) 车尾部分

优化设计车尾主传动结构,采用整体轴承座、油浴润滑,大大提高轴承寿命。电动机工作在高效频率区间,有助于节能,主轴制动器安排在车尾。车尾主轴与中段第一主轴采用梅花型弹性联轴节,消除主轴热伸长对车尾传动的影响。优化皮带盘结构,有利于提高主轴轴承、平皮带及制动器的使用寿命和运转效率。全新设计同步传动部件,解决吸棉风管的瓶颈问题,保证断头吸棉负压的要求。工艺吸棉车头、车尾两侧吸棉技术,车尾合理布置工艺吸棉风箱,改善负压均衡性,大幅降低风机能耗。主电动机布置在吸棉风机下方,有利于主电动机散热。车尾采用同步牵伸传动机构,中后罗拉由车尾同步传动,提高了抗扭性。

(三) 喂入部分

细纱机的喂入部分由粗纱架、导纱杆、横动导纱装置等组成。工艺上要求喂入部分各个机件的位置配合正确,粗纱退绕顺利,而不产生意外牵伸。

1. 粗纱架

粗纱架的作用是支撑粗纱,并放置一定数量的备用粗纱和空粗纱筒管。粗纱架高度依据粗纱管长度和挡车工的身高确定,一般为 1.6~1.7m,如图 7-1-3 所示。为便于生产操作、防止互相干扰,相邻满纱管之间应保持足够的空间距离,一般在 15~20mm。粗纱从纱管上退绕时,回转要灵活,粗纱架要不易积聚飞花,便于清洁。采用吊锭支撑,可有单层四排(适应粗纱最大直径 135mm)或单层六排(适应粗纱最大直径 152mm),粗纱卷装大小可根据用户需要选择。生产中要求粗纱架能够保证粗纱回转灵活,防止退绕时产生意外牵伸。

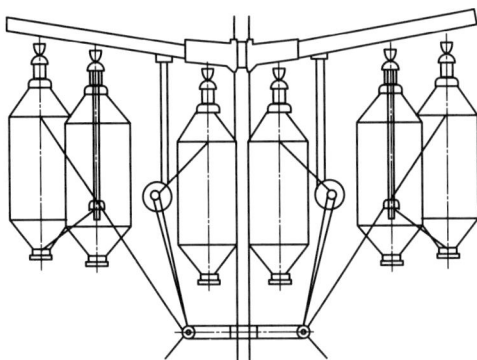

图 7-1-3　粗纱架示意图

2. 导纱杆

导纱杆用来引导退绕后的粗纱进入喇叭口时,使粗纱退绕均衡,并减小张力,防止产生意外牵伸。材料为直径 12mm 的圆钢,表面镀铬。在实际生产中,导纱杆不宜太靠近粗纱管。导纱杆安装在距粗纱卷装下端 1/3 处。

3. 横动导纱装置

用于引导粗纱喂入牵伸装置并使粗纱在一定范围内缓慢横动,延长胶辊寿命。

导杆上装有喇叭口(口径根据粗纱定量选择)。

(四)牵伸部分

1. 细纱机牵伸型式

细纱机一般采用的是上胶圈短,下胶圈长的胶圈牵伸装置,并且另用一只张力辊拉紧下胶圈,其装置最大特点是调换下胶圈方便,不易被飞花所积塞。JWF1572 型细纱机主要采用的是六锭一节罗拉,长短皮圈,适用平行、V 行牵伸机构。

2. 细纱机的牵伸机构

牵伸机构主要包括牵伸装置、加压装置、牵伸齿轮传动等,负责完成须条牵伸加捻成有一定强度的细纱。牵伸机构影响成纱强力及条干,纺纱断头率高低等。

(1)牵伸装置。JWF1572 型细纱机的牵伸装置主要采用三罗拉,上短下长胶圈,螺旋弹簧摇架加压及上下罗拉,胶辊,胶圈,上、下销及隔距块等组成,每节 6 锭,此牵伸装置在纤维种类和纤维长度方面通用性强,适应性广,可配各种摇架,供用户选择。细纱牵伸装置对提高成纱质量有相当重要的作用。

(2)加压装置。加压摇架是牵伸装置中最重要的专件,基本作用是对牵伸罗拉实施加压。加压装置对上罗拉加压、上胶圈销实施握持定位,使上罗拉随下罗拉一起回转,两者共同的钳口能有效地握持纤维进行牵伸。加压摇架质量水平的高低,直接影响其他牵伸专件、器材性能的发挥。

加压摇架按压力源分为弹簧加压摇架和气加压摇架两大类。弹簧加压摇架按加压元件分为螺旋弹簧加压摇架和板簧加压摇架两类。螺旋弹簧加压摇架,按弹簧截面形状分为矩形螺旋弹簧加压摇架和圆柱螺旋弹簧加压摇架两种。目前圆柱螺旋弹簧摇架市场占有率为85%,气压加压占有 12%,板簧约占 5% 左右。JWF1572 型细纱机主要采用的是圆柱螺旋弹簧加压摇架。

3. 数控电子牵伸系统

随着伺服驱动系统和变频驱动系统的发展,将其应用于细纱机牵伸装置,可以实现数字式调整牵伸工艺、连续变换牵伸倍数,以减少更换配件等重体力劳动。另外,数控电子牵伸系统为细纱机兼容纺制花式纱线提供了条件,可纺制各种竹节纱、段彩纱等。

随着数控电子牵伸系统的大量应用,对其转速工作范围、起停性能、可靠性和能耗等提出了更高要求。数控电子牵伸系统需要面对纺制各种纱所对应的不同牵伸倍数要求,因此用于驱动中、后罗拉的伺服电动机与变速箱必须具备大的转速调节范围;纺制段彩纱和竹节纱需要罗拉实现快速启停动作,还需要相应的程序设计和纺纱软件配置。目前,几乎所有细纱机生产厂家都能提供数控电子牵伸细纱机,同时市场上能提供老机改造的厂家众多。

4. 断头吸入装置

断头吸入装置有笛管式和支管式,笛管式适用于棉型纤维,支管式适用于中长纤维。断头吸入率高,具有清洁下罗拉表面作用。吸棉装置分为单独吸棉与集体吸棉两种,采用集体吸棉,可减少停、开车时因吸力不足而造成断头、飘头及绕罗拉、绕胶辊现象。JWF1572 型细纱机有单独吸风电动机,装于车尾吸棉箱内,其风叶及电动机直接装在车尾顶框上,震动小,安全可靠。

5. 自动接头机器人

纺纱断头后需要接头,自动接头机器人技术在喷气涡流纺纱机和转杯纺纱机已经成熟,而环锭纺细纱机的自动接头机器人仍未能广泛应用,主要是由于接头效率和设备成本无法满足纺纱企业的要求。环锭纺纱单锭纺纱速度低,纺纱锭数庞大,对自动接头机器人的接头效率要求高。瑞士立达公司和经纬纺织机械有限公司分别生产了不同特点的环锭细纱机自动接头机器人,其中经纬纺织机械有限公司的自动接头机器人依托于西班牙品特公司的技术支持。自动接头机器人有助于降低纺纱厂的工人劳动强度,减少用工,但现阶段其成本高昂,还未在纺纱企业大面积推广。

(五) 加捻卷绕部分

1. 细纱的加捻过程

要获得具有一定强力、弹性、伸长、光泽、手感等力学性能的细纱,必须通过加捻,改变须条内纤维结构来实现。

细纱加捻卷绕过程如图 7-1-4 所示。前罗拉 1 输出的纱条 2 经导纱钩 3,穿过钢领 6 上的钢丝圈 4,绕到紧套于锭子的筒管 5 上。锭子回转时,借助纱线张力的牵动,使钢丝圈沿钢领回转,钢丝圈带动纱条沿钢领回转一转纱条就获得一个捻回。

2. 数控电子卷绕成形系统

传统细纱机卷绕成形机构主要由棘轮级升装置和机械凸轮组成,通过调整级升量和凸轮转速与纱号匹配。机械凸轮在桃盘处的冲击、停顿会引起纱线成形不良,钢领板升降速比固定,棘轮调整级升的精度欠佳。数控电子卷绕成形系统运用伺服系统控制钢领板升降运动,实现级升过程,运行平顺,通过优化绕纱包络线、钢领板升降速比、级升量,能够提高卷绕密度,优化管纱成形,实现管纱大容量,在高速退绕时不易脱圈。通过控制开车钢领升降速度,可以有效地减少

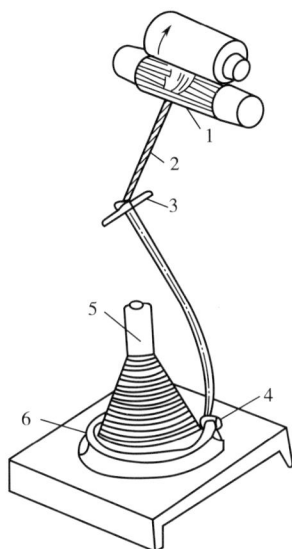

图 7-1-4　细纱加捻卷绕过程

1—前罗拉　2—纱条　3—导纱钩　4—钢丝圈　5—筒管　6—钢领

开车断头数。

数控电子卷绕成形系统需要克服大范围变化纱号所需大范围钢领板升降速度,对伺服电动机、变速箱和钢领板配重设计有较高要求。大部分细纱机生产厂家能提供数控电子卷绕成形系统,市场上能提供老机改造的厂家众多。

（六）锭子驱动系统

传统细纱机锭子由主电动机驱动主轴,进而带动滚盘驱动锭子运转,每四锭一组。大功率主电动机和机架下方的滚盘高速运转,产生高分贝噪声。同时高速旋转的滚盘产生的气流影响车间飞花,传统的锭子驱动形式中锭带绕向和张力重锤配置与捻向相关。

目前,锭子驱动形式包括三类:主轴统一驱动式、多电动机分段驱动式和单电动机单锭驱动式。传统细纱机锭子主要采用主轴统一驱动式,优点是原理和驱动电动机简单,缺点是装置繁杂,噪声和气流等不良影响较多,且能耗较高。进一步改进方向主要是从驱动电动机本身出发,提高效率,降低能耗。纺机展上江苏格罗瑞节能科技有限公司展出了永磁电动机主轴直连技术,可显著提高传动效率,降低能耗。意大利马佐里纺织机械公司的宣传资料推出了多电动机分段驱动式的锭子驱动系统,配置在 GALILEO-MDS2 型环锭细纱机上,单电动机带动整根切向传动带驱动 96 锭,可以简单改变驱动电动机的转向,改变捻向,并简化掉主轴、滚盘和张力重锤等,降低了能耗和噪声,减小了气流扰动,但该种驱动形式的稳定性需要市场的检验。

为了便于细纱生产、搬运、退绕和后加工,需将细纱卷绕在筒管上,并要求卷绕紧密、层次分清、成形良好、退绕方便等。环锭细纱机基本上都采用短动程圆锥形交叉卷绕形式,因此控制钢领板运动的成形装置的结构应满足细纱的卷绕特点。

（1）短动程升降。钢领板短动程升降运动由成形凸轮控制;由于成形凸轮的升弧与降弧比例不同,于是推动摆臂作变速运动,固于摆臂链轮的链条也随之上下运动,导致钢领板作升降运动且升慢降快,从而绕成密稀两种不同的纱层(卷绕层和束缚层)。

(2)级升。钢领板的级升运动由棘轮控制;为完成整个纱管的卷绕,每绕一层纱后最低卷绕点须上移,即有个级升;成形凸轮每转一圈,摆臂的运动就通过连杆和撑牙传递,推动棘轮转过一定齿数,并通过一系列的传动,最终使牵吊钢领板的链条缩短一定长度,钢领板的最低卷绕位置就随之上升一段距离。

(3)管底成形。管底成形由凸钉来完成;为保证轴向退绕时不脱圈,纱管的底部形态需呈"大肚"状,这就要求管底和管身的卷绕速度及动程有异;管底卷绕时链条最长,能与装在上分配轴轮上的凸钉相接触,从而使钢领板的运动局部变慢变短,卷绕紧密;随着链条的逐层收短,它不再与凸钉接触,钢领板的运动不再逐层变化,于是管底成形完成,进入管身卷绕。

(七)细纱机的其他机构

1. 导纱板升降、钢领板升降

采用牵吊形式,以升降立柱为导轨,钢领板升降横杆上滚动轴承的转子与升降立柱接触,使升降运动灵活。

2. 传动

主电动机采用高强度平皮带传动主轴,主电动机位于车尾吸棉箱下面,利用吸棉箱排风带走主电动机散发的热量,主轴通过滚盘、锭带传动锭子,锭带张力装置为单张力轮或双张力轮形式。主轴传入车头的高速级部分用同步齿形带传动,使传动准确平稳,以降低噪声。车头传动的齿轮采用统一的模数、孔径和宽度,各种变换齿轮互相间可通用,大大减少了备用齿轮的品种和数量。牵伸传动部分的齿轮均为斜齿;车头内还装有滴油润滑装置,可定时、定量加油,对传动齿轮润滑。

3. 机架

采用框架式中墙板、槽型龙筋、角尺型机梁,结构紧凑、稳固,可适应各种升降动程,并可安装供电动落纱机使用的导轨。

4. 升降杠杆、升降分配轴和升降平衡部分

均为于车头内,升降杠杆采用蜗轮箱传动单叶成形凸轮,成形凸轮采用合金钢耐磨性好,使用寿命长。凸轮的形状使管纱成形能适应络筒机高速退绕。蜗轮箱采用可调节蜗轮蜗杆中心距结构,以保证蜗轮回差为最小。级升装置采用提高型"三自动"执行器,不需调换棘轮,即可方便准确地改变级升量。

5. 集体落纱

可靠稳定的集体落纱装置(图7-1-5)采用滚珠丝杆传动气架升降及气缸控制气架里外摆技术,传动阻力小,效率高,气架里外摆定位准确。凸盘输送采用钢带模式,无中间位,提高凸盘定位的准确性,落纱时间小于3.5min。优化气架断面,提高气架刚性,满足集落压管需求。配置无锭子处不落空管功能,提升络筒机效率。

6. 理落管

可选配乱管理落管机和乱管自动翻转理落管机,采用特制皮带提升,智能机构错位,实现自动理管功能,采用新型满纱提升技术,钢带与满纱提升装置同步传动,便于调整,抓管稳定性、一

致性高。可靠理落管为纺纱企业减少用工,降低员工的劳动强度,提高生产效率。

图 7-1-5　集体落纱装置

7. 电器控制

采用 ARM 嵌入式处理器与 Window CE 嵌入式操作系统,应用数字信号处理技术(DSP),处理 DC 24V 信号,具有高速脉冲检测功能,电压模拟量输出功能,以及串口通信功能,对整机动作进行控制,性能可靠,开发简便。具备的联网接口可搭建工业网络。采用用户友好界面,图文并茂,生动形象,操作方便自如。可以选配可靠的电子刹车功能和恒张力纺纱控制系统,根据钢领板升降短动程中气圈张力的变化来进行调速,实现恒张力纺纱,大大降低纺纱过程中的断头,提高产量。单锭断纱检测系统单锭断头检测功能,断头位置提示,大幅降低挡车工劳动强度,提高看台数,为黑灯工厂提供初始条件。

六、细纱机的运转操作

(一)试车

安装和电气调整工作结束后,应进行试车。试车分空车运转和试纺两步进行。

1. 空车运转

空车运转应分段进行,顺序是先锭子传动部分,再成型升降部分,然后牵伸部分。全机开车后进行检查,应达到下列要求。

(1)主电动机皮带不跑窜。

(2)锭带张力盘目视无偏摆,锭带无打扭,无走偏。

(3)车头齿轮啮合正常,无不正常响声。

(4)钢领板和导纱板升降灵活,无顿挫现象。

(5)皮圈运转不上吊,不打顿。

(6)导纱喇叭不擦碰罗拉。

(7)吸棉风机响声正常,不擦碰。

(8)小纱变速及其他各种电气动作符合规定。

(9)运转 4h 后,各轴承处无手感发烫现象。

2. 试纺

空车运转正常后,在机台头、中、尾各纺四锭,试纺中主要检查和调整以下部分。

(1)检查和调整移纱横杆的动程,其动程约 8mm。

(2)配紧密纺时其动程应调整为 4mm。

(3)纺一落纱后,管纱成型良好,尺寸符合预定要求。

(4)钢领板、导纱板动作正确。

(5)初步检测成纱质量应符合标准。

(二)运转操作

1. 正常开车

(1)旋转总电源空开手柄到"开",在电气箱面板上旋转控制电源开关到"on",控制电源接通,电源指示灯亮。

(2)当"手动/自动"按钮置于"自动"时,按下"风机起动"按钮,风机起动,同时钢领板由落纱位置上升到开车位置,延时后,主电动机自动启动,整机按照设定的锭速曲线自动运行。

当"手动/自动"按钮置于"手动"时,按下"风机起动"按钮,风机起动,延时约 5s 后需按下"主机启动"按钮,主电动机启动,整机按照设定的锭速曲线自动运行。需要注意的是只有在风机起动后,主电动机才能起动。

(3)当纺纱满管时,红灯闪亮,随后钢领板自动下降到落纱位置,成型凸轮自动适位制动,全机停转。配置集体落纱装置的,当纺纱满管时,集体落纱开始动作。

(4)落纱完毕后,重复以上动作,下一工作循环开始。需要注意的是将落纱设为半自动落纱,并人工监控集体落纱过程,即时处理漏拔现象,提高运行效率。

2. 中途停车

(1)当机器需要中途停车时(如关车吃饭),只须按"中途停车"按钮,机器即自动适位制动停车。

(2)恢复开车时,执行正常开车的操作。

3. 中途落纱

当机器需要提前落纱时(如揩车关车),只须按"中途落纱"按钮,HL1、HL2 红灯闪亮,随后钢领板自动下降到落纱位置,成型凸轮自动适位制动,全机停转,集体落纱开始动作。

4. 紧急情况关车

(1)当机器运转中遇有紧急情况,需要立即关车时,可按车头或车尾的"紧急停车"按钮或者关闭"控制电源"。此时停车后,不是适位制动,开车时可能会有大量断头。

(2)恢复开车时,执行正常开车的操作,机器即恢复正常运转。

技能训练

一、目标

（1）观察细纱机的工艺流程和各装置的外形结构。

（2）操作细纱机，学会开关车、中途落纱、紧急情况关车等操作。

二、器材或设备

JWF1572 型细纱机以及粗纱、细纱管等。

三、步骤

（1）开关车、落纱。

（2）细纱试车练习。

（3）细纱运转操作练习。

四、考核标准

考核标准表

考核项目	评分标准	配分	扣分	得分
细纱机的工艺流程和各部件	1. 说出细纱机的工艺流程 2. 指出各部件的位置，说出各部件作用	30		
开关车、试纺	1. 操作空车运转的开关车顺序，全机开车后的进行检查 2. 试纺，说出开关车注意事项。空车运转正常后，在机台头、中、尾各纺四锭	20		
中途停车练习	1. 中途停车操作 2. 恢复开车操作考核	20		
中途落纱练习	1. 中途落纱操作 2. 中途落纱操作注意事项	20		
紧急情况关车练习	1. 紧急情况关车操作 2. 紧急情况关车操作注意事项	10		
合计		100		

课后习题

任务二　细纱工艺设计与工艺上机

工作任务单

序号	任务名称	任务目标
1	细纱牵伸、加捻工艺设计	学会设计不同品种、不同机型的细纱工艺
2	工艺计算	根据设计工艺转换为具体的上机参数
3	工艺上机	根据具体的工艺实习工艺上机

知识准备

[微课]细纱工艺设计与
工艺上机

一、细纱工艺设计

（一）牵伸工艺设计

1. 总牵伸倍数

JWF1572 型细纱机的总牵伸倍数一般为 9~110 倍。总牵伸倍数的能力首先决定于细纱机的机械工艺性能,但也因其他因素而变化,纺纱条件对总牵伸倍数的影响见表 7-2-1。当所纺棉纱细度较粗时,总牵伸能力较低。纺细特纱时细纱机总牵伸倍数一般在 25~50 倍范围内。

表 7-2-1　纺纱条件对总牵伸倍数的影响

总牵伸	纤维及其性质				粗纱性能			细纱工艺与机械			
	原料	长度	细度	长度均匀度	纤维伸直分离度	条干均匀度	捻系数	细纱线密度	罗拉加压	前区控制力	机械状态
宜偏高	化纤	较长	较细	较好	较好	较好	较高	较细	较重	较强	良好
宜偏低	棉	较短	较粗	较差	较差	较差	较低	较粗	较轻	较弱	较差

2. 后牵伸区工艺

为提高细纱机的牵伸倍数,有两类工艺路线可选择。一是保持后区较小的牵伸倍数,提高前区牵伸倍数;二是增大后区牵伸倍数。生产中普遍采用第一种牵伸工艺。当喂入纱条纤维整齐度好、条干均匀时,可采用第二种牵伸工艺路线。后牵伸区工艺参数参见表 7-2-2。

表 7-2-2　后牵伸区工艺参数

项目		纯棉		化纤纯纺及混纺	
		机织用纱	针织用纱	棉型化纤	中长型化纤
后区牵伸倍数	双短胶圈	1.20~1.40	1.04~1.15	1.14~1.53	1.20~1.53
	长短胶圈	1.25~1.50	1.08~1.20		
牵伸区罗拉中心距(mm) 前中×中后×前后		(43.5~68)×50(最小)×142(最大)			
后牵伸区罗拉加压 (N/两锭)		(前100、140、180,常用140)×中100×后140			
粗纱捻系数		90~105	105~120	56~86	48~67

3. 前牵伸区工艺

(1)前区罗拉隔距。前区罗拉隔距的作用是控制纤维在牵伸区的运动状态,确保纤维顺利牵伸,减少纤维在牵伸过程中的浮游和扩散,提高牵伸效率,影响成纱的条干均匀度、强力和毛羽等质量指标。前区罗拉隔距应根据胶圈架长度(包括销子最前端在内)和胶圈钳口至前罗拉钳口之间的距离来决定,由于罗拉隔距与罗拉中心距正相关,因此,通常用前罗拉中心距来表示前罗拉隔距的大小。胶圈钳口至前罗拉钳口之间的距离,又称浮游区长度,应当设法缩小,以利于对前区纤维的控制。

前区罗拉隔距的选配原则要依据前区罗拉隔距应与纤维长度相匹配,通常略大于纤维的主体长度。纤维长度越长,所需前区罗拉隔距越大。纤维细度越细,所需越小。高强度纤维可承受较大的牵伸力,前区罗拉隔距可适当增大。高牵伸倍数需要较小的隔距,以提高牵伸效率。

粗纱定量越大,所需前区罗拉隔距越大。高速纺纱需要较小的前区罗拉隔距,以减少纤维扩散。罗拉直径越大,所需隔距越大。罗拉表面光滑度影响纤维的运动状态,进而影响隔距选配。

前区罗拉隔距可通过理论计算法和智能化调整法进行优化。

①理论计算法。根据纤维长度和牵伸倍数,计算前区罗拉隔距 G 的理论值公式为:

$$G = L \times (1 + k)$$

式中: L　纤维的主体长度,mm;

k——牵伸倍数调整系数,通常取值为 0.1~0.3,具体根据纤维特性和纺纱工艺要求确定。细度较细的纤维, k 取较小值(0.1~0.2);细度较粗的纤维, k 取较大值(0.2~0.3)。高牵伸倍数时, k 取较小值(0.1~0.2);低牵伸倍数时, k 取较大值(0.2~0.3)。高速纺纱时, k 取较小值(0.1~0.2);低速纺纱时, k 取较大值(0.2~0.3)。例如,纺制纯棉细纱,纤维主体长度 $L = 28$ mm,纤维细度较细,牵伸倍数为 35 倍,纺纱速度较高,取 $k = 0.2$,则前区罗拉隔距为: $G = 28 \times (1+0.2) = 33.6$ (mm)。

②智能化调整法。利用智能细纱机的在线监测和反馈控制系统,实时调整前区罗拉隔距。根据实时监测的纤维运动状态和成纱质量数据,自动调整隔距。

(2)胶圈钳口隔距。胶圈钳口既要控制浮游纤维,又要保证快速纤维的顺利抽出,JWF1572

型细纱机采用下销位置固定,上销位置可调的弹性钳口。胶圈钳口隔距可根据纺纱线密度、喂入定量、胶圈特性、纤维性能及罗拉加压等条件而定,其选用范围见表 7-2-3。

表 7-2-3　纺纱细度与钳口隔距的关系

细度(tex) (英支)	>32 (<18)	20~31 (19~29)	9~19 (30~60)	<9 (>60)
钳口隔距(mm)	3.0~4.5	2.5~4.0	2.5~3.5	2.0~4.0

纺纱条件对胶圈钳口隔距的影响见表 7-2-4。

表 7-2-4　纺纱条件对胶圈钳口隔距的影响

胶圈钳口隔距	纤维及其性质		粗纱工艺 定量	细纱工艺					
				捻系数	细纱号数	后牵伸倍数	胶圈钳口形式	罗拉加压	胶圈厚度
宜偏大	化纤	细、长	较重	较大	较大	较低	固定钳口	较轻	较厚
宜偏小	棉	粗、短	较轻	较小	较小	较高	弹性钳口	较重	较薄

(3)罗拉加压。为使牵伸顺利进行,罗拉钳口必须具有足够的握持力,以克服牵伸力。不同的机型和加压机构,能承受的最大加压量也不同,FA 系列细纱机在纺棉及 65mm 以下化纤时的钳口加压范围已增大到(130~200)N/双锭×(80~140)N/双锭×(120~180)N/双锭,使罗拉钳口的握持力能与牵伸力的增加相匹配。

(二)加捻卷绕工艺设计

1. 捻系数的选择

在选择细纱捻系数时,须根据成品对细纱品质的要求,综合考虑全面平衡。一般经纱要求强力较高,所以捻系数应选择大些,常用的机织普梳细中特纱实际捻系数的取值范围为:经纱 410~320,纬纱 360~290。

2. 锭速

JWF1572 型细纱机锭速一般在 12000~25000r/min。当所纺纱为细特纱,且纤维长度长,则应适当降低车速和锭速,可以减小离心力作用和静电对成纱质量的不良影响。

3. 钢领钢丝圈的选配

钢领一般包括平面钢领和锥面钢领,棉纺企业主要使用的是平面钢领,分为 PG1/2(边宽为2.6mm)型、PG1(边宽为 3.2mm)型、PG2(边宽为 4.0mm)型等。纺特细特纱一般选用 PG1/2型钢领,纺细特纱或中特纱选用 PG1 型钢领,纺粗特纱选用 PG2 型钢领。轴承钢钢领具有优异的耐磨性和耐疲劳性,目前应用较多,其平行度、圆度优于平面钢领。钢领的内跑道由很多圆弧组成,加工精度要高,以保证跑道与钢丝圈接触时平整光滑。必要时,允许有适当的倾斜角度,有利于钢丝圈散热,延长使用寿命,且有利于降低张力波动、减少断头。

钢领、钢丝圈是细纱工序非常重要的加捻卷绕器材专件,钢领是钢丝圈的运动轨道,二者的配合至关重要。二者的型号和制造精度都直接影响纱线的卷绕加捻,以及纺纱的速度和质量,故而提高它们的精度一直是纺织器材制造企业努力的目标。钢丝圈是加捻卷绕工序中体积最小的器材,使用周期较短,一般为5~20天,而优质的钢领的使用周期则长达几年。

选定钢领之后,应根据细纱工艺参数和纱线原料选配合适的钢丝圈,使其截面几何形状与钢领跑道相匹配。

生产上还可利用钢丝圈的型号和号数来控制和稳定纺纱张力、达到降低断头的目的。平面钢领选配平面钢丝圈,现在细纱机上钢丝圈的速度达35~45m/s,有的高达60m/s。要求高速下的钢丝圈能减少磨损和烧毁,并保持平稳运行。纺纱时,钢丝圈号数应根据细纱密度、钢领直径、锭子速度、车间相对湿度等来选择。不同线密度细纱常用的钢领与钢丝圈的选配见表7-2-5。

表7-2-5 钢领与钢丝圈的选配

钢领型号	纺纱线密度(tex)	钢丝圈号数	钢领型号	纺纱线密度(tex)	钢丝圈号数	钢领型号	纺纱线密度(tex)	钢丝圈号数
PG2	97	16~20	PG1	29	1/0~4/0	PG1/2	19	4/0~6/0
	58	8~10		28	2/0~5/0		18	5/0~7/0
	49	5~7		25	3/0~6/0		16	6/0~10/0
	36	2~4		24	4/0~7/0		15	8/0~11/0
	32	2/0~2		21	6/0~9/0		14	9/0~12/0
				19	7/0~10/0		9.7	12/0~15/0
				18	8/0~11/0		7.3	16/0~18/0
				16	10/0~14/0			

二、JWF1572型细纱机工艺计算

图7-2-1所示为细纱牵伸部分传动图。

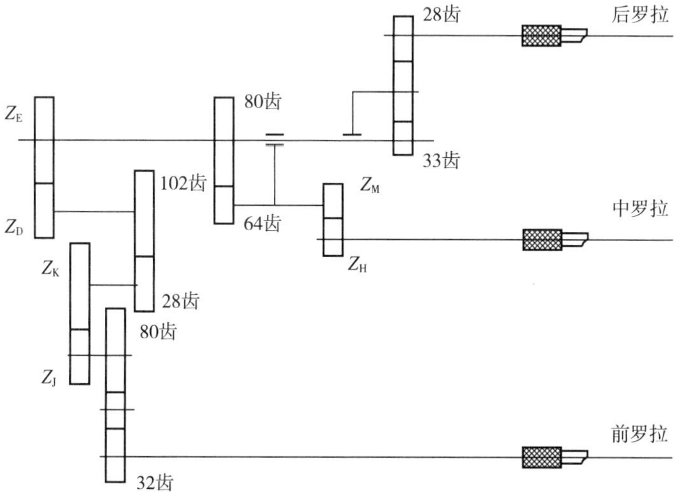

图7-2-1 细纱牵伸部分传动图

Z_D、Z_E、Z_J、Z_K—总牵伸变换牙 Z_H、Z_M—后区牵伸变换牙

(一)细纱定量及牵伸倍数

1. 计算细纱定量

100m 纱线的标准干燥质量 $G_{干}$ 为:

$$G_{干} = \frac{Tt}{(1 + 公定回潮率) \times 10}$$

100m 纱线的标准湿态质量 $G_{湿}$ 为:

$$G_{湿} = G_{干} \times (1 + 实际回潮率)$$

2. 确定牵伸倍数

设 JWF1572 型细纱机的牵伸配合率为 1.02(在实际生产中,工厂根据机械牵伸倍数与实际牵伸倍数计算获得,是个统计值,多数情况为 1.02~1.06)。

第一步:计算实际牵伸倍数 $E_{实}$,粗纱干定量见粗纱工艺计算结果。粗纱干定量参考范围见表 7-2-6,细纱机总牵伸倍数参考范围见表 7-2-7,纺纱条件对总牵伸倍数的影响见表 7-2-8。

$$E_{实} = \frac{G_{干粗纱} \times 10}{G_{干细纱}}$$

表 7-2-6　粗纱干定量参考范围

纺纱线密度(tex)	32 以上	20~30	9~19	9 以下
粗纱干定量(g/10m)	5.5~10.0	4.1~6.5	2.5~5.5	2.0~4.0

表 7-2-7　细纱机总牵伸倍数参考范围

纺纱线密度(tex)	32 以上	20~30	9~19	9 以下
双短胶圈牵伸倍数	10~20	15~30	22~40	30~50
长短胶圈牵伸倍数	12~25	15~35	22~45	30~60

表 7-2-8　纺纱条件对总牵伸倍数的影响

总牵伸倍数	纤维及其性质				粗纱性能			细纱工艺与机械			
	长度	线密度	长度均匀度	短绒	纤维伸直度、分离度	条干均匀度	捻系数	线密度	罗拉加压	前区控制能力	机械状态
可偏高	较长	较小	较好	较少	较好	较好	较高	较小	较重	较强	良好
可偏低	较短	较大	较差	较多	较差	较差	较低	较大	较轻	较弱	较差

第二步:计算机械牵伸倍数 $E_{机}$:

$$E_{机} = E_{实} \times 牵伸配合率$$

细纱机的总牵伸倍数是指前罗拉与后罗拉之间的牵伸倍数。

根据图 7-2-1 牵伸部分传动图求其总牵伸倍数。总牵伸倍数齿轮选择见表 7-2-9。

$$E_{机械} = \frac{28 \times Z_E \times 102 \times Z_K \times 80}{33 \times Z_D \times 28 \times Z_J \times 37 \times 32} = 7.727 \times \frac{Z_E \times Z_K}{Z_D \times Z_J}$$

表 7-2-9　总牵伸倍数齿轮选择

Z_K	Z_J	Z_E	Z_D	$i_总$	Z_K	Z_J	Z_E	Z_D	$i_总$
35	85	109	38	9.13	35	85	114	34	10.67
35	85	110	38	9.21	35	85	108	32	10.74
35	85	111	38	9.29	35	85	109	32	10.84
35	85	112	38	9.38	35	85	110	32	10.94
35	85	113	38	9.46	35	85	111	32	11.04
35	85	114	38	9.55	—	—	—	—	—
35	85	109	36	9.63	43	77	108	42	11.10
35	85	110	36	9.72	43	77	109	42	11.20
35	85	111	36	9.81	43	77	110	42	11.30
35	85	112	36	9.90	43	77	111	42	11.40
35	85	113	36	9.99	43	77	112	42	11.51
35	85	114	36	10.08	43	77	113	42	11.61
35	85	108	34	10.11	43	77	114	42	11.71
35	85	109	34	10.20	43	77	110	40	11.87
35	85	110	34	10.29	43	77	111	40	11.97
35	85	111	34	10.39	43	77	112	40	12.08
35	85	112	34	10.48	43	77	113	40	12.19
35	85	113	34	10.57	43	77	114	40	12.30
43	77	109	38	12.38	43	77	108	32	14.56
43	77	110	38	12.49	43	77	109	32	14.70
43	77	111	38	12.60	43	77	110	32	14.83
43	77	112	38	12.72	43	77	111	32	14.97
43	77	113	38	12.83	43	77	112	32	15.10
43	77	114	38	12.95	43	77	113	32	15.24
43	77	109	36	13.07	43	77	114	32	15.37
43	77	110	36	13.18	—	—	—	—	—
43	77	111	36	13.30	52	68	110	42	15.48
43	77	112	36	13.42	52	68	111	42	15.62
43	77	113	36	13.54	52	68	112	42	15.76
43	77	114	36	13.66	52	68	113	42	15.90
43	77	108	34	13.71	52	68	114	42	16.04
43	77	109	34	13.83	52	68	109	40	16.10
43	77	110	34	13.96	52	68	110	40	16.25
43	77	111	34	14.09	52	68	111	40	16.40

Z_K	Z_J	Z_E	Z_D	$i_总$	Z_K	Z_J	Z_E	Z_D	$i_总$
43	77	112	34	14.21	52	68	112	40	16.54
43	77	113	34	14.34	52	68	113	40	16.69
43	77	114	34	14.47	52	68	114	40	16.84
52	68	109	38	16.95	52	68	108	32	19.94
52	68	110	38	17.10	52	68	109	32	20.13
52	68	111	38	17.26	52	68	110	32	20.31
52	68	112	38	17.42	52	68	111	32	20.50
52	68	113	38	17.57	52	68	112	32	20.68
52	68	114	38	17.73	52	68	113	32	20.87
52	68	109	36	17.89	52	68	114	32	21.05
52	68	110	36	18.05	—	—	—	—	—
52	68	111	36	18.22	60	60	110	40	21.25
52	68	112	36	18.38	60	60	111	40	21.44
52	68	113	36	18.55	60	60	112	40	21.64
52	68	114	36	18.71	60	60	113	40	21.83
52	68	108	34	18.77	60	60	114	40	22.02
52	68	109	34	18.94	60	60	109	38	22.16
52	68	110	34	19.12	60	60	110	38	22.37
52	68	111	34	19.29	60	60	111	38	22.57
52	68	112	34	19.46	60	60	112	38	22.77
52	68	113	34	19.64	60	60	113	38	22.98
52	68	114	34	19.81	60	60	114	38	23.18
60	60	109	36	23.40	60	60	114	32	27.53
60	60	110	36	23.61	—	—	—	—	—
60	60	111	36	23.82	68	52	110	40	27.79
60	60	112	36	24.04	68	52	111	40	28.04
60	60	113	36	24.25	68	52	112	40	28.29
60	60	114	36	24.47	68	52	113	40	28.55
60	60	108	34	24.54	68	52	114	40	28.80
60	60	109	34	24.77	68	52	109	38	28.98
60	60	110	34	25.00	68	52	110	38	29.25
60	60	111	34	25.23	68	52	111	38	29.52
60	60	112	34	25.45	68	52	112	38	29.78
60	60	113	34	25.68	68	52	113	38	30.05

Z_K	Z_J	Z_E	Z_D	$i_总$	Z_K	Z_J	Z_E	Z_D	$i_总$
60	60	114	34	25.91	68	52	114	38	30.31
60	60	108	32	26.08	68	52	109	36	30.59
60	60	109	32	26.32	68	52	110	36	30.87
60	60	110	32	26.56	68	52	111	36	31.16
60	60	111	32	26.80	68	52	112	36	31.44
60	60	112	32	27.04	68	52	113	36	31.72
60	60	113	32	27.29	68	52	114	36	32.00
68	52	108	34	32.10	—	—	—	—	—
68	52	109	34	32.39	77	43	109	40	37.71
68	52	110	34	32.69	77	43	110	40	38.05
68	52	111	34	32.99	77	43	111	40	38.40
68	52	112	34	33.29	77	43	112	40	38.74
68	52	113	34	33.58	77	43	113	40	39.09
68	52	114	34	33.88	77	43	114	40	39.43
68	52	108	32	34.10	—	—	—	—	—
68	52	109	32	34.42	77	43	109	38	39.69
68	52	110	32	34.73	77	43	110	38	40.05
68	52	111	32	35.05	77	43	111	38	40.42
68	52	112	32	35.37	77	43	112	38	40.78
68	52	113	32	35.68	77	43	113	38	41.15
68	52	114	32	36.00	77	43	114	38	41.51
—	—	—	—	—	77	43	109	36	41.89
77	43	110	42	36.24	77	43	110	36	42.28
77	43	111	42	36.57	77	43	111	36	42.66
77	43	112	42	36.90	77	43	112	36	43.05
77	43	113	42	37.23	77	43	113	36	43.43
77	43	114	42	37.56	77	43	114	36	43.82
77	43	108	34	43.95	85	35	110	38	54.32
77	43	109	34	44.36	85	35	111	38	54.82
77	43	110	34	44.77	85	35	112	38	55.31
77	43	111	34	45.17	85	35	113	38	55.80
77	43	112	34	45.58	85	35	114	38	56.30
77	43	113	34	45.99	85	35	109	36	56.82
77	43	114	34	46.39	85	35	110	36	57.34

续表

Z_K	Z_J	Z_E	Z_D	$i_总$	Z_K	Z_J	Z_E	Z_D	$i_总$
77	43	108	32	46.70	85	35	111	36	57.86
77	43	109	32	47.13	85	35	112	36	58.38
77	43	110	32	47.56	85	35	113	36	58.90
77	43	111	32	48.00	85	35	114	36	59.42
77	43	112	32	48.43	85	35	108	34	59.61
77	43	113	32	48.86	85	35	109	34	60.16
77	43	114	32	49.29	85	35	110	34	60.71
—	—	—	—	—	85	35	111	34	61.26
85	35	111	42	49.59	85	35	112	34	61.82
85	35	112	42	50.04	85	35	113	34	62.37
85	35	113	42	50.49	85	35	114	34	62.92
85	35	114	42	50.94	85	35	108	32	63.33
85	35	109	40	51.14	85	35	109	32	63.92
85	35	110	40	51.61	85	35	110	32	64.51
85	35	111	40	52.07	85	35	111	32	65.09
85	35	112	40	52.54	85	35	112	32	65.68
85	35	113	40	53.01	85	35	113	32	66.27
85	35	114	40	53.48	85	35	114	32	66.85
85	35	109	38	53.83	—	—	—	—	—
92	28	111	42	67.10	92	28	111	36	78.28
92	28	112	42	67.70	92	28	112	36	78.99
92	28	113	42	68.31	92	28	113	36	79.69
92	28	114	42	68.91	92	28	114	36	80.40
92	28	109	40	69.18	92	28	108	34	80.65
92	28	110	40	69.82	92	28	109	34	81.39
92	28	111	40	70.45	92	28	110	34	82.14
92	28	112	40	71.09	92	28	111	34	82.89
92	28	113	40	71.72	92	28	112	34	83.63
92	28	114	40	72.36	92	28	113	34	84.38
92	28	109	38	72.83	92	28	114	34	85.13
92	28	110	38	73.49	92	28	108	32	85.69
92	28	111	38	74.16	92	28	109	32	86.48
92	28	112	38	74.83	92	28	110	32	87.27
92	28	113	38	75.50	92	28	111	32	88.07

Z_K	Z_J	Z_E	Z_D	$i_总$	Z_K	Z_J	Z_E	Z_D	$i_总$
92	28	114	38	76.17	92	28	112	32	88.86
92	28	108	36	76.17	92	28	113	32	89.65
92	28	109	36	76.87	92	28	114	32	90.45
92	28	110	36	77.58	—	—	—	—	—
92	28	111	42	67.10	92	28	111	36	78.28
92	28	112	42	67.70	92	28	112	36	78.99
92	28	113	42	68.31	92	28	113	36	79.69
92	28	114	42	68.91	92	28	114	36	80.40
92	28	109	40	69.18	92	28	108	34	80.65
92	28	110	40	69.82	92	28	109	34	81.39
92	28	111	40	70.45	92	28	110	34	82.14
92	28	112	40	71.09	92	28	111	34	82.89
92	28	113	40	71.72	92	28	112	34	83.63
92	28	114	40	72.36	92	28	113	34	84.38
92	28	109	38	72.83	92	28	114	34	85.13
92	28	110	38	73.49	92	28	108	32	85.69
92	28	111	38	74.16	92	28	109	32	86.48
92	28	112	38	74.83	92	28	110	32	87.27
92	28	113	38	75.50	92	28	111	32	88.07
92	28	114	38	76.17	92	28	112	32	88.86
92	28	108	36	76.17	92	28	113	32	89.65
92	28	109	36	76.87	92	28	114	32	90.45
92	28	110	36	77.58	—	—	—	—	—
96	24	112	38	91.10	96	24	111	34	100.91
96	24	113	38	91.91	96	24	112	34	101.81
96	24	114	38	92.72	96	24	113	34	102.72
96	24	109	36	93.58	96	24	114	34	103.63
96	24	110	36	94.44	96	24	108	32	104.31
96	24	111	36	95.30	96	24	109	32	105.28
96	24	112	36	96.16	96	24	110	32	106.25
96	24	113	36	97.02	96	24	111	32	107.21
96	24	114	36	97.88	96	24	112	32	108.18
96	24	108	34	98.18	96	24	113	32	109.14
96	24	109	34	99.09	96	24	114	32	110.11
96	24	110	34	100.00	—	—	—	—	—

第三步:计算后区牵伸倍数,Z_H、Z_M 为后区牵伸变换牙。结合表7-2-10,计算中罗拉和后罗拉间的牵伸倍数。

表 7-2-10　后牵伸区工艺参数

工艺类型	机织纱工艺	针织纱工艺
后区牵伸倍数	1.20~1.40	1.04~1.30
粗纱捻系数	90~105	105~120

罗拉直径为 27mm×27mm×27mm 时的后区牵伸倍数为:

$$i_{后} = \frac{28}{33} \times \frac{80}{64} \times \frac{Z_M}{Z_H} = 1.0606 \times \frac{Z_M}{Z_H}$$

此时后区牵伸齿轮对照表见表7-2-11。

表 7-2-11　后区牵伸齿轮对照表(罗拉直径为 27mm×27mm×27mm)

$i_{后}$		Z_M					
		28	29	30	31	32	33
Z_H	28	1.061	1.098	1.136	1.174	1.212	1.25
	23	1.291	1.337	1.383	1.43	1.476	1.52

罗拉直径为 27mm×30mm×27mm 时的后区牵伸倍数为:

$$i_{后} = \frac{28}{33} \times \frac{80}{64} \times \frac{Z_M}{Z_H} \times \frac{30}{27} = 1.1784 \times \frac{Z_M}{Z_H}$$

此时后区牵伸齿轮对照表见表7-2-12。

表 7-2-12　后区牵伸齿轮对照表(罗拉直径为 27mm×30mm×27mm)

$i_{后}$		Z_M						
		26	27	28	29	30	31	32
Z_H	28	1.094	1.136	1.178	1.22	1.263	1.305	1.347
	23	—	1.383	1.435	1.486	1.537	1.588	—

$$e_{中罗拉-前罗拉} = \frac{总牵伸倍数}{后区牵伸倍数}$$

牵伸变换齿轮见表7-2-13。注意:变换工艺时,车头车尾同时变换,并且要求一致。

表 7-2-13　F1572/JWF1572JM 系列细纱机交换齿轮表

齿轮	件号	齿数(齿)	件数	齿轮	件号	齿数(齿)	件数
Z_A(左旋)($m=2$)	JWF1572-0410	29	1(用户选购)	Z_B(右旋)($m=2$)	JWF1572-0430	74	2(用户选购)
	JWF1572-0413	39	1		JWF1572-0437	64	2
	JWF1572-0411	48	2(其中1件装车上)		JWF1572-0431	55	2(装车上)

续表

齿轮	件号	齿数（齿）	件数	齿轮	件号	齿数（齿）	件数
Z_D（左旋）（$m=2$）		42	2（装车上）	Z_E（右旋）（$m=2$）		108	2（装车上）
		40	2			109	2
		38	2			110	2
		36	2			111	2
		34	2			112	2
		32	2			113	2
						114	2
Z_J（左旋）（$m=2$）		60	2	Z_K（右旋）（$m=2$）		60	2
		52	2			68	2
		43	2（装车上）			77	2（装车上）
		35	2			85	2
		28	2（用户选购）			92	2（用户选购）
		24	2（用户选购）			96	2（用户选购）
Z_M（左旋）（$m=2$）		26	4（罗拉 27×30×27 供）	Z_H（右旋）（$m=2$）	JWF1562-0502	23	4（装车上）
		27	4（罗拉 27×30×27 供）		JWF1562-0503	28	4
		28	4				
		29	4（装车上）				
		30	4				
		31	4				
		32	4				
		33	4（罗拉 27×27×27 供）				

需要注意的是 JWF1572E、JWF1572EJM 系列仅供 Z_M、Z_H 变换齿轮。

（二）锭速

锭子转速为：

$$n_d = 1460 \times \frac{250.6}{D_4 + 0.6} \times \frac{D_1 + 3}{218} \times \frac{运行频率}{50}$$

JWF1572 系列细纱机根据锭子配置不同的电动机皮带盘（默认配置），用户根据配置屏幕中设定皮带盘大小，见表 7-1-14。

表 7-2-14 电动机皮带盘直径

锭盘直径 D_4（mm）	锭子类型	皮带盘直径 D_1（mm）
大于或等于 20 且小于 23	普通锭子	195
小于 20	普通锭子	180

锭盘直径 D_4(mm)	锭子类型	皮带盘直径 D_1(mm)
大于或等于24	普通锭子	180
大于或等于18.5	高速锭子	195

$N_{电动机} = 1460$r/min；$D_2 = 215$mm；皮带厚 $\delta = 3$mm；$D_3 = 250$mm；$\delta = 0.6$mm 配置同步带轮时，$D_1 = 73$，$D_2 = 80$。不同运行频率时的锭速见表7-2-15。

表7-2-15 不同运行频率时的锭速

频率(Hz)	锭速(r/min)			
	普通锭子 锭盘直径 19mm	普通锭子 锭盘直径 20.5mm	普通锭子 锭盘直径 24mm	高速锭子 锭盘直径 19mm
35	10969	11024	8859	11868
40	12536	12599	10125	13564
45	14103	14174	11391	15259
50	15670	15749	12656	16955
55	17237	17324	13922	18650
56	17551	17639	—	18989
57	17864	—	—	19328
58	18177	—	—	19667
60	18803	—	—	20345

说明：当锭盘直径 $D_4 \neq 19$mm 或 20.5mm 或 24mm 时，用户自行按公式计算；不同纺纱线密度的参考范围见表7-2-16。

表7-2-16 不同纺纱线密度的参考范围

纺纱线密度(tex)	粗特纱(≥32)	中特纱(21~32)	细特纱(11~20) 特细特纱(≤10)
锭速(r/min)	10000~17000	14000~19000	14300~19500

(三)捻度

JWF1572型细纱机采用电子加捻，根据所纺纱线品种，计算出罗拉最高转速，按表7-2-16配置好捻度齿轮，在屏幕中输入相应的参数，设定捻度即可。捻向设置为 Z 捻。捻度变换齿轮见表7-2-17，影响捻系数的因素见表7-2-18，常用细纱品种捻系数参考范围见表7-2-19。

表 7-2-17　捻度变换齿轮

JWF1572 机型				
纺纱参数		工艺齿轮		捻度/捻系数
纺纱英制支数（参考）	罗拉最高转速（r/min）	Z_A	Z_B	
≤32	260～330	55	48	
≤80	175～285	48	55	
70～120	110～200	39	64	
≥90	55～125	29	74	

表 7-2-18　影响捻系数的因素

细纱捻系数	原料性能			细纱线密度	细纱类别			细纱品质			细纱产品	细纱机用电
	长度	线密度	强力					强力	弹性	手感		
略大	短	大	小	小	普梳	经纱	汗布纱	高	好	清爽	低	高
略小	长	小	大	大	精梳	纬纱	棉毛纱	低	差	柔软	高	低

表 7-2-19　常用细纱品种捻系数参考范围

棉纱品种	线密度（tex）	经纱捻系数	纬纱捻系数
普梳织布用纱	8.4～11.6	340～400	310～360
	11.7～30.7	300～390	300～350
	32.4～194	320～380	290～340
精梳织布用纱	4.0～5.3	340～400	310～360
	5.3～16	330～390	300～350
	16.2～36.4	320～380	290～340
普梳针织、起绒用纱	10～9.7	不大于 330	
	32.8～83.3	不大于 310	
	98～197	不大于 310	
精梳针织、起绒用纱	13.7～36	不大于 310	

根据细纱线密度 Tt 与捻系数 α 的关系公式计算细纱捻度 $T_{t估}$：

$$T_{t估} = \frac{\alpha}{\sqrt{Tt}}$$

$$捻缩率（\%） = \frac{前罗拉须条输出长度-加捻成纱长度}{前罗拉输出须条长度} \times 100\%$$

捻缩率与捻系数的关系比例见表 7-2-20。

表 7-2-20　捻缩率与捻系数的关系比例

捻系数	285	295	304	309	314	323	333	342	352	357	361	371
捻缩率（%）	1.84	1.87	1.90	1.92	1.94	2.00	2.08	2.16	2.26	2.31	2.37	2.49
捻系数	380	390	399	404	409	418	428	437	447	451	450	466
捻缩率（%）	2.61	2.74	2.90	2.98	3.08	3.17	3.54	3.96	4.55	4.90	5.04	6.70

(四) 钢领板级升距和级升轮

钢领板每升降一次,级升轮 Z_n(也称成形轮或撑头牙)间歇地被撑过几齿,钢领板卷绕轮也间歇地卷取链条,使钢领产生一次级升距 m_2。级升距 m_2 与级升轮齿数 Z_n 之间的关系如下:

$$\frac{Z_n}{n} = \frac{10.9956}{m_2}$$

式中: Z_n——级升轮齿数,有 43 齿、45 齿、48 齿、50 齿、55 齿、60 齿、65 齿、70 齿、72 齿、75 齿、80 齿数种;

n——级升轮每次被撑过的齿数,一般 n 等于 1~3。

(五) 钢领与钢丝圈

1. 平面钢领与钢丝圈型号的选配

平面钢领与钢丝圈型号的选配见表 7-2-21。

表 7-2-21　平面钢领与钢丝圈型号的选配

钢领		钢丝圈		适纺品种线密度 (tex)
型号	边宽(mm)	型号	线速度(m/s)	
PG1/2	2.6	CO	36	18~31 棉纱
		OSS	36	5.8~19.4 棉纱
		RSS、BR	38	9.7~19.4 棉纱
		W261、WSS、7169、7506	38	9.7~19.4 棉纱
		2.6Elf	40	15 以下棉纱
PG1	3.2	6802	37	19.4~48.6 棉纱
		6903、7201、9803	38	11~30 棉纱
		FO	36	18.2~41.6 棉纱
		BFO	37	13~29 棉纱
		FU、W321	38	13~29 棉纱
		BU	38	13~29 棉纱
		3.2Elge	42	13~29 棉纱、涤/棉纱、腈纶纱
PG2	4.0	G、O、GO、W401	32	32
NY-4521		52	40~44	13~29 棉纱

2. 锥面钢领与钢丝圈型号的选配

锥面钢领与钢丝圈型号的选配见表 7-2-22。

表 7-2-22 锥面钢领与钢丝圈型号的选配

钢领		钢丝圈		适纺品种线密度(tex)
型号	边宽(mm)	型号	线速度(m/s)	
ZM-6	2.6	ZB	38~40	21~30 棉纱
		ZB-8	40~44	14~18 棉纱
ZM-20	2.6	ZBZ	40~44	28~39 棉纱

3. 钢丝圈号数的选择

纯棉纱钢丝圈号数的选用范围见表 7-2-23。

表 7-2-23 纯棉纱钢丝圈号数的选用范围

钢领型号	线密度(tex)	钢丝圈号数	钢领型号	线密度(tex)	钢丝圈号数
PG1/2	7.5	16/0~18/0	PG1	21	6/0~9/0
	10	12/0~15/0		24	4/0~7/0
	14	9/0~12/0		25	3/0~6/0
	15	8/0~11/0		28	2/0~5/0
	16	6/0~10/0		29	1/0~4/0
	18	5/0~7/0	PG2	32	2~2/0
	19	4/0~6/0		36	2~4
PG1	16	10/0~14/0		48	4~8
	18	8/0~11/0		58	6~10
	19	7/0~11/0		96	16~20

4. 钢丝圈轻重的掌握

钢丝圈轻重的掌握见表 7-2-24。细纱机卷绕部分其他参数见表 7-2-25。

表 7-2-24 钢丝圈轻重的掌握

纺纱条件变化因素	钢领走熟	钢领衰退	钢领直径减少	升降动程增大	单纱强力增高
钢丝圈重量	加重	加重	加重	加重	可偏重

表 7-2-25 细纱机卷绕部分其他参数

钢领直径 D(mm)	45	42	38	35	32
管纱直径 d_m(mm)	42	39	35	32	29
筒管直径 d_o(mm)	18	18	18	18	13
成形半锥角 $(\gamma/2)$(°)	14.62	12.86	10.47	8.65	9.87
钢领板动程 h(mm)	46	46	46	46	46

（六）相关隔距及罗拉加压

1. 罗拉中心距

（1）前牵伸区罗拉中心距。前牵伸区罗拉中心距与浮游区长度见表7-2-26。

表7-2-26　前牵伸区罗拉中心距与浮游区长度

牵伸形式	线密度（tex）	上销（胶圈架）长度（mm）	前区罗拉中心距（mm）	浮游区长度（mm）
双短胶圈	棉，31以上	25	36~39	11~14
	棉，31以上	29	40~43	11~14
长短胶圈	棉	33	43~47	11~14

（2）后牵伸区罗拉中心距。后牵伸区罗拉中心距的参考范围见表7-2-27。

表7-2-27　后牵伸区罗拉中心距的参考范围

工艺类型	机织纱工艺	针织纱工艺
后区牵伸范围（倍）	1.20~1.40	1.04~1.30
后区罗拉中心距（mm）	44~56	48~60

2. 胶圈钳口隔距

胶圈钳口隔距参考范围见表7-2-28。纺纱条件对胶圈钳口隔距的影响见表7-2-29。

表7-2-28　胶圈钳口隔距参考范围

线密度（tex）	双短胶圈固定钳口		长短胶圈弹性钳口	
	机织纱工艺	针织纱工艺	机织纱工艺	针织纱工艺
<9	2.5~3.5	3.0~4.0	2.0~2.6	2.0~3.0
9~19	3.0~4.0	3.2~4.2	2.3~3.2	2.5~3.5
20~30	3.5~4.4	4.0~4.6	2.8~3.8	3.0~4.0
>32	4.0~5.2	4.4~5.5	3.2~4.2	3.5~4.5

注　在条件许可下，采用较小的上下销钳口隔距，有利于改善成纱质量。

表7-2-29　纺纱条件对胶圈钳口隔距的影响

钳口隔距	纤维性质	粗纱定量	细纱工艺					
			捻系数	线密度	后牵伸倍数	胶圈钳口形式	罗拉加压	胶圈厚度
宜偏大	细、长	较重	较大	较大	较小	固定钳口	较轻	较厚
宜偏小	粗、短	较轻	较小	较小	较大	弹性钳口	较重	较薄

3. 罗拉加压

罗拉加压参考范围见表7-2-30。

表 7-2-30 罗拉加压参考范围

牵伸形式	牵伸形式	前罗拉加压 (N/双锭)	中罗拉加压 (N/双锭)
棉	双短胶圈牵伸	100~150	60~80
	长短胶圈牵伸	100~150	80~100
棉型化纤	长短胶圈牵伸	140~180	100~140
中长化纤	长短胶圈牵伸	140~220	100~180

4. 前区集合器

前区集合器口径见表7-2-31。

表 7-2-31 前区集合器口径

细纱线密度(tex)	9 以下	9~19	20~30	32 以上
前区集合器开口(mm)	1.0~1.5	1.5~2.0	2.0~2.5	2.5~3.0

(七)产量

细纱产量以 1000 枚锭子 1h 生产的细纱量(kg)来表示。

(1)理论产量 G_1 [kg/(千锭·h)]。

$$G_1 = \pi d_{前} n_f \times 60 \times Tt \times 10^{-9} \times (1 - 捻缩率)$$

或

$$G_1 = \frac{n_d \times 60 \times Tt \times (1 - 捻缩率)}{T_t \times 10 \times 1000 \times 1000}$$

式中:$d_{前}$——前罗拉直径,mm;

n_f——前罗拉转速,r/min;

n_d——锭子转速,r/min;

T_t——细纱捻度,捻/10cm;

Tt——细纱线密度,tex。

说明:根据细纱产量进行计算时,先计算锭时产量[kg/(丁锭·h)],再根据每台细纱机的锭数计算台时产量[kg/(台·h)],对细纱单产水平进行比较时,则计算千锭时产量[kg/(千锭·h)]。

(2)定额产量 G_2[kg/(千锭·h)]。

$$G_2 = G_1 \times 时间效率$$

在正常条件下,细纱工序的时间效率一般为95%~97%。

(3)实际产量 G_3[kg/(千锭·h)]。

$$G_3 = G_2 \times (1 - 计划停台率)$$

在正常条件下,细纱机计划停台率一般为3%左右。

技能训练

以 C28tex 纱为例。

[案例]纯棉 **16tex** 机织纱
细纱工艺设计

一、目标

(1)设计细纱机的主要部件的速度、牵伸、喂入粗纱定量、捻度、成形等工艺。

(2)根据设计工艺计算相关工艺参数。

(3)按照工艺设计表上机。

二、器材或装置

JWF1572 型细纱机,各类专用工具。

三、步骤

(1)根据所纺品种进行工艺设计。

(2)工艺计算,完成工艺单。

(3)工艺上机(隔距、齿轮等)。

四、考核标准

考核标准表

考核项目	评分标准	配分	扣分	得分
工艺设计	1. 设计合理 2. 分析设计原则	30		
工艺计算	数据正确且合理	20		
工艺上机	1. 隔距校正准确规范 2. 齿轮上机规范	50		
合计		100		

课后习题

任务三　细纱质量控制

工作任务单

序号	任务名称	任务目标
1	细纱条干不匀	学会分析细纱不匀的产生原因、检测方法与控制方法
2	疵品产生原因以及预防方法	学会分析疵品产生原因,能够预防处理细纱疵品
3	降低细纱的断头率	了解细纱的实质,学会分析断头的原因、处理细纱断头

知识准备

细纱质量指标可参照棉本色纱线标准 GB/T 398—2018,色纺纱线检验标准 FZ/T 10021—2013,再生涤纶与棉混纺色纺纱标准 FZ/T 12043—2013。

一、细纱条干不匀

(一)牵伸不匀(牵伸波)——较短片段的不匀

由于牵伸装置对纤维(尤其是浮游纤维)的运动控制不良而产生移距偏差造成。牵伸波均表现为短片段不匀,是造成细纱条干不匀的主要因素。

1. 产生牵伸不匀的原因

(1)机械因素。

①罗拉偏心、弯曲或磨损。

②胶辊硬度不均匀或表面损伤。

③牵伸齿轮间隙过大或啮合不良。

(2)工艺因素。

①牵伸工艺参数选择不合理(包括牵伸倍数及牵伸分配、罗拉加压、喂入粗纱捻系数等工艺参数),就必然会恶化产品的均匀度。

②摩擦力界布置不合理或不稳定。

③罗拉隔距不当。

④胶辊压力不均匀。

(3)原料因素。

①纤维长度、细度、摩擦系数差异较大。

②纤维排列混乱,短纤维含量过高。

③喂入粗纱结构不匀。

(4)环境因素。

①车间温湿度变化导致纤维性能波动。

②静电积累影响纤维运动。

2. 细纱条干不匀的影响

(1)纱线条干不匀会影响纱线的强度、外观和手感。

(2)严重的牵伸不匀会导致断头率增加,影响生产效率。

(3)对后续织造、染色等工序产生负面影响。

3. 牵伸不匀的检测与评价方法

(1)检测方法。

①离线检测。

切断称重法:将纱线切成一定长度,称重后计算不匀率。

电容式条干均匀度仪:通过电容变化检测纱线条干不匀。

乌斯特条干仪:广泛应用于纱线质量检测,可生成波谱图。

②在线检测。

传感器技术:利用光电传感器、超声波传感器等实时监测纱线条干。

机器视觉技术:通过摄像头捕捉纱线图像,分析其直径变化。

(2)评价指标。

①重量不匀率 CV:反映纱线单位长度内的重量波动。

②条干均匀度 U:衡量纱线条干的均匀程度。

③波谱图分析:通过频谱分析找出周期性不匀的成因。

④常发性疵点:如粗节、细节、棉结等。

4. 牵伸不匀的控制与改善措施

(1)机械方面的改进。

①定期检查罗拉、胶辊和齿轮的状态,及时更换磨损部件。

②采用高精度加工技术,确保罗拉和胶辊的同心度。

(2)工艺参数的优化。

①根据纤维特性合理设置牵伸倍数和罗拉隔距。

②调整胶辊压力,确保纤维握持力均匀。

③原料质量控制。

④严格控制纤维长度、细度和短纤维含量。

⑤对原料进行预处理,减少纤维排列混乱。

(3)环境控制。

①保持车间温湿度稳定,减少纤维性能波动。

②使用抗静电剂,减少静电积累。

5. 智能细纱机在牵伸不匀控制中的优势

(1)在线监测与反馈控制。

①实时监测。智能细纱机配备传感器和数据处理系统,可实时监测牵伸区的纤维运动和纱

线条干。

②反馈控制。根据监测结果自动调整罗拉速度、隔距和胶辊压力,优化牵伸工艺。

(2)人工智能算法的应用。

①工艺参数优化。利用机器学习算法分析历史数据,预测最佳牵伸倍数、罗拉隔距等参数。

②异常预警。通过大数据分析,提前发现可能导致牵伸不匀的异常情况。

(3)新型牵伸元件的研发。

①高精度罗拉。采用高硬度、耐磨材料,减少罗拉偏心。

②智能胶辊。表面涂层技术改善摩擦性能,适应不同纤维特性。

③磁性牵伸系统。利用磁力控制纤维运动,减少机械振动。

(二)机械不匀(机械波)

智能细纱机机械不匀是指由于机械因素导致的纱线线密度、强力、伸长等性能的周期性或非周期性波动。研究智能细纱机机械不匀可以提高纱线质量、降低生产成本、提升产品竞争力。

1. 机械不匀类型及成因

(1)周期性不匀。造成纱线不匀呈现周期性变化的原因有:罗拉偏心、弯曲导致牵伸倍数周期性变化;胶辊表面不平整、硬度不均等,导致握持力波动;齿轮磨损、啮合不良导致传动系统速度波动;锭子振动导致纱线张力波动等。

(2)非周期性不匀。造成纱线不匀无固定周期,随机出现的原因有:飞花、杂质等干扰牵伸过程;胶辊老化、表面损伤,导致握持力不稳定;温湿度变化影响纤维性能和机械状态;操作不当,如接头不良、清洁不及时等。

2. 机械不匀检测与分析

(1)检测方法。

①电容式条干仪。检测纱线条干不匀率,分析波长谱图。

②光电式条干仪。检测纱线条干不匀率,分析波长谱图。

③纱线强力仪。检测纱线强力、伸长等指标,分析不匀情况。

(2)分析方法。

①波长谱图分析。识别周期性不匀的波长,判断其成因。

②统计分析方法。分析不匀率、CV 值等指标,评估纱线质量。

③故障树分析。分析机械不匀的可能原因,进行故障诊断。

3. 智能细纱机在机械不匀控制中的优势

①在线监测。实时监测纱线质量,及时发现机械不匀。

②智能诊断。利用人工智能技术,分析机械不匀成因,提供解决方案。

③自动调节。根据监测结果,自动调整工艺参数,优化纱线质量。

(三)改善细纱不匀的途径和措施

细纱的不匀是由多方面因素造成的。改进牵伸装置的设计、提高对纤维运动的控制能力,减少牵伸波;加强设备管理,保证机器处于良好的运行状态,减少机械波;加强原料的混合、开松、除杂、梳理、合理控制各工序半制品的定量和提高半制品的质量等措施,都是提高成纱均匀度的根本途径。

(1) 合理选择工艺参数。罗拉隔距、喂入粗纱的定量、牵伸型式均应与局部牵伸倍数相适应。罗拉加压应稳定、均匀，以确保稳定的牵伸效率。

(2) 合理布置摩擦力界。适当地调节牵伸罗拉隔距、适当前移或后移胶辊，可改变摩擦力界的分布，改善对纤维的控制状态。

(3) 加强对集合器的使用和管理工作。

(4) 严格控制定量，提高半制品质量。

(5) 加强机械维修保养工作。

二、疵品产生原因以及处理方法

实际生产过程中，往往由于机械状态不良及操作管理不严而产生疵品纱，具体疵品产生原因及处理方法见表 7-3-1。

表 7-3-1 细纱工序疵品产生原因以及预防方法

疵点名称	产生原因	处理方法
紧捻纱	1. 双根粗纱喂入或捻度过多的粗纱	巡回时注意检查粗纱质量，发现过粗的粗纱时拉去
	2. 接头时右手拉纱条左手剥胶辊花，由于锭子高速回转造成一段紧捻	接头时动作要快。禁止一手接头，另一手撕花
	3. 用错粗纱	换粗纱时注意不要换错粗纱
	4. 粗纱缠后罗拉	用钩刀钩去
	5. 换粗纱搭头	按操作法不要搭头
	6. 粗纱未穿过喇叭口	检查是否穿过
	7. 铁辊缺油	注意胶辊运行状态，及时换掉缺油胶辊或坏胶辊
弱捻纱	1. 粗纱不良	在巡回中注意粗纱质量，拉去有质量问题的粗纱
	2. 锭子刹车胶凹入	通知保全更换
	3. 锭子晃动	通知保全更换
	4. 龙带张力轮故障	通知保全更换
	5. 工艺齿轮用错	测试合格才能开机
	6. 钢丝圈偏轻	及时更换
毛羽纱	1. 钢丝圈过轻	及时更换
	2. 断头后飘附邻纱	保证吸棉管吸力正常
	3. 钢领衰退，钢领和钢丝圈配合不当	报告班长
	4. 相对湿度过低	报告班长
	5. 剥胶辊花时白花附入	小心处理白花，严防附入纱条
	6. 歪锭子	及时找保全维修
	7. 钢丝圈起槽	个别的更换，数量多则报告班长

续表

疵点名称	产生原因	处理方法
粗节纱	1. 清洁工作不良	做好清洁工作
	2. 胶辊两端以及小铁辊两端不清洁	保持胶辊两端清洁
	3. 喇叭口堵塞,产生意外牵伸	巡回中及时清除粗纱疵点,以及喇叭口积花
	4. 上下胶圈积花	及时做好胶圈清洁
	5. 锭子缠有飞丝未清除回转不良	及时清除锭子上的回丝
	6. 粗纱交叉喂入或换粗纱搭头	按标准换纱,禁止粗纱搭头纺纱
	7. 接头不良	提高接头水平
	8. 粗纱条干不匀	改善粗纱质量(前纺)
	9. 胶圈表面有凹凸	检查胶圈运转情况
	10. 胶圈厚薄软硬不一、回转打盹	及时检查处理
	11. 胶辊歪斜加压不良	及时报告
油污纱	1. 粗纱有灰花或油花	拉去有油污的粗纱
	2. 清机时飞花附入纱条	做清洁时防止飞花附入
	3. 牵伸部分不清洁飞花附入	注意牵伸部分清洁
	4. 用油污手接头	不允许
	5. 钢领上涂油	用抹布抹干净
	6. 纱管掉地碰到油污造成油污纱	纱管不要掉在地上
冒头纱	1. 自动落纱开关失灵	找电工维修
	2. 拔纱时用力过大将纱拔毛	用力适当
	3. 同台筒管高低不平	及时报告情况
	4. 钢领板高低不平	及时报告情况
冒脚纱	1. 落纱后起纺位置过低	及时报告
	2. 落纱后违章摇低纱脚	不允许
错支	错粗纱、前纺错条子	增强质量意识

三、降低细纱的断头率

细纱断头的实质是纱线某处强力小于张力。降低细纱断头的主攻方向是稳定纱线张力和提高纺纱强力。

(一)细纱断头率

细纱断头率是衡量细纱机生产效率和质量的重要指标,是以一千个锭子每小时的断头根数来表示的,细纱千锭时断头标准为,纯棉纱 50 根(8tex 以下 70 根),涤/棉(65/35)混纺纱 30 根。生产车间各机台的断头水平一般用细纱断头合格率,即以实测的千锭时断头合格台数占实测总台数的百分率来考核的。

(二)细纱断头的分类与断头规律

1. 成纱前断头

成纱前断头是指纱条在输出前罗拉之前的断头,发生在喂入部分和牵伸部分。

2. 成纱后断头

成纱后断头是指纱条从前罗拉输出后至筒管间这段纱条在加捻卷绕过程中发生的断头。

在正常条件下成纱前的断头较少,生产中主要是成纱后断头。成纱后断头的规律如下:

(1)一落纱中细纱继头的分布是:小纱最多,大纱次之,中纱最少,其比例为 5:3:2。

(2)成纱后断头多发生在纺纱段,钢领与钢丝圈段较少,气圈段极少。成纱后断头部位较多发生在纺纱段(称为上部断头),在钢丝圈至筒管间断头(称为下部断头)出现较少,但当钢领与钢丝圈配合不当时,会引起钢丝圈的振动、楔住、磨损、烧毁、飞圈等,使下部断头有所增加。断头发生在气圈部分的机会是很少的。

(3)正常生产中绝大部锭子不出现断头,个别锭子出现重复断头。

(4)锭速增大,断头率增大。

(三)细纱断头的成因分析

1. 原料因素

①纤维性能。纤维长度、强度、成熟度等影响纱线强力。

②纤维清洁度。杂质、短绒等影响纺纱过程。

2. 设备因素

①牵伸系统。罗拉偏心、胶辊缺陷等导致牵伸不匀,增加断头风险。

②加捻卷绕系统。锭子振动、钢领钢丝圈配合不良等导致纱线张力波动,增加断头风险。

③清洁系统。清洁不良导致飞花、杂质积聚,影响纺纱过程。

3. 工艺因素

①牵伸倍数。牵伸倍数过大或过小都会增加断头风险。

②捻度。捻度过大或过小影响纱线强力。

③车速。车速过高增加断头风险。

4. 环境因素

①温湿度。温湿度过高或过低影响纤维性能和纺纱过程。

②空气质量。粉尘、飞花等影响纺纱环境。

5. 操作因素

①操作技能。操作不当增加断头风险。

②清洁维护。清洁维护不及时影响设备状态。

（四）智能细纱机在降低细纱断头率上的优势

1. 在线监测与智能诊断

①实时监测。实时监测纱线张力、断头位置等参数，及时发现异常。

②智能诊断。利用人工智能技术，分析断头原因，提供解决方案。

2. 自动调节与优化控制

①自动调节。根据监测结果，自动调整工艺参数，优化纺纱过程。稳定气圈形态，减少细纱断头；稳定纺纱张力，减少降低断头；增大纺纱段强力，减少细纱断头。

②优化控制。采用先进控制算法，提高设备运行稳定性。

3. 新型纺纱技术与装置

①紧密纺技术。减少毛羽，提高纱线强力。

②赛络纺技术。改善纱线结构，提高纱线均匀度。

③自动接头装置。提高接头效率和质量。

4. 设备维护与管理

①预防性维护。定期检查、保养设备，及时更换易损件。

②状态监测。实时监测设备运行状态，及时发现潜在故障。

③信息化管理。建立设备管理信息系统，提高管理效率。

④常规管理。加强日常管理工作，降低断头。

技能训练

以 C28tex 纱为例。

一、目标

（1）测试细纱的质量指标、细纱的断头率。

（2）分析质量指标。

（3）根据数据分析判断质量状况是否正常，并给出相应的措施。

二、器材或装置

自动支数秤、单纱强力机，乌斯特条干仪（或萨氏条干仪），纱线毛羽测试仪、黑板条干仪、纱线捻度测试仪等。

三、步骤

（1）做各项指标实验。

（2）分析实验数据。

（3）作出判断。

四、考核标准

考核标准表

考核项目	评分标准	配分	扣分	得分
细纱试验	1. 方法得当 2. 结果正确	50		
分析	分析有理有据	30		
做出判断	1. 根据分析做出质量情况判断 2. 影响产品质量的原因	20		
合计		100		

课后习题

任务四　细纱基本操作

工作任务单

序号	任务名称	任务目标
1	细纱挡车巡回练习	掌握巡回原则和巡回路线,确定有序巡回
2	细纱单项操作练习	熟练掌握细纱接头、换粗纱、落纱以及清洁操作

知识准备

一、细纱巡回工作

(1)采用单面巡回和双面照顾的方法,按一定规律看管车道,同时照顾2台车两面的断头等工作。看管3条车道及以下的巡回路线如图7-4-1所示,第二个巡回反方向走。看管4条车道的巡回路线如图7-4-2所示;看管5条车道的巡回路线如图7-4-3所示,第二个巡回反方向走;看管6条、7条、8条车道……依此类推。

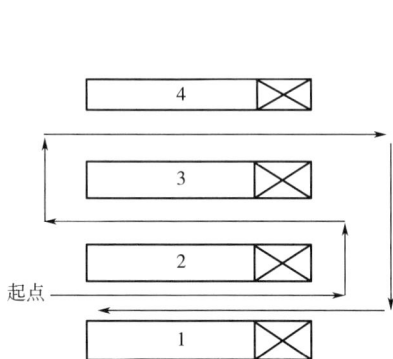

图 7-4-1　看管 3 条车道及以下的巡回路线图

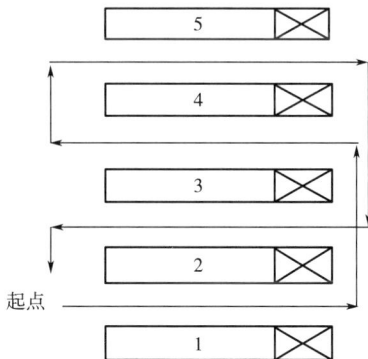

图 7-4-2　看管 4 条车道的巡回路线图

(2)遇邻车正在落纱和小纱断头过多时,可以进行一次反巡回。

(3)巡回中一般不后退。但遇紧急情况(如飘头、缠罗拉、胶辊等)可退回处理。

(4)执行巡回"五看"。进车弄全面看,看清车弄两面的断头情况;出车弄时回头看,看清断头情况;跨机弄顺带看,发现飘花立即进行处理;车弄中分段看;清洁、接头周围看。

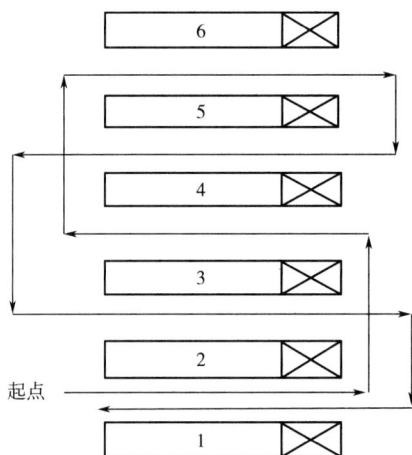

图 7-4-3 看管 5 条车道的巡回路线

二、细纱单项操作

1. 生头

①将棉条从条筒中引出,穿过喂入喇叭、导条辊等,进入牵伸机构。

②将须条引入加捻卷绕机构,通过接头将纱线缠绕在纱管上。

③启动加捻卷绕机构,进行生头操作。

2. 接头

(1)接头符合以下操作规范。一好:质量好;一稳:插管稳;二准:接头准和掐头长度准;二短:引纱短、提纱短;三结合:插管、绕导纱钩、掐头交叉结合;四快:拔管快、找头快、挂钢丝圈快、绕导纱钩快。

(2)接头操作示意见表 7-4-1。

表 7-4-1 接头操作示意

序号	名称		简图	说明
1	拔管	小管		左手拇、食、中三指为主,握住纱管的中上部向上拔 操作时先垂直,后偏左倾斜,避免顶翻叶子板
		大管		左手拇、食、中三指握持纱管,向上拔。同时右手拇指与四指将纱管托起 操作时先垂直,后偏左倾斜,避免顶翻叶子板

续表

序号	名称		简图	说明
2	寻头			左手拿纱管,右手拇、食两指寻找纱头,将纱头边加捻,边引出拉长
3	引纱	小纱	长度280mm	小纱从纱管下部引出,纱头绕在右手无名指第一节槽中
		大纱	长度250mm	大纱从纱管顶端引出,纱头绕在右手第一节槽中
4	套钢丝圈		60°　20°	右手食指尖扣住钢丝圈向外开口。拇指尖顶住纱条套入钢丝圈
5	插管			左手拇、食、中三指握住纱管中上部,从倾斜到垂直,插向锭子。注意用力应较重,防止跳管
6	提纱			右手手心向下,中指第一节向上提纱,高度为250~300mm
7	套导纱钩			左手食、中指抬起叶子板45°。右手将纱条套入导纱钩,把纱条挑在食指第一节中部

序号	名称	简图	说明
8	掐头		右手食指与无名指平齐,绷紧纱条,中指第一节用力向前弹,断头长 16mm 左右
9	接头		右手拇、食指掐住纱头,送入罗拉中部。食指向上轻挑,拇指松开,利用锭子转动,纱条自然加捻、抱合

3. 换粗纱

换粗纱操作示意见表 7-4-2。

表 7-4-2 换粗纱操作示意

序号	名称	简图	说明
1	换粗纱		右手取下老纱管,左手换上新纱
2	退纱		左手握住纱条连续转动,并向上移动。右手先左右移动,后顺时针转动,将纱条引出
3	寻头		将退出的纱条放在左手手掌中,右手寻纱头
4	退捻		左手中指、无名指夹持纱条,右手拇、食两指将纱条退捻转动

续表

序号	名称	简图	说明
5	分丝		两手拇、食两指将纱条均匀分丝成带状
6	拉鱼尾形	30mm	右手拇、中两指夹住纱条向上平拉，丢去废条，左手中留下"鱼尾形"
7	放新条		右手将新纱条引出，放在左手食、中两指间
8	拉笔尖		右手拇、食指顺时针捻半圈，向上拉出笔尖形，丢去左手废条
9	搭头		右手将新纱管的笔尖形放在"鱼尾形"上
10	包卷		右手食指第二节与拇指夹持纱条，自左向右包卷
11	回捻		右手中指尖与拇指将纱条回捻，左手配合

序号	名称	简图	说明
12	盘粗纱		将左手掌中留下的老纱条盘在新纱管上

4. 落纱

（1）落纱工作程序见表7-4-3。

表7-4-3　落纱工作程序

落纱前的准备	1. 停流动风机于机尾（在空调吸风口外）
	2. 携带落纱箱进入规定的车弄
	3. 检查筒管箱内清洁
	4. 消除影响断头飞花及空锭的情况
	5. 检查落纱地点的情况
	6. 落纱前,将对应的细纱管及纱箱,摆放在机台作好准备
	7. 准备落纱
基本操作	1. 抓管
	2. 拔纱
	3. 插管
	4. 生头
具体内容	落纱时将生头划粉笔记号的管纱放在有油漆记号箱内,无作标记的管纱摆放在另外两个纱箱内。落完纱后开机,将原有的粉笔标记擦掉,重新对生头锭位划粉笔。生头时,要将纱管上的回丝清干净后,左手用拇、食指捏住纱条（近纱头处）,右手用拇、食指捏住纱条拉直挂入钢丝圈及套入气圈环,待纱条带入筒管成戒指紧后松开左手,右手将导纱条绕入导纱钩内,接着掐头对准罗拉中上部须条右侧接头,接头力度要轻巧。待所有断头锭位生完头后,将机台上已落下的管纱推出机弄外摆放整齐,由运纱工运到下一工序。如遇整台机生头则不用划粉笔标记,而在机尾挂黄色挑纱脚牌

（2）细纱工序各基本操作要点见表7-4-4。

表7-4-4　细纱工序各基本操作要点

基本操作要点	要求
抓管（左、右手）	1. 下手轻,抓得稳,排列有规则,动作快,次数少
	2. 筒管抓在手中,用力要适当

基本操作要点	要求
拔纱、甩纱	1. 下手轻,抓得紧
	2. 拔纱时注意纱条的位置
	3. 拔纱时管底离锭尖要近
	4. 管纱拔起时,略向怀里倾斜
	5. 拔纱时要求同时拔出 2~3 只后紧接插管压管拉断甩纱
插管	1. 插管有次序
	2. 插管送到底
	3. 要求稳、准、快、无空锭
生头	左右手拇食指捏住纱条同时配合挂钢丝圈,左手将纱头由左向右绕半圈,待绕纱成戒子状时右手绕导纱钩掐头,对准须条接头

三、清洁工作

1. 挡车工清洁工作(表 7-4-5)

表 7-4-5　挡车工清洁工作

项目	时间	工具	标准
喇叭口、吸棉管	随时清	小竹签	不堵塞
导纱杆、导纱棒		小手套	无积花、绕花
钢领板			无挂花
胶辊颈、胶辊胶辊芯、上胶圈	分段做	细竹签	无绕花无积花
罗拉头、罗拉座			
摇架			无挂花
托架、托座			
前、后罗拉花	边巡回、边清洁	—	无积花、绕花
锭脚	断头刹车清		无绕丝
吸风箱(吸风花)	落纱清、生完头清		吸风正常
钢丝圈清洁器	落纱清	细小竹签	无积花
地面、机弄、吸风口	随时清	竹签、扫把	无挂花、无积花

2. 落纱工序清洁工作(表7-4-6)

表7-4-6　落纱工序清洁工作

项目	工具	标准
粗纱管脚	带线手套拾	无挂花
叶子板	短竹签	
粗纱颈、吊锭架	长竹签	
隔纱板、升降架	短竹签	
机台支架	长竹签	
车肚	长竹签	无挂花
机脚	竹签	
车底	长竹签	
刹车锭掣	短纱扫	
机头、机尾、回花桶	纱扫	保持干净
落纱箱、筒管箱	毛扫	整齐
绒辊颈	带线手套	无绕花 转动灵活
锭脚	小钩刀	无绕丝
龙带盖内侧	纱扫、竹签	无挂花

四、智能细纱机操作注意事项

(1)严格按照操作规程进行操作,避免误操作。

(2)定期检查设备各部件,及时更换易损件。

(3)保持设备清洁,防止飞花、杂质等影响纺纱过程。

(4)注意安全操作,避免发生安全事故。

技能训练

一、目标

(1)掌握细纱巡回。

(2)熟练掌握细纱中接头、换粗纱、落纱以及清洁等操作。

二、器材或设备

FA507B 型细纱机或 JWF1572 型细纱机,粗纱,竹签、纱扫、毛扫等清洁工具。

三、步骤

(1)走巡回练习。

(2)细纱落纱、接头练习。

(3)换粗纱操作练习。

(4)清洁、防疵捉疵练习。

四、考核标准

考核标准表

考核项目	评分标准	配分	扣分	得分
巡回练习	1. 路线正确,安排合理有序 2. 分清轻重缓解	10		
细纱接头、落纱操作练习	1. 细纱接头、落纱操作 2. 操作考核	50		
换粗纱操作练习	1. 换粗纱操作 2. 操作考核	30		
清洁	清洁项目及操作	10		
合计		100		

课后习题

项目八　智能纺纱后加工技术

任务导入

（1）了解新型智能络筒机、智能并纱机、智能捻线机、智能摇纱机、智能成包机的基本组成及其主要元件作用，掌握后加工任务及其工艺流程。

（2）掌握新型智能络筒机、智能并纱机、智能捻线机、智能摇纱机、智能成包机的机构以及工作原理。

（3）了解新型智能络筒机、智能并纱机、智能捻线机、智能摇纱机、智能成包机的主要技术规格并熟悉其选配。

（4）掌握细新型智能络筒机、智能并纱机、智能捻线机、智能摇纱机、智能成包机的工艺设计原则以及工艺上机。

技能目标

（1）学会操作新型智能络筒机、智能并纱机、智能捻线机、智能摇纱机、智能成包机，掌握各项单项操作并掌握操作中应注意的事项。

（2）学会新型智能络筒机、智能并纱机、智能捻线机、智能摇纱机、智能成包机工艺设计及工艺上机。

（3）新型智能络筒机、智能并纱机、智能捻线机、智能摇纱机、智能成包机的日常操作。

任务一　智能纺纱后加工工艺流程

工作任务单

序号	任务名称	任务目标
1	智能纺纱后加工概述	了解后加工工序的任务、工艺流程，形成总体印象
2	后加工的工艺流程	掌握单纱、股线和缆线的生产工艺流程

知识准备

在纺纱生产过程中，细纱工序之后的加工统称为后加工。后加工的主要目的是对细纱进行进一步处理，提升纱线的质量和适用性，以满足不同用途的需求。后加工通常包括络筒、并纱、捻线、摇纱、成包等关键工序。后加工工序的成品可以是筒子纱线或绞纱线，具体形式取决于客户需求或后续加工的要求。后加工不仅提高了纱线的质量，还为其在织造、染色等后续工序中的应用提供了便利。

智能纺纱后加工技术是指利用智能化技术对纺纱后加工过程进行自动化、数字化、网络化和智能化的改造,以提高生产效率、产品质量和资源利用率。具有自动化程度高、生产效率高、产品质量稳定、资源消耗低的特点。

按纱线结构分类,纱线常分为单纱、股线和缆线,其后加工工艺流程分别如下。

1. 单纱的后加工工艺流程

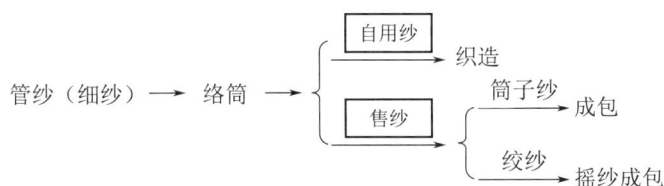

管纱(细纱) ⟶ 络筒 ⟶ ⎰ 自用纱 ⟶ 织造
⎱ 售纱 ⟶ ⎰ 筒子纱 ⟶ 成包
                ⎱ 绞纱 ⟶ 摇纱成包

2. 股线的后加工工艺流程

细纱(管纱) ⟶ 络筒 ⟶ 并纱 ⟶ 捻线 ⟶ 络筒 ⟶ ⎰ 自用纱 ⟶ 织部 ⟶ 筒子成包
⎱ 售纱线 ⟶ 摇纱 ⟶ 绞线成包

3. 缆线的后加工工艺流程

缆线是指经过两次并捻加工的多股线。其后加工过程分为两个主要步骤:第一次捻线称为初捻,第二次捻线称为复捻。复捻工艺主要用于某些特殊工业用线,例如轮胎帘子布用线、多股缝纫线等。这类产品通常需要在专业工厂中进行生产,以满足高强度和特殊性能的要求。通过复捻工艺,缆线能够具备更高的强度、均匀性和耐用性,适用于对性能要求较高的工业领域。

任务二　智能络筒技术

工作任务单

序号	任务名称	任务目标
1	络筒工序的任务	掌握并条工序的任务
2	络筒机技术特征	通过观察新型智能络筒机、了解智能并条机的技术特征
3	智能络筒机工艺配置	掌握智能络筒机的络纱速度、络纱张力等工艺配置
4	智能络筒机工艺配置优化	了解智能络筒机的工艺配置优化方法
5	智能络筒机工艺配置发展趋势	了解智能络筒机的智能化、个性化和远程化发展方向

知识准备

络筒是将细纱从管纱上退绕并重新卷绕到筒子上，形成筒子纱。这一过程可以清除纱线上的杂质和毛羽，同时调整纱线的张力，使其更适合后续加工或直接使用。络筒机主要由卷绕装置、筒子重量平衡装置、重叠与防叠、捻接器、张力装置、清纱器等其他装置组成，如图 8-2-1 所示。

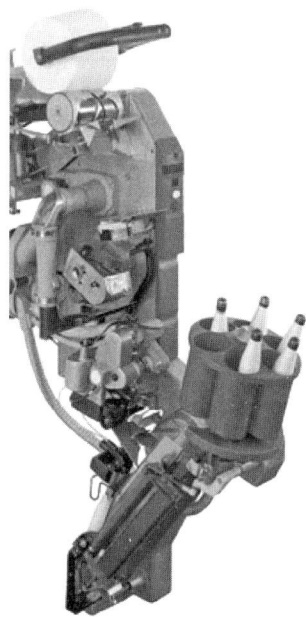

图 8-2-1　自动络筒机

自动络筒机通过自动化控制系统实现纱线的卷绕和成型，其并纱工艺流程如下。

（1）纱线供给与张力控制。纱线从细纱机或管纱上退绕，通过导纱装置进入络筒机。通过机械或电子方式调节纱线张力器张力，确保卷绕过程中张力均匀。采用张力传感器实时监测纱线张力，并通过反馈系统自动调节张力器。

（2）纱线清洁与检测。通过清纱器清除纱线上的杂质、棉结和飞花，提高纱线质量。电子清纱器包括光电检测和电容检测，光电检测是利用光电传感器检测纱线缺陷，如粗节、细节和棉结。电容检测是通过电容变化识别纱线中的异物或缺陷。生产过程通过实时监控纱线质量，记录缺陷数据，便于后续分析。

（3）纱线卷绕与成型。将纱线均匀卷绕到筒管上，形成符合要求的筒子纱。这个过程通过调节卷绕速度和张力，控制筒子纱的卷绕密度，确保其结构稳定。安装的防叠装置可以防止纱线在卷绕过程中重叠，确保卷绕均匀。通过成型装置控制筒子纱的形状和尺寸，确保其符合工艺要求。

（4）自动接头。接头装置包括空气捻接器和机械捻接器,空气捻接器是利用高速气流将纱线捻接在一起。机械捻接器通过机械装置将纱线连接,可确保接头处光滑、牢固,不影响后续加工,实现高速接头,减少停机时间,提高生产效率。

（5）成品输出。卷绕完成后,自动落筒装置将筒子纱从机器上卸下,通过输送带或机械手将筒子纱送至下一工序或包装区。

一、智能络筒工序的任务

1. 管纱准备

利用机械手或机器人将管纱放置在管纱架上进行自动上纱,利用图像识别技术检测管纱表面缺陷,如毛羽、杂质等,利用传感器检测管纱位置,并自动调整到最佳位置。

2. 退绕

利用电动机驱动管纱旋转,实现自动退绕,利用传感器检测纱线张力,并自动调整退绕速度,保持张力稳定。

3. 清洁

利用机械清洁装置或气流清洁装置自动清除纱线上的毛羽、杂质等,利用图像识别技术检测清洁效果,并自动调整清洁参数。

4. 张力控制

实时检测纱线张力,根据张力检测结果,自动调整退绕速度、卷绕速度等参数,保持张力稳定。

5. 卷绕

利用电动机驱动筒子旋转,实现自动卷绕。利用传感器检测筒子形状,并自动调整卷绕参数,保证筒子成形良好。利用压力传感器检测卷绕密度,并自动调整卷绕张力,保证卷绕密度均匀。

6. 筒子输送

利用射频识别技术(RFID)或条形码技术识别筒子信息,用输送带或机器人自动将筒子输送到指定位置。

智能络筒工序自动化程度高,提高生产效率,能够进行智能化控制,保证产品质量稳定,实现优化工艺参数,减少能源和原材料消耗,改善工作环境,减少人工操作,降低劳动强度。

二、智能络筒机技术特征

（一）Espero-M/L 型络筒机

Espero-M/L 型络筒机是一种用于纺织行业的先进设备,主要用于将纱线从管纱或筒子纱重新卷绕成符合后续加工要求的卷装形式。以下是其主要技术特征。

1. 高效卷绕系统

（1）高速卷绕。Espero-M/L 型络筒机能够实现高速卷绕,通常速度可达 1500m/min 以上,显著提高生产效率。

(2)精密张力控制。配备先进的张力控制系统,确保纱线在卷绕过程中张力均匀,减少断头和纱线损伤。

2. 自动化程度高

(1)自动接头。采用自动接头装置,能够在纱线断头时快速、准确地完成接头,减少停机时间。

(2)自动换管。具备自动换管功能,当管纱用完时,设备能够自动更换新的管纱,实现连续生产。

(3)智能监控。内置智能监控系统,实时监测设备运行状态,自动调整参数以优化生产。

3. 纱线质量保障

(1)清纱器。配备高性能清纱器,能够有效清除纱线上的杂质和疵点,提高纱线质量。

(2)防叠层系统。通过防叠层系统,确保纱线在卷绕过程中均匀分布,避免叠层现象,保证卷装质量。

4. 灵活性和适应性

(1)多品种适应性。能够处理多种类型的纱线,包括棉、化纤、混纺等,适应不同的生产需求。

(2)可调卷装尺寸。卷装尺寸可根据需要进行调整,满足不同后续加工工艺的要求。

(二)MARO-E型托盘型自动络筒机

MARO-E型托盘型自动络筒机是在SMARO-E型托盘型自动络筒机的基础上,根据用户新的需求而研发的新一代托盘型自动络筒机,能满足从6英支至最高支数纱线纺纱要求,最多可配置72锭,设备稳定可靠,产品成纱质量优良,品种适应范围广,操作方便简单。

1. 纱线处理高效率

(1)高效供纱系统。管纱供应可配置单、双插管,供纱能力可达到3000支/h。采用CCD测控技术,智能判断管纱大小头。CBF可配置2或3个生头装置,生头能力最大达到50支/min,可满足72个单锭管纱需求。

(2)高效落筒小车。高效落筒小车行走速度可达到60m/min,落筒周期13.5s,仅配置一个小车就可满足72锭落筒需求。

(3)捻接参数集中设定。捻接参数可在上位机集中设定,减少品种更换时的捻接器机械调节工作量,从而减少用工,缩短品种更换所需时间,提高生产效率。

(4)智能报警系统。单锭显示具有报警灯类型指示功能,可指导操作工快速处理停车,提高单锭运转效率。

2. 纱线成型高品质

(1)栅式张力机构。配合张力传感器闭环控制,对纱线张力进行实时动态补偿,能够输出更为稳定的纱线张力,更利于筒纱成型。

(2)管纱更换机构。利用单独电动机进行驱动,实现管纱自动对中,为管纱退绕提供更为稳定的退绕张力,获得成形更为优良的筒纱。

(3)798Q集中控制空气捻接器。参数调整一致准确,提高单锭捻接质量一致性,可选配水滴喷雾装置,使特殊品种纱线同样获得外观完美的接头。

（4）筒纱后握持结构。结构稳定可靠,最大程度减少筒子抖动,有利于获得成形良好的筒纱。

（5）轴向制动筒纱机构。制动迅速,可有效提高吸头成功率,避免回丝和乱纱,保证成纱质量。

（6）管纱吸嘴双定位。传感器的设计可确保下纱准确地送入捻接器内,进一步提高捻接接头的质量。

（三）VCRO-I 型细络联型自动络筒机

VCRO-I 型细络联型自动络筒机机型是根据用户需求而研发的新一代细络联型自动络筒机,可与多种型式的细纱机对接,细纱机最多可配置 1800 锭,能满足用户从 6 英支至最高支数纱线纺纱要求,其最大亮点是配置了细纱质量追踪系统,利用 RFID 技术,对问题管纱能追溯到细纱锭子,从而快速排除细纱问题,提高纱线质量。主要特点如下。

（1）高效的管纱处理系统。

（2）RFID 智能管纱质量监控系统。

（3）光纤传感器,实时监测生头状态。

（4）新一代高效落筒小车。

（5）捻接参数集中设定。

（6）单锭报警灯分类亮显。

（7）栅式张力闭环控制。

（8）全新的筒纱后握持结构,稳定可靠。

（9）管纱吸嘴双定位确保送纱准确。

（10）独立电动机驱动换管,可实现管纱自动对中。

（11）单锭的轻量化设计。

三、智能络筒机工艺配置

1. 络纱速度

络纱速度指单位时间内络纱的长度,影响因素主要有纱线品种、支数、强力、设备性能等。取值范围为 800~1500m/min,在保证纱线质量和设备安全的前提下,尽量提高络纱速度。

2. 络纱张力

络纱张力指在络纱过程中施加在纱线上的力,影响因素主要有纱线品种、支数、强力、卷绕密度等。取值范围为 10~20cN,设置原则为保证纱线张力稳定,避免过紧或过松。

3. 筒子规格

筒子规格指筒子的尺寸和形状。直径为 150~250mm,高度为 150~300mm,锥度为 0~6°,根据客户要求和后续加工需求选择合适的筒子规格。

4. 清洁方式

清除纱线上毛羽、杂质等的方法有:机械清洁,利用清洁刷、清洁刀等机械装置清除毛羽、杂质;气流清洁,利用气流吹除毛羽、杂质。根据纱线品种和清洁效果选择合适的清洁方式。

5. 卷绕密度

卷绕密度指单位体积内纱线的重量,主要受纱线品种、支数、强力、卷绕张力等因素影响。取值范围为 $0.35\sim0.45g/cm^3$,选取数据要保证卷绕密度均匀,避免过松或过紧。

6. 卷绕角度

卷绕角度指纱线卷绕到筒子上的角度,主要受纱线品种、支数、强力、卷绕速度等因素影响。取值范围为 $5°\sim15°$,选取依据为保证卷绕角度稳定,避免纱线重叠或滑落。

7. 卷绕长度

卷绕长度指每个筒子上卷绕的纱线长度,生产中根据客户要求和后续加工需求设置合适的卷绕长度。

四、智能络筒机工艺配置优化

1. 工艺参数优化方法

经验法:根据生产经验,参考类似产品的工艺参数进行优化。

试验法:通过试验,确定最佳的工艺参数。

模拟法:利用计算机模拟技术,模拟络筒过程,优化工艺参数。

2. 工艺参数优化案例

(1)案例一:提高络纱速度。

问题描述:络纱速度较低,影响生产效率。

优化方法:通过试验,调整络纱张力、卷绕密度等参数,找到最佳的络纱速度。

优化结果:络纱速度提高 20%,生产效率显著提升。

(2)案例二:降低络纱断头率。

问题描述:络纱断头率较高,影响产品质量。

优化方法:通过试验,调整清洁方式、卷绕角度等参数,找到最佳的工艺参数组合。

优化结果:络纱断头率降低 50%,产品质量显著提升。

五、智能络筒机工艺配置发展趋势

智能化:利用人工智能技术,实现工艺参数的自动优化。

个性化:根据不同的纱线品种和生产需求,提供个性化的工艺配置方案。

远程化:实现工艺参数的远程监控和调整。

任务三　智能并纱技术

工作任务单

序号	任务名称	任务目标
1	并纱工序的任务	并纱机的任务、工艺流程,说出各部件名称
2	并纱机技术特征	通过观察智能并纱机,了解典型智能并纱机的技术特征

知识准备

　　并纱机主要用于将多根纱线合并成一根,以提高纱线的强度、均匀性或满足特定工艺需求,其主要功能包括自动喂纱、张力控制、并纱成形、质量检测和数据记录等,广泛应用于棉纺、毛纺、化纤等领域。智能并纱机工序是指利用智能化技术对并纱过程进行自动化、数字化、网络化和智能化的改造,以提高生产效率、产品质量和资源利用率,具有自动化程度高、生产效率高、产品质量稳定、资源消耗低等特点。并纱机示意图如图8-3-1所示。

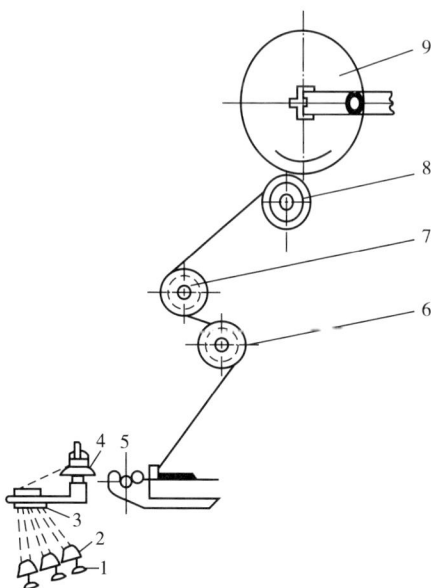

图8-3-1　并纱机示意图

1—插杆　2—筒子　3—导纱钩　4—张力装置　5—落针　6—导纱罗拉　7—导纱辊　8—槽筒　9—筒子

　　智能并纱机的工艺原理基于以下几个核心环节。

　　(1)纱线供给与张力控制。

纱线供给：多根单纱从筒子纱上退绕，通过导纱装置进入并纱机。

张力控制：通过机械或电子方式调节每根单纱的张力，确保并纱过程中张力均匀。

闭环控制：采用张力传感器实时监测纱线张力，并通过反馈系统自动调节张力器。

（2）并纱成型。

并纱机构：将多根单纱合并成一股并纱，通过导纱装置引导纱线合并。

并纱密度控制：通过调节并纱速度和张力，控制并纱的密度，确保其结构稳定。

防叠装置：防止纱线在并纱过程中重叠，确保并纱均匀。

（3）自动接头。

空气捻接器：利用高速气流将纱线捻接在一起。

机械捻接器：通过机械装置将纱线连接。

接头质量：确保接头处光滑、牢固，不影响后续加工。

接头效率：高速接头，减少停机时间，提高生产效率。

（4）质量检测。

光电检测：利用光电传感器检测纱线缺陷，如粗节、细节和棉结。

电容检测：通过电容变化识别纱线中的异物或缺陷。

张力传感器：实时监测并纱张力，确保张力均匀。

质量监控：实时监控并纱质量，记录缺陷数据，便于后续分析。

（5）成品输出。

自动落筒：并纱完成后，自动落筒装置将并纱从机器上卸下。

输送系统：通过输送带或机械手将并纱送至下一工序或包装区。

一、智能并纱工序的任务

1. 筒纱准备

自动上纱：利用机械手或机器人自动将筒纱放置在筒纱架上。

筒纱质量检测：利用图像识别技术检测筒纱表面缺陷，如毛羽、杂质等。

筒纱位置调整：利用传感器检测筒纱位置，并自动调整到最佳位置。

2. 退绕

自动退绕：利用电动机驱动筒纱旋转，实现自动退绕。

张力控制：利用传感器检测纱线张力，并自动调整退绕速度，保持张力稳定。

3. 并合

自动并合：利用导纱装置将多根单纱合并成一股。

张力控制：利用传感器检测并合后的纱线张力，并自动调整退绕速度，保持张力稳定。

4. 卷绕

自动卷绕：利用电动机驱动筒子旋转，实现自动卷绕。

筒子成形控制：利用传感器检测筒子形状，并自动调整卷绕参数，保证筒子成形良好。

卷绕密度控制：利用压力传感器检测卷绕密度，并自动调整卷绕张力，保证卷绕密度均匀。

5. 筒子输送

自动输送：利用输送带或机器人自动将筒子输送到指定位置。

筒子识别：利用 RFID 技术或条形码技术识别筒子信息，并自动分类输送。

二、智能并纱机技术规格

BS-800A 型智能并纱机配备了先进的智能控制系统，能够自动调整纱线张力、速度和合并比例，减少人工干预，提高生产效率。设备通常配备触摸屏界面，操作简单直观，用户可以轻松设置参数并监控生产过程。通过高精度的张力控制系统，确保每根纱线在合并过程中张力均匀，避免断纱或纱线松紧不一的情况。BS-800A 型智能并纱机可以同时合并多根纱线，能够确保合并后的纱线具有高度的一致性，无论是棉纱、化纤纱还是混纺纱合并，该设备都能处理，具有较强的适应性。设备采用节能电动机和优化的机械设计，降低能耗，减少生产成本。BS-800A 型智能并纱机的主要技术特征见表 8-3-1。

表 8-3-1　BS-800A 型智能并纱机的主要技术特征

参数名称	具体数据	功能名称	具体描述	指标名称	具体数据
型号	BS-800A	自动喂纱系统	采用伺服电动机驱动，喂纱速度可调，精度高	最高机械速度（m/min）	800
适用纱线类型	棉纱、涤纶纱、混纺纱等	张力控制系统	配备高精度张力传感器，实时监测并调整纱线张力	并纱张力范围（cN）	5~30
并纱根数（根）	2~8	并纱成形装置	采用气动加压装置，确保并纱成形均匀	并纱张力控制精度（%）	±1
锭数（锭）	120	质量检测系统	配备在线检测装置，实时监测并纱质量	并纱成形 CV（%）	≤2.5
锭距（mm）	220	数据记录与分析	内置数据记录系统，支持生产数据存储和分析	纱线断头率（%）	≤0.5
机器宽度（mm）	1800	人机交互界面	配备触摸屏操作界面，支持参数设置和状态监控	功率消耗（kW）	15
机器长度（mm）	15000	智能诊断与维护	实时监测设备状态，自动报警并提示维护	噪声水平（dB）	≤75
机器高度（mm）	2000	远程监控与操作	支持远程监控和操作，提高管理效率	—	—
机器重量（kg）	4500	生产数据分析	内置数据分析模块，支持生产报表生成	—	—

三、智能并纱机工艺配置

在使用 BS-800A 型智能并纱机对纯棉 16tex 机织纱进行工艺设计时，需要根据纱线的特性、设备性能以及生产要求,合理设置工艺参数。

1. 工艺设计要点

纯棉 16tex 机织纱,属于细特纱(11~20tex),纱线较细,强度适中,适合高速并纱。为提高纱线的均匀性、强度和耐磨性,满足机织面料的要求,选择 2 根或 3 根并纱,具体根据最终纱线的用途确定。为确保每根纱线张力均匀,避免断纱或松紧不一,需合理进行张力控制。根据纱线的细度和设备性能,选择合适的速度,避免过度摩擦或纱线损伤。

2. 工艺参数设计

以下是针对纯棉 16tex 机织纱的具体工艺设计及参数,见表 8-3-2。

表 8-3-2　纯棉 16tex 机织纱并纱工艺参数

参数名称	参数值	说明
并纱根数(根)	2 或 3	根据最终纱线用途选择,2 根并纱适用于普通机织面料,3 根适用于高强面料
并纱速度(m/min)	800~1000	纯棉 16tex 纱线较细,速度不宜过高,避免纱线损伤
张力控制(cN)	10~15	每根纱线的张力需均匀,避免断纱或松紧不一
卷绕密度(g/cm³)	0.35~0.45	卷绕密度适中,确保纱筒成型良好,便于后续工序使用
卷绕角度(°)	5~7	卷绕角度影响纱筒成型,角度过大会导致纱线滑脱,过小会影响退绕效率
清纱器设置	开启	清除纱线表面的杂质和毛羽,提高纱线质量
断纱自停	开启	检测到断纱时自动停机,避免浪费纱线和影响生产效率
纱线检测	开启	实时检测纱线的均匀性和张力,确保并纱质量
卷装规格(mm)	$\Phi300\times150$	标准卷装规格,适用于后续机织或针织工序
主电动机功率(kW)	5.5	提供足够的动力支持高速并纱
锭子转速(r/min)	8000~10000	根据纱线特性和并纱速度调整,确保纱线均匀卷绕
气压值(MPa)	0.5~0.6	用于控制张力器和清纱器的气压,确保设备正常运行
环境温湿度	温度:(25±2)℃,湿度:(60±5)%	纯棉纱线对温湿度敏感,需控制在适宜范围内,避免纱线回潮或过干

通过以上工艺设计和参数设置,根据实际生产情况,微调张力、速度和卷绕参数,以达到最佳并纱效果。BS-800A 型智能并纱机能够高效、稳定地完成纯棉 16tex 机织纱的并纱任务,满足高质量纺织品生产的需求。

任务四 智能捻线技术

工作任务单

序号	任务名称	任务目标
1	捻线工序的任务	了解捻线机各部件名称
2	捻线机技术特征	通过观察智能捻线机,了解典型智能捻线机的技术特征

知识准备

捻线是将两根或两根以上单纱并合在一起,加上一定捻度,加工成股线。捻线机是纺织工业中用于将多根单纱加捻成一股捻线的关键设备。棉型股线和合股花线都可在一般并捻联合机上加工而成,捻线机示意图如图 8-4-1 所示。其核心功能包括纱线供给、加捻成型、张力控制和自动接头等。捻线机的应用显著提高了纱线的强度、均匀性和生产效率。智能捻线机主要由纱线供给装置、加捻装置、卷绕装置、自动接头装置、控制系统(传感器、控制器和人机界面)以及输送系统几个部分组成。

一般并捻联合机在捻制棉线时,其锭速约为 10000r/min,捻制中长纤维时,其锭速约为 8000r/min。捻线机纺制捻线有干法和湿法两种。干法并纱在不加湿的条件下纺制成捻线,湿法就是水槽中盛水,故并纱绕过玻璃杆后纱身亦湿润,湿润的细纱可使毛茸伏贴纱身,若为棉捻线则强力亦略有提高。采用湿法捻线时,卷装易被沾污,故除有特殊要求着外,一般纺厂均采用干法生产捻线。

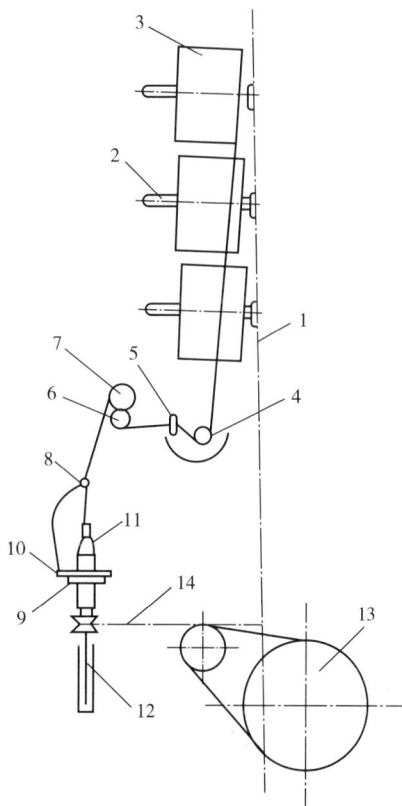

图 8-4-1 捻线机示意图

1—纱架 2—筒管插锭 3—并纱筒子 4—玻璃杆
5—横动导杆 6—下罗拉 7—上罗拉 8—导纱钩
9—钢领 10—钢丝圈 11—线管 12—锭子
13—滚筒 14—锭带

一、智能捻线工序的任务

1. 提高纱线强度

单纱的强度有限,通过并捻可以将多根单纱的强度叠加,同时加捻使纱线结构更加紧密,进一步提升抗拉强度。适用于需要高强度的织物,如工业用布、帆布、轮胎帘子布等。

2. 改善纱线均匀性

多根单纱合并后,单纱之间的缺陷可以相互弥补,使最终纱线的均匀性得到改善。

3. 增加纱线的耐磨性

加捻后的纱线结构更加紧密光滑,纤维之间的摩擦力增加,减少了纱线在使用过程中的磨损。

4. 赋予纱线特殊性能

赋予纱线特定的性能,如弹性、光泽、蓬松性等。例如,使纱线具有一定的弹性,适用于弹性织物;高捻度使纱线表面光滑,增加光泽感;低捻度使纱线结构松散,增加蓬松感。

5. 实现纱线的多样化

通过调整并捻的纱线根数、捻度、捻向等参数,生产出不同规格、不同性能的纱线。

6. 提高生产效率

现代并捻机采用自动化控制技术,能够实现高速、连续生产,减少人工干预,提高纱线生产的效率。

7. 改善纱线的外观质量

通过并捻工序,减少纱线的毛羽和表面瑕疵,使纱线表面更加光滑。

二、倍捻技术

倍捻机是倍捻捻线机的简称,倍捻技术通过锭子每转一圈,对纱线施加两个捻回,从而实现高效加捻,故称为"倍捻"。由于倍捻机不用普通捻线机的钢领和钢丝圈,锭速可以提高,加之具有倍捻作用,因而产量较普通捻线机高。如倍捻机的锭速为15000r/min时,相当于普通捻线机的30000r/min。倍捻机制成的股线筒子容纱量较普通线管要大得多,故合成的股线结头少。倍捻机还可给纱线施加强捻,最高捻度可达3000捻/m。加捻后的纱线可直接络成股线筒子,与环锭捻线机(普通捻线机)相比,可省去一道股线络筒工序,所以它是一种高速、大卷装的捻线机。

(一)倍捻原理

倍捻的原理可以从捻向矢量的概念引出。如果将纱条两端握持,加捻器在中间加捻,输出纱条不会获得捻回,属于假捻,如图8-4-2(a)所示。如果将B移至加捻点的另一侧,如图8-4-2(b)所示,而将C点扩大成为包括两段纱段(AC、BC)的空间而进行回转,这时再从定点A与B看,加捻点C,加捻器转一转在AC和BC段上各自都获得一个相同捻向的捻回。纱线输出过程中AC段上的捻回在运动到CB段时,就成为两个捻。倍捻原理如图8-4-2所示。

倍捻机的种类按锭子安装方式不同分为竖

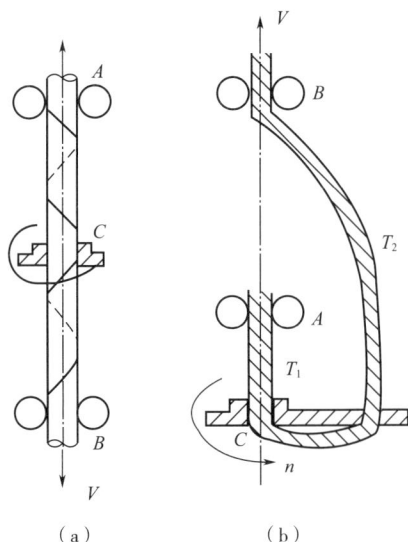

图8-4-2 倍捻原理

锭式、卧锭式、斜锭式三种。按锭子的排列方式不同分为双面双层和双面单层两种。每台倍捻机的锭子数随型式不同而不同,最多达 224 锭。图 8-4-3 所示为 VTS 型倍捻机的工艺过程图。无捻纱线 1 借助于退绕器 3(又叫锭翼导纱钩)从喂入筒子 2 上退绕输出,从锭子上端向下穿入空心轴中,在空心轴中,纱线由张力器(纱闸)4 上张力,再进入旋转着的锭子转子 5 的上半部,然后从储纱盘 6 的小孔中出来,这时无捻纱在空心轴内的纱闸和锭子转子内的小孔之间进行第一次加捻,即施加第一个捻回。已经加了一次捻的纱线绕着储纱盘形成气圈 8,再受到气圈罩 7 的支承和限制,气圈在顶点处受到猪尾形导纱钩 9 的限制。纱线在锭子转子及猪尾导纱钩之间的外气圈进行第二次加捻,即施加了第二个捻回。经过加捻的股线通过断纱探测杆 10、超喂罗拉 12、横动导纱器 14,交叉卷绕到卷取筒子 16 上,卷取筒子 16 夹在无锭纱架 17 上,两个中心对准的圆盘夹头 18 之间。

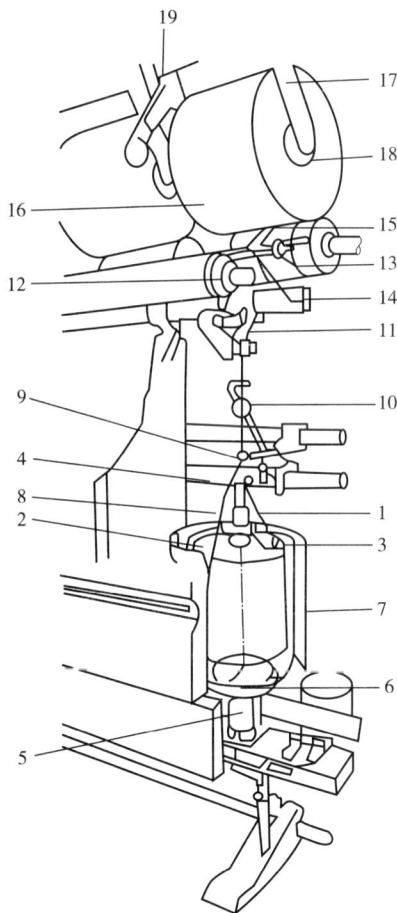

图 8-4-3　VTS 型倍捻机示意图

1—无捻纱线　2—喂入筒子　3—锭翼导纱钩　4—张力器　5—锭子转子　6—储纱盘　7—气圈罩　8—气圈

9—导纱钩　10—断纱探测杆　11—可调罗拉　12—超喂罗拉　13—预留纱尾装置　14—横动导纱器

15—摩擦辊　16—卷取筒子　17—无锭纱架　18—圆盘夹头　19—摇臂

(二)倍捻机的主要机构及其作用

1. 倍捻锭子

倍捻锭子是倍捻捻线机的核心部件,包括倍捻锭子和锭子制动器。而倍捻锭子是由锭子转子、储纱盘、退绕器、锭子防护罐、隔离扳、气圈导纱器、气圈罩和张力装置等一系列零部件组成。因此,倍捻锭子是一个比较复杂的零部件系统,倍捻锭子系统结构如图8-4-4所示。

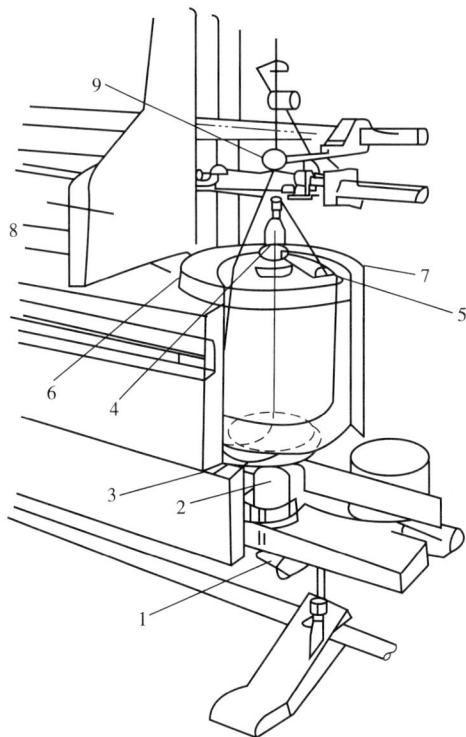

图 8-4-4 倍捻机锭子系统结构图

1—锭子转子制动器 2—锭子转子 3—储纱盘 4—牵伸装置 5—退绕器
6—锭子防护罐 7—气圈罩 8—隔离板 9—气圈导纱器

2. 卷绕机构

倍捻机的卷绕机构由超喂罗拉、横动导纱器、摩擦罗拉、卷绕筒子及其支架、换筒尾纱装置等组成,机构组成如图8-4-5所示。

3. 张力装置与张力调节

张力装置的主要功能是控制纱线在加捻和卷绕过程中的张力,确保纱线均匀卷绕,避免因张力过大或过小导致的纱线断裂、卷绕不均匀等问题。适当的张力还能提高纱线的强度、弹性和外观质量。在倍捻捻线过程中,纱线张力主要指内气圈张力、外气圈张力和卷绕张力三部分。

(1)内气圈张力。内气圈位于锭子防护罐内部的锭子顶端,因无捻纱线的退绕而产生。

(2)外气圈张力。外气圈张力的大小是由气圈罩和猪尾形导纱钩控制与调节的。外气圈张力是纱线在倍捻机加捻过程中,由于锭子高速旋转产生的离心力作用,纱线在锭子与导纱器

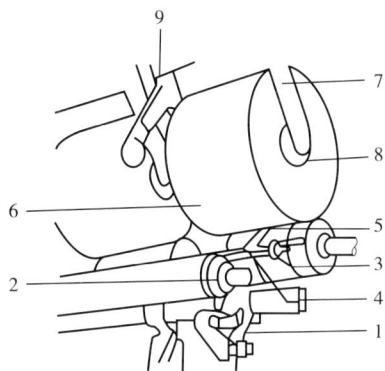

图 8-4-5　VTS 型倍捻机卷绕机构

1—可调罗拉　2—超喂罗拉　3—预留纱尾装置　4—横动导纱器　5—摩擦辊

6—卷取筒子　7—筒子架　8—圆盘夹头　9—摇臂

之间形成螺旋状气圈时,外部气圈部分所产生的张力。

（3）卷绕张力。卷绕张力的大小主要由柔性卷绕装置来调节控制。

（三）并捻联合倍捻机

与环锭捻线机一样,倍捻捻线机的喂入筒子可以是一个并纱筒,也可以是两个单纱筒子,在倍捻机上一次完成并纱与捻线,这种机器称为并捻联合倍捻机。

并捻联合倍捻机与喂入并纱筒子的倍捻机各部机构作用基本都是相同的,不同之处只是有两个单纱筒子同时迭藏在锭子空心轴上,如图 8-4-6 所示,图中右半部,从两个单纱筒子抽出的两根单纱经空心锭子顶端孔内导入,再从底部喷纱孔引出,在锭子防护罐外形成外气圈,进行倍捻。并捻联合倍捻机喂入的两个单纱筒子的中间,放置一个隔离盘。

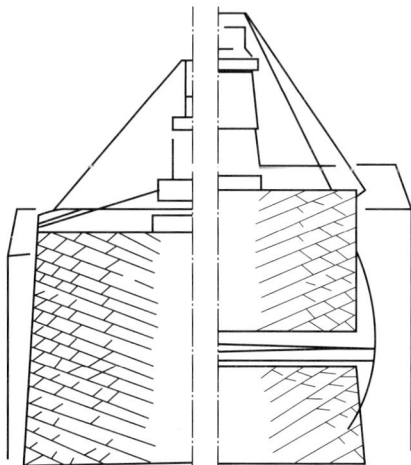

图 8-4-6　倍捻机的两种喂入方式

对于普通织物和针织用股线,一般可以采用并捻联合倍捻机,不但可提高生产效率,还可以省去并纱工序。对于质量要求高的股线,如缝纫线的加工,不宜采用并捻联。而且并捻联只用于双股线的加工,三股及其以上必须增加并捻工序,以保证股线结构均匀,张力一致。

三、GD128 型并捻机

(一) GD128 型并捻机的技术特征

GD128 型并捻机采用可编程逻辑控制器(PLC)和触摸屏控制系统,操作简便,参数设置精确。锭速可达 12000r/min,生产效率高,适用于多种纤维和纱线类型,并纱根数可调。GD128 型并捻机的技术特征见表 8-4-1。

表 8-4-1　GD128 型并捻机的技术特征

项目	技术参数/特征
适用纱线类型	棉、毛、丝、化纤等多种纤维
锭数(锭)	128
锭速(r/min)	8000~12000(可调)
捻度范围(捻/m)	200~2000
并纱根数(根)	2~4
卷装容量	根据筒管尺寸,最大可达 2~3kg
电动机功率	主电动机:5.5kW;卷绕电动机:1.5kW
控制系统	采用 PLC 控制,触摸屏操作,自动化程度高
张力控制	电子张力控制系统,确保纱线张力均匀
卷绕形式	平行卷绕或交叉卷绕,可根据需要选择
机器尺寸	长×宽×高:约 12000mm×1500mm×2000mm
机器重量(kg)	约 3000
噪声水平(dB)	≤75
生产效率	高生产效率,适用于大批量生产
维护保养	自动润滑系统,减少人工维护

(二) GD128 型并捻机的工艺配置

针对 16tex 纱线在 GD128 型并捻机的生产工艺设计参数数据见表 8-4-2。

表 8-4-2　16tex 纯棉纱 GD128 型并捻机生产工艺设计参数

项目	参数范围	工艺说明
锭速(r/min)	9000	8000~12000(根据纱线材质和工艺要求调整,速度过高可能导致断头,过低则影响效率)
捻度(捻/10cm)	75	60~80[根据纱线用途(如织造、针织)和强度要求确定,捻度过高或过低均会影响纱线性能]
张力控制(cN)	25	20~30(确保纱线在并捻过程中张力均匀,避免断头或松紧不一)

续表

项目	参数范围	工艺说明
并合根数(根)	2	2 或 3(根据最终纱线用途选择,2 根并合适用于普通纱线,3 根并合适用于高强纱线)
卷绕密度(g/cm³)	0.52	0.45~0.55(确保卷绕紧密,便于后续加工,卷绕过松可能导致纱线变形)
温度控制(℃)	21	温度:20~25℃
湿度控制(%)	65	湿度:60%~70%(控制车间环境,减少纱线静电和断头率,提高生产稳定性)
纱线清洁	—	无杂质、无毛羽(并捻前需对纱线进行清洁,去除杂质和毛羽,确保并捻质量)
设备维护	—	定期检查锭子、导纱器(确保设备运行平稳,减少故障率,提高生产效率)
质量检测	—	捻度均匀性、强度、外观(使用捻度仪、强力机检测捻度和强度,目视检查纱线外观是否光滑、无瑕疵)

任务五　智能摇纱技术

工作任务单

序号	任务名称	任务目标
1	新型智能摇纱机各部件组成及其作用	掌握新型智能摇纱机各部件名称及作用,形成总体印象
2	新型智能摇纱机的工作原理	通过观察新型智能摇纱机工作原理、常见型号及技术特征

知识准备

智能摇纱机是一种基于自动化控制技术和精密机械设计的高效纱线卷绕设备,能够自动完成纱线的卷绕、张力控制、断纱检测等操作,广泛应用于纺织行业,用于将纱线卷绕成符合后续加工要求的纱管或纱筒。

一、智能摇纱机的组成部分

(1)纱线卷绕系统。负责将纱线均匀卷绕在纱管上,确保卷绕密度和形状符合要求。

(2)张力控制系统。通过传感器和调节装置控制纱线张力,避免过紧或过松,确保纱线质量。

(3)智能控制系统。采用 PLC 或微处理器控制,实现自动化操作,包括速度调节、故障检测和数据记录。

(4)纱线清洁装置。清除纱线表面的杂质和毛羽,提高纱线质量。

(5)断纱检测装置。实时监测纱线状态,发现断纱时自动停机并报警,减少浪费和设备损坏。

(6)人机交互界面。触摸屏或操作面板,方便操作人员设置参数、监控运行状态和查看生产数据。

(7)驱动系统。包括电动机和传动装置,提供稳定的动力支持,确保设备高效运行。

(8)纱管更换装置。自动或半自动更换纱管,减少人工干预,提高生产效率。

(9)温湿度传感器。监测车间环境,自动调节设备运行参数,适应不同温湿度条件。

二、智能摇纱机的工作原理

(1)纱线供给。纱线从纱筒或纱架上引出,经过张力控制系统和清洁装置,进入卷绕系统。清洁装置清除纱线表面的杂质和毛羽,确保纱线质量。

(2)张力控制。张力传感器实时监测纱线张力,并将数据传输至智能控制系统。控制系统通过调节装置(如张力辊、磁力制动器等)保持纱线张力恒定,避免过紧或过松。

(3)智能卷绕。智能控制系统根据预设参数(如卷绕速度、卷绕密度)控制卷绕系统。卷绕系统将纱线均匀卷绕在纱管上,确保卷绕形状和密度符合要求。

(4)断纱检测。断纱检测装置实时监测纱线状态,发现断纱时自动停机并发出报警信号。操作人员可及时处理断纱问题,减少浪费和设备损坏。

(5)数据记录与分析。智能控制系统记录生产数据(如卷绕长度、断纱次数、运行时间等)。数据可通过人机交互界面查看,便于后续分析和优化生产工艺。

(6)纱管更换。当纱管卷绕完成后,纱管更换装置自动或半自动更换新纱管。更换过程快速、精准,确保连续生产。

(7)环境适应。温湿度传感器监测车间环境,智能控制系统自动调节设备运行参数。例如,在高温高湿环境下,系统会降低卷绕速度以减少断纱率。智能摇纱机的常见型号见表8-5-1。

表 8-5-1 智能摇纱机的常见型号

型号	特点
XYJB416 型全自动高速摇绞机	具备自动上纱、断纱自停、智能打结(空气捻接或机械捻接)、自动落纱功能,减少人工干预。配备触摸屏控制面板,支持参数设定(如纱线长度、转速)、故障报警及生产数据统计
YTB-A019 电动式摇纱机	采用高效交流电动机或伺服电动机,转速稳定,噪声低;机械式或光电传感器检测断纱,立即停止卷绕;电动调速、电子定长
B702 型单面纱线摇绞机	机械式或电子计数器预设绞纱长度(如 500m/绞),到达后自动停机。手动上纱/落纱,但结构简单,故障率低;纱架和卷绕部位无遮挡,便于清洁和穿纱
ProWind-800 智能摇纱机	高端型号,支持远程监控和故障诊断,适用于高精度纱线加工需求

ProWind-800 型智能摇纱机技术特征见表8-5-2。

表 8-5-2 ProWind-800 型智能摇纱机技术特征

技术特征	详细描述	优势
高精度张力控制	采用先进张力传感器和闭环控制系统,张力波动范围控制在±0.5cN 以内	避免纱线过紧或过松,提高卷绕质量,减少断纱率
智能卷绕系统	配备高精度伺服电动机和智能算法,支持多种卷绕模式(如平行卷绕、交叉卷绕)	卷绕密度和形状可灵活调整,适用于不同纱线类型和后续加工要求
自动化纱管更换	全自动纱管更换系统,卷绕完成后自动更换新纱管,支持连续生产	减少人工干预,提高生产效率,降低劳动强度
多功能断纱检测	集成高灵敏度断纱检测装置,实时监测纱线状态,断纱时自动停机并报警	减少纱线浪费和设备损坏,提高生产稳定性
智能控制系统	基于 PLC 和触摸屏的控制系统,支持参数设置、运行监控、故障诊断和数据记录	操作简便,功能强大,可实现远程监控和数据分析

续表

技术特征	详细描述	优势
高效驱动系统	采用高性能伺服电动机和节能驱动技术,确保设备运行平稳、高效	能耗低,噪声小,适用于长时间连续生产
温湿度自适应	内置温湿度传感器,可根据车间环境自动调节设备运行参数	适应不同生产环境,减少因温湿度变化导致的纱线质量问题
数据化管理	支持生产数据的实时记录和分析,包括卷绕长度、断纱次数、运行时间等	便于优化生产工艺,提高产品质量和生产效率
模块化设计	设备采用模块化设计,便于维护和升级	降低维护成本,延长设备使用寿命
人机交互界面	配备高清触摸屏,支持多语言操作界面,操作简单直观	降低操作难度,提高生产效率

任务六　智能成包技术

工作任务单

序号	任务名称	任务目标
1	认识新型智能成包机各组成部分及其作用	了解新型智能成包机的各部件名称、工艺流程,形成总体印象
2	掌握新型智能成包机的工作原理	通过观察新型智能成包机各阶段的作用,掌握新型智能成包机工作原理
3	成包机的选型建议	掌握成包机的选型方法

知识准备

　　成包是将加工完成的筒子纱或绞纱进行称重、包装,并最终入库或发往客户。成包工序确保纱线在运输和存储过程中保持完好。

一、智能成包机的组成部分

　　智能成包机的组成部分见表8-6-1。

表 8-6-1　智能成包机的组成部分

组成部分	功能描述
喂料系统	将纱线或纤维均匀送入打包区域,确保材料分布均匀
压缩系统	通过机械或液压装置对材料进行压缩,减少体积,提高包装密度
成型系统	将压缩后的材料塑造成固定形状(如长方体、圆柱体等)
捆扎系统	使用捆扎带或绳索对成型后的包进行固定,确保包体稳固
控制系统	采用PLC或微处理器控制,实现自动化操作,包括参数设置、运行监控和故障诊断
输送系统	将打包完成的产品输送至指定位置,便于后续存储或运输
安全装置	包括紧急停止按钮、防护罩等,确保操作安全

二、智能成包机的工作原理

1. 喂料阶段

纱线或纤维通过喂料系统均匀送入打包区域。

喂料系统可根据材料特性调整喂料速度和量,确保材料分布均匀。

2. 压缩阶段

压缩系统通过机械压力或液压装置对材料进行压缩。

压缩过程中,材料体积显著减小,密度增加,便于后续成型和运输。

3. 成型阶段

压缩后的材料进入成型系统,被塑造成固定形状(如长方体、圆柱体等)。

成型系统通过模具或机械装置确保包体形状一致。

4. 捆扎阶段

成型后的包体进入捆扎系统,使用捆扎带或绳索进行固定。

捆扎系统可根据包体大小和重量调整捆扎力度,确保包体稳固。

5. 输送阶段

打包完成的产品通过输送系统送至指定位置。

输送系统可与其他自动化设备(如堆垛机、传送带)连接,实现连续生产。

6. 控制与监控

控制系统实时监控设备运行状态,自动调节参数(如压缩力度、捆扎速度等)。

操作人员可通过人机交互界面设置参数、查看运行数据和诊断故障。

三、成包机的选型建议

成包机的常见机器型号见表8-6-2。各型号成包机的技术参数对比见表8-6-3。

(1)生产规模。小规模生产可选择 BP-200 或 SP-400,大规模生产可选择 AP-1000 或 LP-800。

(2)材料特性。高密度材料(如化纤)可选择 HP-500 或 LP-800,低密度材料(如农业秸秆)可选择 BP-200 或 MP-300。

(3)自动化需求。全自动化生产可选择 AP-1000 或 XP-1200,半自动化生产可选择 HP-500 或 MP-300。

(4)节能环保要求。节能环保型生产可选择 EP-1500。

表 8-6-2　成包机的常见机器型号

型号	特点	适用领域
BP-200	小型半自动成包机,适用于小规模生产,操作简单,价格经济	小型纺织厂、农业秸秆打包
HP-500	中型液压成包机,压缩力强,打包密度高,适用于中等规模生产	化纤、废纸、废塑料打包
AP-1000	全自动成包机,配备智能控制系统,支持连续生产,效率高	大规模纺织、化纤生产
EP-1500	高效节能型成包机,采用节能驱动技术,能耗低,环保性能好	环保废料处理、可再生资源打包
MP-300	多功能成包机,支持多种材料打包,适用于多行业需求	农业、纺织、废料处理等多领域
LP-800	大型液压成包机,压缩力大,适用于高密度打包需求	大型纺织厂、化纤厂、废料处理中心
SP-400	便携式成包机,体积小,移动方便,适用于临时或户外作业	农业秸秆打包、临时废料处理
XP-1200	高端智能成包机,配备远程监控和故障诊断功能,适用于高精度打包需求	高端纺织、化纤生产,实验室研究

表 8-6-3 各型号成包机的技术参数对比

型号	压缩力 （t）	打包密度 （kg/m³）	功率 （kW）	自动化程度	适用材料
BP-200	2~5	150~200	3~5	半自动	纱线、农业秸秆
HP-500	10~20	300~400	7.5~10	半自动	化纤、废纸、废塑料
AP-1000	20~30	400~500	15~20	全自动	纺织、化纤
EP-1500	15~25	350~450	10~15	全自动	环保废料、可再生资源
MP-300	5~10	200~300	5~7.5	半自动	农业、纺织、废料
LP-800	30~50	500~600	20~30	全自动	大型纺织、化纤、废料处理
SP-400	2~4	100~150	2~3	手动/半自动	农业秸秆、临时废料
XP-1200	25~40	450~550	18~25	全自动	高端纺织、化纤、实验室

技能训练

一、目标

(1)观察络筒、并纱、捻线、摇纱、成包等工序的工艺流程和各装置的外形结构。

(2)操作包括络筒、并纱、捻线、摇纱、成包等关键工序,学会开关车、中途落纱、紧急情况关车等操作。

二、器材或设备

Autoconer338 型自动络筒机、BS-800A 型智能并纱机、VTS 倍捻机、ProWind-800 智能摇纱机以及 AP-1000 型自动成包机等。

三、步骤

(1)开关车、落纱。

(2)自动络筒机、智能并纱机、倍捻机、智能摇纱机、自动成包机试车练习。

(3)自动络筒机、智能并纱机、倍捻机、智能摇纱机运转操作练习。

四、考核标准

考核标准表

考核项目	评分标准	配分	扣分	得分
认识后加工工序的关键设备	1. 说出自动络筒机、智能并纱机、倍捻机、智能摇纱机、自动成包机的工艺流程 2. 指出各部件的位置,说出各部件作用	30		
开关车、试纺	1. 操作空车运转的开关车顺序,全机开车后的进行检查 2. 试纺,说出开关车注意事项	20		
中途停车练习	1. 中途停车操作 2. 恢复开车操作考核	20		
中途落纱练习	1. 中途落纱操作 2. 中途落纱操作注意事项	20		
紧急情况关车练习	1. 紧急情况关车操作 2. 紧急情况关车操作注意事项	10		
合计		100		

课后习题

项目九　智能精梳技术

任务导入

（1）了解精梳工序的任务和目的，精梳工序的生产工艺流程。

（2）了解预并条机、条卷机、并卷机、条并卷联合机的任务、工作流程和主要精梳准备工序的机器技术特征参数。

（3）了解精梳机的任务、工作流程和主要精梳机的技术特征参数。

技能目标

（1）学会预并条机、条卷机、并卷机、条并卷联合机的生产技术。

（2）学会精梳机的生产技术，不同生产工艺流程能够进行工艺参数调整。

（3）学会操作预并条机、条卷机、并卷机、条并卷联合机、精梳机的上机操作和试纺。

任务一　精梳工序概述

工作任务单

序号	任务名称	任务目标
1	精梳工序的任务	掌握精梳工序的任务－排除短纤维、清除杂质与疵点、纤维伸直与分离、均匀混和与成条，形成总体印象
2	智能精梳机分类	掌握不同分类方法精梳机的具体型号
3	智能精梳工艺流程	掌握精梳工序的偶数原则；条卷工艺、并卷工艺、条并卷工艺的具体工艺流程

知识准备

精梳工序是纺纱生产中的重要环节，位于梳棉工序之后并条工序之前，其主要功能是进一步去除纤维中的短绒、棉结和杂质，提高纤维的平行伸直度，改善纱线的质量和均匀度。精梳工序通过其特有的周期性梳理运动，能够有效排除 15%～25% 的短纤维，提高纤维长度整齐度，同时去除 90% 以上的棉结和杂质，为后续纺制高品质纱线奠定基础。

精梳系统与普梳系统相比，生产的纱线条干更均匀、强力更高、毛羽更少，尤其适合生产高档纺织品所需的优质纱线。精梳纱广泛应用于高档衬衫、床上用品、高档针织品等领域，其产品具有布面光洁、手感柔软、耐穿耐用等特点。

一、精梳的任务

(1)排除短纤维。去除条子中不符合纺纱要求的短纤维,提高纤维整齐度。

(2)清除杂质与疵点。较为彻底地清除条子中的杂质、棉结、毛粒等。

(3)纤维伸直与分离。使纤维进一步伸直、平行和分离,提升纱线质量。

(4)均匀混和与成条。通过合并作用,使原料均匀混和,制成符合要求的精梳条。

二、智能精梳机分类

智能精梳机根据不同的技术特性和应用需求进行多维度分类。从控制系统的发展水平来看,可以分为基础自动化型、数字化型和智能联网型。基础自动化精梳机主要实现单机自动化功能,如自动换卷和清洁,采用 PLC 程序控制,代表机型有立达 E66 升级版。数字化精梳机进一步配备数字显示屏和参数设定功能,实现运行数据记录,典型机型有青泽 360。智能联网精梳机则具备工业物联网接入能力,支持远程监控和数据分析,代表机型有立达 E90。

从加工原料的适应性角度,智能精梳机可分为棉纺型、毛纺型和特种纤维型。棉纺智能精梳机工作幅宽通常在 300~500mm,钳次达 350~600 次/min,并配备棉结检测系统,如立达 E86 机型。毛纺智能精梳机幅宽较小,钳次较低,但配备毛纤维长度分析模块,适合加工羊毛等原料。特种纤维型针对麻、再生纤维素等特殊纤维设计,配置柔性梳理元件和静电消除系统。

按照工艺功能的创新程度,智能精梳机可分为自调节型、预测性维护型和质量闭环控制型。自调节型能够自动优化落棉率和工艺参数,预测性维护型通过振动监测实现设备健康管理,质量闭环控制型则集成了在线检测和自动调节功能。这些机型通过智能算法实现工艺参数的动态优化,显著提升生产效率和产品质量。

在设备结构方面,智能精梳机主要包括直型、圆型和模块化三种形式。直型精梳机根据摆动方式分为前摆式、后摆式和复合摆动式。圆型精梳机采用连续工作模式产量较高。模块化设计支持快速更换功能组件以适应不同生产需求。这些结构形式各具特点,能够满足多样化的生产场景要求。

能源效率也是智能精梳机分类的重要标准。高效节能型采用伺服驱动和能量回收技术,能耗降低 30%~40%。超低排放型则注重环保设计,控制微尘浓度和噪声水平。此外,前沿发展方向还包括人工智能视觉识别、数字孪生和 5G 远程操控等创新技术,这些新技术推动精梳设备向更智能、更高效的方向发展。当前主流机型的性能比较显示,智能化等级越高,能耗和适纺范围等指标表现越优异,如立达 E90 的智能化等级达 4.0,能耗仅为 0.18kW/(kg·h)。

三、智能精梳工艺流程

(一)偶数法则

在精梳加工的锡林梳理环节,纤维束被钳口握持时呈现不同的形态特征。其中前端呈前弯钩状的纤维更容易被锡林有效梳理伸直,而具有后弯钩形态的纤维由于前端无法到达分离罗拉钳口,往往被顶梳阻挡而成为落棉。这一机理表明,纤维以前弯钩形态进入精梳机有助于降低可纺纤维的损耗。实际检测数据显示,梳棉生条中后弯钩纤维占比接近 50%,前弯钩纤维约占 18%,其余为两端弯钩及其他不规则形态纤维,完全平直的纤维仅占 10% 左右。虽然后续工序的牵伸装置具备一定伸直功能,但纤维弯钩现象仍会持续存在。值得注意的是,每经过一道加工工序,纤维弯钩方向就会发生一次反转。因此,在梳棉与精梳工序之间采用偶数道次(2 道设备)的工艺配置,能够确保进入精梳机的纤维主要呈现前弯钩状态,从而提升精梳棉条品质并降低落棉率,这一工艺配置原则被称为"偶数法则",被业界广泛认可,如图 9-1-1 所示。

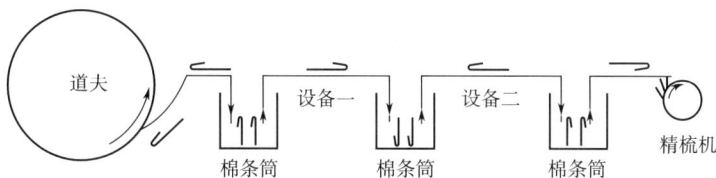

图 9-1-1 偶数法则

(二)精梳准备工艺流程

现在国内常用的精梳准备工艺有(以第二道设备为名):预并条工艺条卷工艺、并卷工艺、条并卷工艺。这三种工艺流程各有其特点。

1. 条卷工艺

预并条机→条卷机。牵伸由大到小,所用的机台结构简单,占地面积小,是国产 A201 系列精梳机配套使用的工艺流程。其特点是牵伸倍数逐步递减(6~12 倍),设备结构简洁且占用空间小,但存在纤维排列整齐度不足、小卷横向均匀性欠佳等问题,导致精梳落棉率偏高,目前正逐步被更先进的工艺取代。

2. 并卷工艺

条卷机→并卷机。牵伸由小到大,牵伸倍数呈递增趋势(6~12 倍),所制备的小卷结构规整、层次分明,具有优良的纵横向均匀性,特别适合高档精梳产品的生产需求。

3. 条并卷工艺

预并条机 ,条并卷联合机。总牵伸倍数可达 7~14 倍,制成的小卷由于并合条子数量多,成卷均匀性和纤维伸直度显著提升,不仅降低了精梳机的梳理负荷,还能有效减少可纺纤维损失,其生产效率可达每分钟 100 米以上,是当前最先进的精梳前处理技术之一,广泛应用于现代精梳生产系统,国内现代精梳生产多采用此流程。可用于生产较高档、高档的精梳纱。但因并卷数少,并合均匀度不如并卷工艺,所以不宜用于双精梳工艺,且这种流程的系统占地面积较大。

任务二　精梳前准备工序

工作任务单

序号	任务名称	任务目标
1	掌握预并条工序的任务及典型设备技术参数	掌握预并条工序的三大核心任务、特吕茨施勒 TD8、立达 RSB-D50、丰田 DX9 等典型预并条机设备技术参数
2	掌握条卷工序的任务、工作流程及典型设备技术参数	掌握条卷工序的并合、牵伸、成卷任务，工艺流程及青岛环球 FA386、经纬纺机 FA334 典型条卷设备技术参数
3	掌握并卷工序的任务、工作流程及典型设备技术参数	掌握并卷工序的并合、成卷任务、工艺流程及 BS368（国产）、FA334（国产）、Rieter E35（立达）、HSR-1000（丰田）典型并卷设备技术参数
4	掌握条并卷工序的任务、工作流程及典型设备技术参数	掌握条并卷工序的并合、牵伸、成卷任务、工艺流程及立达 E35、特吕茨施尔 TC15、马佐里 UN ILap、丰田 VOLARO 典型条并卷设备技术参数

知识准备

一、预并条工序

1. 工序定位与功能解析

精梳预并条是连接梳棉与精梳的关键工序，主要承担三大核心功能。

（1）结构改善。通过 6~8 根生条并合，将纤维平行伸直度从梳棉条的 65% 提升至 75%~80%。

（2）均匀控制。将生条不匀率（4.5%~5.0%）降低至 3.0%~3.5% 范围。

（3）定量调整。为精梳工序准备 18~22g/5m 的适宜喂入定量。

2. 现代预并条设备技术特征

不同型号预并条机技术对比见表 9-2-1。

表 9-2-1　不同型号预并条机技术对比

型号	特吕茨施勒 TD8	立达 RSB-D50	丰田 DX9
出条速度（m/min）	800	850	780
适纺支数（英支）	10~80	12~100	15~60
牵伸系统	4 上 3 下	4 上 4 下	3 上 3 下
自调匀整	USC+系统	SLIVERprofessional	EFS 系统
功率消耗（kW）	7.2	6.8	7.5

三种机型典型技术特征如下。

立达 RSB-D50 采用高精度牵伸系统,4 上 4 下双区牵伸,罗拉表面镀硬铬(硬度 HV850-900);前罗拉直径为 45mm(±0.005mm 圆度)。

特吕茨施勒 TD8 配备智能控制系统,USC+匀整系统,检测精度在+0.1%定量范围变化,调节响应时间为≤0.15s。

丰田 DX9 采用节能设计,永磁同步电动机能耗比传统机型降低 18%~22%,噪声控制≤72dB(A)。

二、条卷工序

1. 工作任务

条卷工艺是将多根梳棉条(生条)经过并合、牵伸、成卷等步骤,制成均匀的条卷(又称"小卷"),为后续精梳工序提供准备的半成品。

(1)并合。将 20~30 根梳棉条平行排列,合并成一片纤维层,通过并合减少条子的粗细不匀。

(2)牵伸。对并合后的纤维层施加牵伸(牵伸倍数通常为 1.5~2.5 倍),进一步拉直纤维,提高均匀性。

(3)成卷。将牵伸后的纤维层通过紧压罗拉卷绕成圆柱形条卷,卷绕密度需均匀,便于后续退绕。

2. 工艺流程

条卷机工艺流程示意图如图 9-2-1 所示,条卷工艺的核心目的是提高纤维的平行度、减少杂质,改善条干的均匀性。典型的条卷工艺包括以下步骤。

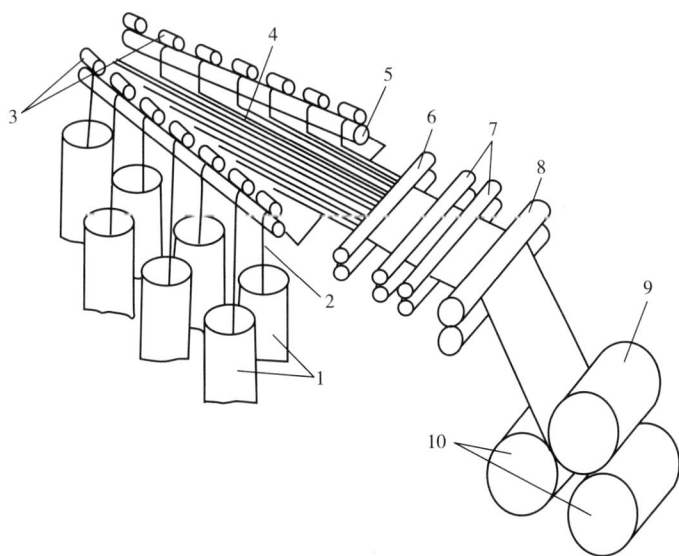

图 9-2-1 条卷机工艺流程示意图

1—条筒 2—棉条 3—压辊 4—V 形导条板 5—导条辊 6—导条罗拉

7—牵伸罗拉 8—紧压辊 9—条卷 10—棉卷罗拉

（1）喂入部分。

①棉条筒。通常同时喂入 20~28 根棉条（并合以提高均匀性）。

②导条罗拉。引导棉条进入牵伸区。

（2）牵伸部分。

①牵伸罗拉（3~4 对罗拉）。施加 1.1~1.5 倍的轻微牵伸，使纤维初步伸直。

②压力棒或胶圈。控制浮游纤维，减少牵伸不匀。

（3）成卷部分。

①紧压罗拉。将棉层压实，提高卷绕密度。

②卷绕机构。将棉层卷绕成小卷（lap），宽度通常为 230~300mm，重量为 50~60g/m。

3. 现代条卷设备技术特征

不同型号条卷机技术对比见表 9-2-2。

表 9-2-2　不同型号条卷机技术对比

型号	类型	并合根数（根）	输出速度（m/min）	牵伸系统	核心技术	适用场景	备注
青岛环球 FA386	高效条卷机	20~28	100~140	三罗拉机械牵伸	气动加压成卷	中低支棉纱、普梳系统	性价比高，维护简单
经纬纺机 FA334	传统条卷机	16~24	80~120	机械式牵伸	手动张力调节	小批量、多品种生产	国产老机型，逐步淘汰

三、并卷工序

1. 工作任务

并卷工序是纺织生产中（尤其是精梳纺纱流程）的重要环节，其主要工作任务如下。

（1）并合。将多根条子（通常为 6~8 根）平行叠合，通过牵伸机构合并成一根较均匀的条子，减少粗细不匀。

（2）成卷。将合并后的条子卷绕成结构紧密、边缘整齐的棉卷（称为"小卷"），供后续精梳机使用。

2. 工作流程

并卷工序的工作流程主要包括并合、牵伸、成卷三个核心环节工艺流程示意图如图 9-2-2 所示，条卷机工作示意图其具体步骤如下。

（1）喂入阶段。

①输入材料。6~8 根精梳预并条（来自预并条机或条卷机）。

②退绕方式。条筒中的条子通过导条架平行排列，均匀喂入牵伸机构。

（2）并合与牵伸。

①并合。多根条子在牵伸区叠合，通过罗拉牵伸系统（通常为 3~4 对罗拉）合并为一根。

②牵伸。牵伸倍数根据输入输出定量调整（一般为 1.5~2.5 倍）。

消除条子内纤维的弯钩,提高纤维平行伸直度。控制纤维运动,减少条干不匀(如采用压力棒或曲线牵伸)。

(3)成卷阶段。

①集束导向。牵伸后的条子经喇叭口聚拢,进入成卷机构。

②卷绕成形。条子通过紧压罗拉压实,卷绕到筒管上形成小卷(宽度通常为230～300mm)。

③卷装要求。密度均匀、边缘整齐、无粘连(通过气动加压或机械加压控制)。

④自动落卷。满卷后自动切断条子,卸下小卷并换空管(现代设备配备自动搬运系统)。

(4)输出与衔接。

①输出产品。制成的小卷直接输送至精梳机(如 JSFA288 型精梳机),供精梳分梳使用。

②质量控制点。棉卷定量(g/m)检测。检查卷装硬度、毛边及分层情况。

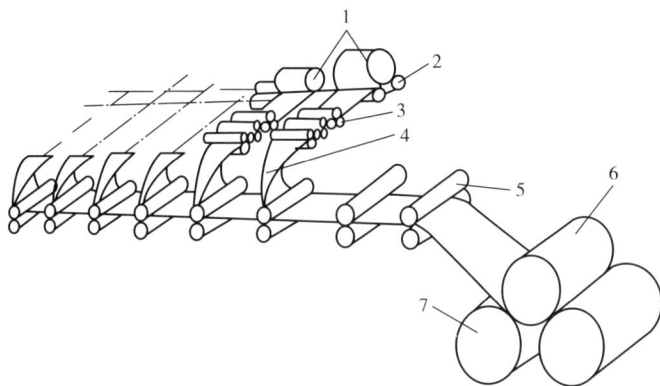

图 9-2-2　并卷机工艺流程示意图

1—小卷　2—棉卷罗拉　3—牵伸罗拉　4—曲面导板　5—紧压罗拉　6—棉卷　7—棉卷罗拉

3. 现代并卷设备技术特征

不同型号并卷机技术特征对比表见表9-2-3。

表 9-2-3　不同型号并卷机技术特征对比表

技术参数	BS368(国产)	FA334(国产)	Rieter E35(立达)	HSR-1000(丰田)
喂入根数(根)	6～8	8	8	6～8
输出速度(m/min)	80～150	100～180	150～250	130～220
牵伸系统	3～5 罗拉,机械加压	4 罗拉,气动加压	5 罗拉,伺服控制	4 罗拉,液压加压
牵伸倍数(倍)	3～12	5～15	8～20	6～16
卷装尺寸(mm)	$\Phi(300\sim400)\times(250\sim300)$	$\Phi(350\sim450)\times300$	$\Phi450\times320$	$\Phi400\times350$
自调匀整	可选机械/电子	电子式	闭环电子匀整	动态匀整系统
自动化功能	断条自停、满筒自停	自动换筒、在线监测	智能联网、远程诊断	自动清洁、能耗优化
控制方式	PLC+触摸屏	PLC+触摸屏	Rieter SPIDERweb	丰田 T-TEC 系统
功率(kW)	5.5～7.5	7.5～10	15～20	12～18
主要优势	性价比高,维护简单	高速稳定,适应性强	智能化、高产量	节能、低噪声

四、条并卷工序

1. 工作任务

①棉条并合。将 24~32 根棉条平行排列喂入,通过多根并合降低重量不匀率,提高纤维分布的均匀性。

②牵伸与纤维伸直。对并合后的棉层进行牵伸(总牵伸倍数通常为 1.5~2.5),拉薄棉层并消除纤维弯钩。

③棉层成卷。将牵伸后的棉层紧密卷绕成小卷(定量为 50~70g/m,直径为 450~550mm)。

2. 工作流程

条并卷联合机是将条卷和并卷功能合二为一,如图 9-2-3 所示,其工艺流程如下。

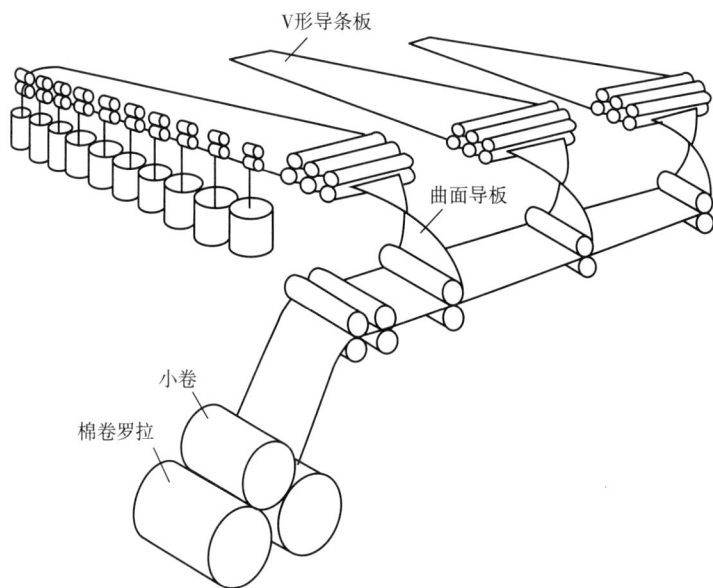

图 9-2-3 条并卷联合机工艺流程示意图

(1)喂入阶段。

①输入材料。20~32 根精梳生条(来自梳棉或预并条工序)。

②退绕方式。条筒中的生条通过 V 形导条板或自动换筒装置平行排列。

采用光电检测控制条子张力,防止意外断裂或重叠。

(2)牵伸与并合。

①预牵伸区。生条先经过预牵伸装置(牵伸倍数为 1.5~2),初步拉细条子。

②主牵伸区。多根条子(如 24 根)通过三罗拉或四罗拉牵伸系统(总牵伸倍数为 5~8 倍)合并为 1 根。

(3)成卷阶段。牵伸后的棉层在棉卷罗拉的带动下卷绕到筒管上,形成精梳小卷(宽度通常为 270~300mm)。

3. 条并卷联合机技术特征

不同型号条并卷联合机技术特征对比表见表9-2-4。

表 9-2-4 不同型号条并卷联合机技术特征对比表

品牌/型号	并合根数(根)	输出速度(m/min)	牵伸系统	核心技术
立达 E35	24~32	130~180	伺服电子牵伸	ECOrized 节能驱动
特吕茨施尔 TC15	28~36	150~200	TCO 精密卷绕	在线质量监测(TCO 系统)
马佐里 UNILap	24~30	120~160	四罗拉电子牵伸	AutoDoff 自动落卷
丰田 VOLARO	26~34	140~190	闭环伺服牵伸	智能匀整系统

任务三　精梳工序

工作任务单

序号	任务名称	任务目标
1	精梳工序的工艺流程	掌握 FA269 型精梳机的工艺流程
2	棉型精梳机的机构与作用	掌握精梳机的喂入机构、钳持机构、梳理机构、分离接合机构、输出机构、落棉排除机构
3	精梳机的一个工作循环的四个阶段	掌握精梳机的一个工作循环的四个阶段工作原理
4	典型精梳设备技术参数	掌握典型精梳机的技术参数对比

知识准备

一、精梳机的工艺流程

FA269 型精梳机的工艺流程如图 9-3-1 所示。小卷放置在承卷罗拉上,随着承卷罗拉的回转而退绕棉层,经导卷板引导进入给棉罗拉与给棉板形成的钳口。给棉罗拉做周期性间歇回转,每次喂入一定长度的棉层(给棉长度)。钳板做前后往复摆动,当钳板向后摆动至一定位置时,钳口闭合,牢固握持棉层,使钳口外的棉层呈悬垂须丛状。

此时,锡林的梳针恰好运动至钳口下方,针齿逐步刺入须丛进行梳理,清除其中的短纤维、杂质和疵点。梳理完成后,锡林继续旋转,针面上的短绒和杂质被高速旋转的圆毛刷刷下,经风斗吸附在尘笼表面,最终由风机吸入尘室。

锡林梳理结束后,钳板开始前摆,同时钳口逐渐开启,梳理后的须丛因弹性恢复而向前挺直(须丛抬头)。与此同时,分离罗拉先倒转,将前一周期的棉网退回一定长度,再顺转。当钳口外的须丛头端到达分离钳口时,与退回的棉网叠合,由分离罗拉输出。在张力牵伸作用下,棉层保持挺直状态,顶梳插入棉层,被分离钳口抽出的纤维尾端从顶梳针隙间通过,尾端附着的短纤维和杂质被阻隔在顶梳后方,待下一周期锡林梳理时去除。

当钳板运动至最前位置时,分离接合过程基本完成。随后,钳板开始后退,钳口逐渐闭合,准备进入下一工作循环。分离罗拉输出的棉网经过松弛区后,由输出罗拉牵引,经喇叭口聚拢成棉条,再经导向压辊输送至输棉台。各眼输出的棉条经导条钉转向后,进入曲线牵伸装置进行牵伸,最后由输送带托持,经检测压辊后圈放入条筒中,完成整个精梳过程。

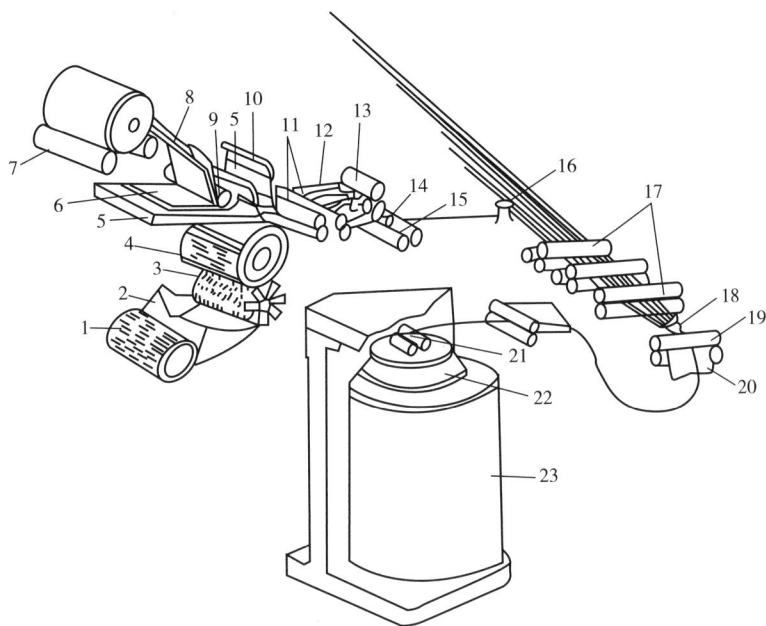

图 9-3-1　FA269 型精梳机工艺流程示意图

1—尘笼　2—风斗　3—毛刷　4—锡林　5—上、下钳板　6—给棉板　7—成卷罗拉　8—导卷板　9—给棉罗拉
10—顶梳　11—分离罗拉　12—导棉板　13—输出罗拉　14—喇叭口　15—导向压辊　16—导条钉　17—牵伸装置
18—集束喇叭　19—输送带压辊　20—输送带　21—圈条集束器及检测压辊　22—圈条斜管　23—条筒

二、棉型精梳机的机构与作用

1. 喂入机构

组成:承卷罗拉,导卷板,给棉罗拉。

作用:在每一个工作循环中喂给一定长度的棉层,供锡林梳理。

2. 钳持机构

组成:上钳板,下钳板。

作用:在锡林梳理须丛头端时,对纤维须丛进行均匀钳制,并将梳理过的须丛送向分离钳口,以实现新棉丛与旧棉网的结合。

3. 梳理机构

组成:锡林,顶梳。

锡林的作用:梳理包括须丛前端和中部在内的大部分长度,使纤维伸直、平行和进一步分离,排除须丛中的短绒、杂质、棉结和其他疵点。

顶梳的作用:梳理纤维的尾端,使纤维平行顺直,还能发挥纤维在分离过程中相互摩擦过滤作用,把短绒、棉结及杂质等阻留下来。

4. 分离接合机构

组成:分离罗拉,分离胶辊。

作用:在精梳机每一工作循环中,把锡林、顶梳梳理过的纤维从须丛中分离出来,并与前一工作循环形成的纤维网接合在一起,然后输出一定长度的棉网。

5. 输出机构

组成:车面输出机构,牵伸机构,圈条器。

作用:把分离罗拉输出的棉网聚拢成条、压紧、并合、牵伸,再制成定量正确、结构良好、条干均匀的精梳棉条,然后有规律地圈放在棉条筒内,以便后工序加工。

6. 落棉排除机构

组成:毛刷,道夫,短毛箱,尘杂箱。

作用:将精梳锡林上的纤维和杂质清除,以保持锡林针齿的清洁,并将其收集起来予以排除。

三、一个工作循环的四个阶段

1. 锡林梳理阶段

对纤维丛的前端进行精细梳理,去除短纤维、棉结和杂质,提高纤维的平行伸直度,如图9-3-2所示。

(1)钳板握持纤维丛。在梳理开始前,钳板(上、下钳唇)闭合,牢固握持纤维丛的尾端,形成悬垂的"须丛"。未被钳板握持的纤维前端呈自由状态,等待锡林梳理。

(2)锡林针排梳理。锡林运动:锡林(精梳滚筒)高速旋转,其表面装有17~30排逐渐加密的针排(或锯齿)。先由粗梳区(粗针)初步开松纤维,再由精梳区(细密针)深入梳理。

顺向梳理:锡林针排的运动方向与纤维前端方向一致,减少纤维损伤。

渐进式梳理:针齿由稀到密,逐步提高梳理强度,确保纤维充分分离。

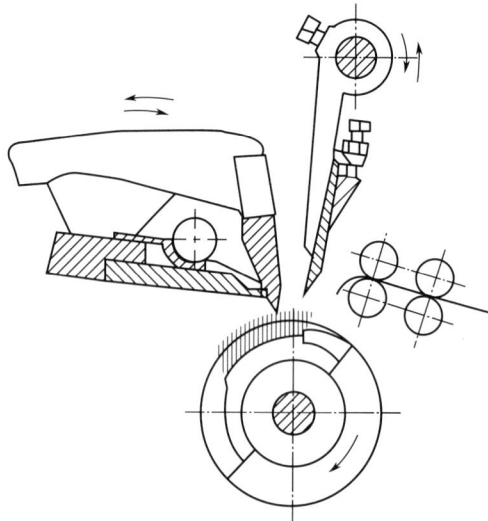

图9-3-2 锡林梳理阶段

(3)短纤维与杂质的排除。

落棉形成:未被钳板握持的短纤维(通常<16mm)被锡林针排带走,落入落棉箱。棉结、杂

质因无法通过针隙而被清除。

顶梳辅助梳理(部分机型):在分离阶段,顶梳插入须丛,拦截回流的短纤维,增强梳理效果。

2. 分离前的准备阶段

调整钳板、分离罗拉和顶梳的位置,确保已梳理纤维丛能顺利与上一周期的棉网搭接如图9-3-3所示。

(1)钳板逐渐松开并后退。钳板运动:在锡林梳理完成后,钳板由闭合状态逐渐松开,释放纤维丛。

钳板向后(向锡林方向)摆动,使纤维丛前端靠近分离罗拉。

工艺要求:钳板松开时机必须精确,过早松开导致纤维失控,过晚松开影响分离罗拉接合。

(2)分离罗拉的反转与准备。

分离罗拉运动:分离罗拉先短暂反转(倒转),将上一周期输出的棉网尾部退回一定长度,以便与新纤维丛搭接。

反转量(倒转长度)影响纤维丛的接合质量,通常为4~7mm。

(3)顶梳的插入准备。

顶梳的作用:在分离阶段开始时,顶梳下压,插入纤维丛中,防止短纤维和杂质随分离罗拉回流。

辅助分离纤维,确保只有符合长度要求的纤维被分离罗拉拉出。

插入时机:顶梳通常在钳板松开后、分离罗拉正转前插入,以确保纤维从钳口顺利过渡到分离罗拉。

(4)喂给罗拉的间歇运动。

喂给罗拉动作:在分离准备阶段,喂给罗拉暂停送棉,避免干扰分离过程。

待分离接合完成后,喂给罗拉再次启动,送入新一轮纤维丛。

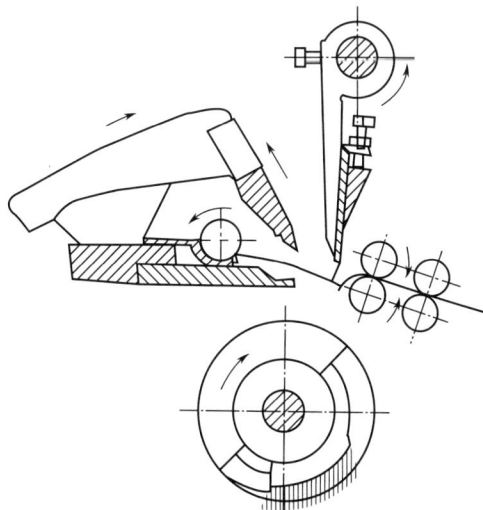

图9-3-3　分离前的准备阶段

3. 接合分离与顶梳梳理阶段

接合分离与顶梳梳理阶段如图9-3-4所示。

(1)接合分离阶段。

①分离罗拉运动。分离罗拉完成倒转后开始正转,将新梳理的纤维丛向前输出。新旧纤维丛以"头尾搭接"方式接合,搭接长度通常为4~7mm。分离罗拉线速度逐步加快,实现平滑过渡。

②纤维控制。钳板在分离开始时完全打开,分离罗拉与输出罗拉协同牵引纤维,纤维丛在张力作用下伸直排列,搭接长度为4~7mm,影响棉网均匀度。分离牵伸倍数为1.1~1.3倍,影响纤维伸直度。接合区压力为15~20N,以保证接合牢度。

(2)顶梳梳理阶段。顶梳在分离开始时下压,针排插入纤维丛深度为1~1.5mm。对纤维丛进行二次梳理,插入时机为分离罗拉正转初期,针密为26~30针/cm。时序配合为钳板开启→顶梳下压→分离罗拉正转。运动配合为顶梳与分离罗拉速度匹配,纤维丛张力保持稳定。

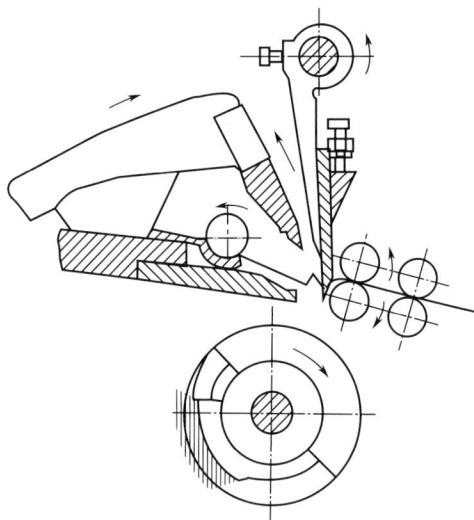

图9-3-4 接合分离与顶梳梳理阶段

4. 锡林梳理准备阶段

位于钳板闭合后、锡林梳理开始前的过渡期,锡林梳理准备阶段如图9-3-5所示。

(1)钳板定位与压力建立。上、下钳板完成闭合动作,钳唇压力逐步升至工作压力(通常为15~25N),纤维丛尾端被牢固握持,前端呈悬垂须丛状态。

(2)锡林相位调整。锡林旋转至起始梳理位置(一般距钳口为2~3mm),针排完成自清洁,处于待梳理状态,现代机型通过编码器控制定位精度(±0.1°)。

(3)纤维丛状态优化。喂给罗拉停止送棉,避免干扰,须丛在张力作用下自然伸直,检测系统扫描须丛厚度(如立达Ri-Q系统)。

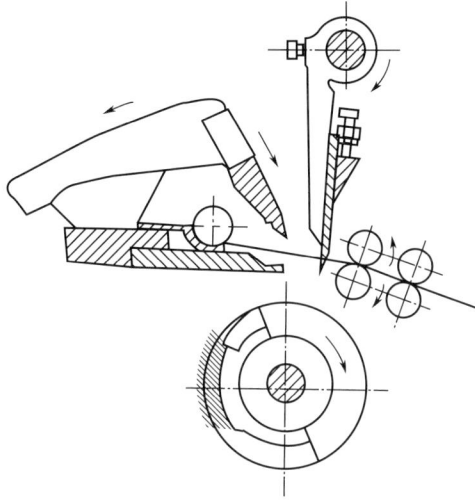

图 9-3-5　锡林梳理准备阶段

四、典型精梳机技术特征

国内外典型精梳机技术参数对比表见表 9-3-1。

表 9-3-1　国内外典型精梳机技术参数对比表

型号	E86 （立达瑞士）	JSFA588 （经纬纺机）	PX2 （特吕茨勒德国）	VCRO （丰田日本）
工作速度（钳次/min）	500	450	520	480
喂给方式	后退给棉	前进给棉	后退给棉	前进/后退可选
锡林类型	整体锯齿式	模块化针排式	自清洁锯齿式	高精度嵌入式针排
顶梳驱动	气动加压	机械弹簧加压	电子伺服加压	气电混合加压
最大产量（kg/h）	80	65	85	70
落棉率范围（%）	12~25	10~22	15~30	8~20
分离罗拉控制	电子凸轮	机械凸轮	多轴伺服	电子曲线优化
特色技术	Ri-Q 质量监测系统	智能匀整装置	TCO 自动优化系统	VOS 视觉检测

技能训练

本任务的技能训练以 JC28tex 纱为例。

一、目标

(1)设计精梳工序的工艺流程,写出精梳准备工序及精梳机的机器型号。

(2)根据设计工艺计算相关精梳工序工艺。

(3)工艺上机。

二、器材或装置

JWF1213 型梳棉机,各类专业工具。

三、步骤

(1)根据所纺品种进行工艺设计。

(2)工艺计算,完成工艺单。

(3)FA269 型精梳机工艺上机。

四、考核标准

考核标准表

考核项目	评分标准	配分	扣分	得分
工艺设计	1. 设计合理 2. 分析设计原则	30		
工艺计算	数据正确而且合理	20		
工艺上机	1. 隔距校正准确规范 2. 智能显示屏上机规范	50		
总分		100		

课后习题

项目十　新型智能纺纱技术

任务导入

（1）了解色纺纱智能生产的关键技术，机器视觉技术在色纺纱生产中主要用于颜色识别和质量检测，人工智能算法在色纺纱智能生产中的应用主要体现在工艺优化和预测维护方面。

（2）了解色纺纱智能生产系统的架构与功能。

（3）了解色纺纱智能生产工艺的实际应用与效果分析，掌握精确的配色控制和在线质量检测。

（4）了解转杯纺的任务，掌握转杯纺的生产原理，掌握转杯纺智能生产的传感器技术、机器视觉技术、人工智能算法等关键技术。

（5）了解转杯纺智能生产系统的架构与功能。

（6）了解转杯纺纱机工艺设计原则，典型转杯纺纱机的主要工艺参数设计原则。

技能目标

（1）学会色纺纱智能生产的配色关键技术。

（2）学会操作色纺纱智能生产系统的数据采集层、网络传输层、数据处理层和应用服务层。

（3）学会通过智能生产工艺优化控制产品质量。

（4）学会 16tex 纯棉机织纱的转杯纺工艺计算。

任务一　色纺纱智能生产技术

工作任务单

序号	任务名称	任务目标
1	色纺纱智能生产的关键技术	掌握色纺纱智能生产的传感器技术、机器视觉技术、人工智能算法，形成总体印象
2	色纺纱智能生产系统的架构与功能	掌握色纺纱智能生产系统主要架构和工作原理
3	色纺纱智能生产工艺的实际应用与效果分析	掌握精确的配色控制和在线质量检测，改善色纺纱的颜色一致性和外观质量

知识准备

色纺纱的历史可以追溯到 20 世纪初,随着化学纤维的发展和染色技术的进步,色纺纱工艺逐渐成熟并得到广泛应用。如今,色纺纱在服装、家纺、装饰等多个领域都有重要应用,其市场前景广阔,尤其在高端纺织品和个性化定制产品方面表现出强劲的增长潜力。

随着纺织工业的快速发展,色纺纱作为一种重要的纺织原料,其生产工艺的智能化已成为行业发展的必然趋势。通过分析色纺纱生产流程中的关键环节,结合先进的传感器技术、机器视觉技术、自动化控制技术和人工智能算法,可以构建一套完整的色纺纱智能生产系统。

一、色纺纱生产工艺概述

色纺纱是一种在纺纱过程中直接使用有色纤维进行纺制的纱线,其生产工艺相较于传统白纱纺制具有独特的特点。色纺纱的生产流程主要包括原料准备、开松、梳理、并条、粗纱、细纱和络筒等环节。在原料准备阶段,需要根据产品要求选择合适的有色纤维,并进行精确的配色和混棉。开松和梳理工序则对纤维的分离和定向排列提出了更高要求,以确保纱线的均匀性和色彩一致性。

并条工序在色纺纱生产中尤为重要,直接影响纱线的条干均匀度和混色效果。粗纱和细纱工序需要精确控制纺纱张力、捻度和速度等参数,以保证纱线的强力和外观质量。最后,络筒工序对纱线的卷绕密度和成形有严格要求,以确保后续织造工序的顺利进行。

色纺纱生产中的关键环节包括配色、混棉、并条和细纱等工序。配色环节需要根据市场需求和流行趋势,精确调配不同颜色的纤维比例。混棉工序要求将不同颜色的纤维均匀混合,以达到预期的色彩效果。并条工序对纤维的平行伸直度和混合均匀度有严格要求。细纱工序需要精确控制纺纱参数,以确保纱线的强力和外观质量。这些关键环节的精确控制是保证色纺纱产品质量的核心所在。

二、色纺纱智能生产的关键技术

色纺纱智能生产的实现依赖于多项关键技术的综合应用。传感器技术在色纺纱生产中扮演着重要角色,通过各种类型的传感器实时监测生产过程中的温度、湿度、张力、速度等参数,为生产过程的精确控制提供数据支持。在并条工序中使用张力传感器监测纤维条的张力变化,可以及时调整工艺参数,保证纤维条的均匀度。

传感器技术中的机器视觉技术在色纺纱生产中主要用于颜色识别和质量检测。通过高分辨率摄像头和图像处理算法,可以实时监测纤维混合的均匀度和纱线的外观质量,及时发现并剔除不合格产品。自动化控制技术贯穿于整个生产过程,从原料的自动称重配比到纺纱设备的自动调节,以提高生产效率和产品一致性。

人工智能算法在色纺纱智能生产中的应用主要体现在工艺优化和预测维护方面。机器通过学习算法分析历史生产数据,可以优化工艺参数,提高产品质量;同时,利用深度学习算法对设备运行状态进行监测和预测,可以实现预防性维护,减少设备故障停机时间。这些关键技术的综合应用,为色纺纱生产的智能化和高效化提供了坚实的技术基础。

三、色纺纱智能生产系统的架构与功能

色纺纱智能生产系统的架构主要包括数据采集层、网络传输层、数据处理层和应用服务层。数据采集层通过各种传感器和检测设备实时收集生产过程中的各项数据;网络传输层负责将采集到的数据安全、快速地传输到数据处理中心;数据处理层对海量数据进行存储、清洗和分析;应用服务层则根据分析结果提供工艺优化、质量预测、设备维护等智能服务。

系统的主要功能模块包括生产监控、质量检测、工艺优化和设备维护等。生产监控模块实时显示各工序的运行状态和关键参数,为操作人员提供决策支持;质量检测模块利用机器视觉和人工智能技术,实现产品质量的在线检测和分级;工艺优化模块通过分析历史数据,自动调整工艺参数,提高生产效率和产品质量;设备维护模块则通过监测设备运行状态,预测可能发生的故障,实现预防性维护。

人机交互界面是智能生产系统的重要组成部分,为用户提供了直观、便捷的操作体验。通过图形化界面,操作人员可以实时监控生产状态、查看质量报告、调整工艺参数等。同时,系统还提供数据可视化功能,以图表形式展示生产趋势和质量变化,帮助管理人员更好地理解和分析生产情况。这种友好的人机交互设计大大降低系统使用的门槛,提高工作效率。

四、色纺纱智能生产工艺的实际应用与效果分析

在实际应用中,色纺纱智能生产工艺已在国内多家纺织企业得到成功实施,智能生产工艺对产品质量的提升尤为明显。通过精确的配色控制和在线质量检测,色纺纱的颜色一致性和外观质量可得到显著改善。同时,智能系统还能够根据实时监测数据自动调整工艺参数,有效减少人为因素对产品质量的影响。在能耗方面,智能生产系统通过优化设备运行参数和合理安排生产计划,显著降低了能源消耗,为企业的可持续发展做出了贡献。

总的来说,色纺纱智能生产工艺的研究和应用为纺织行业的转型升级提供了新的思路和方法。随着技术的不断进步和应用经验的积累,智能生产工艺必将在提高生产效率、提升产品质量、降低能源消耗等方面发挥更大作用,推动纺织行业向高质量、可持续的方向发展。

技能训练

一、目标

(1)学会色纺纱智能生产的传感器技术、机器视觉技术、人工智能算法。
(2)会操作精确的配色控制技术和在线质量检测技术。

二、器材或设备

纺纱设备以及不同颜色的纤维等。

三、步骤

(1)开关车、纤维配色。
(2)色纺纱生产试车练习。

四、考核标准

考核标准表

考核项目	评分标准	配分	扣分	得分
纤维配色	配色方法的准确型,检查配色色差	10		
开清棉开关车、试纺	试纺,说出开关车注意事项,观察棉卷质量	20		
梳棉开关车、试纺	试纺,说出开关车注意事项,观察棉卷质量	20		
并条开关车、试纺	试纺,说出开关车注意事项,观察棉条质量	20		
粗纱开关车、试纺	试纺,说出开关车注意事项,观察粗纱质量	10		
细纱开关车、试纺	试纺,说出开关车注意事项,观察细纱质量	20		
合计		100		

任务二 转杯纺纱智能生产技术

工作任务单

序号	任务名称	任务目标
1	转杯纺工序的任务与工作原理与智能生产关键技术	掌握转杯纺工序的任务,工作原理,传感器技术、机器视觉技术、人工智能算法在转杯纺生产中的应用,形成总体印象
2	转杯纺智能生产系统的架构与功能	掌握不同分类方法精梳机的具体型号
3	转杯纺的工艺设计	掌握转杯速度、分梳辊速度、捻系数参数的选择依据

知识准备

随着纺织工业的快速发展,转杯纺作为一种高效、节能的纺纱技术,其生产工艺的智能化已成为行业发展的必然趋势。本任务旨在探讨转杯纺智能生产工艺的关键技术、系统架构及其在实际生产中的应用效果。分析转杯纺生产流程中的关键环节,如何结合先进的传感器技术、机器视觉技术、自动化控制技术和人工智能算法,构建了一套完整的转杯纺智能生产系统。

一、转杯纺工序的任务

转杯纺是一种利用高速旋转的转杯将纤维分离并加捻成纱的纺纱技术。其生产流程主要包括原料准备、开松、梳理、转杯纺纱和络筒等环节。在原料准备阶段,需要根据产品要求选择合适的纤维,并进行精确的配比和混棉。开松和梳理工序则对纤维的分离和定向排列要求更高,以确保纱线的均匀性和强力。

二、转杯纺的工艺原理

转杯纺纱机是一种新型的自由端纺纱设备,其工作原理是通过高速回转的转杯及杯内的负压完成纤维的输送、凝聚、并合、加捻成纱的过程,如图10-2-1所示。具体来说,转杯纺纱机通过分梳辊将喂入的条子分梳成连续不断的单纤维,并随气流均匀地输入转杯。转杯的高速回转实现加捻,再由引纱卷绕机构将转杯中的纱引出并卷绕成纱筒。转杯纺纱机的加捻和卷绕是分开的,解决了高速和大卷装之间的矛盾。转杯纺纱机通过高速回转的转杯及杯内的负压完成纤维的输送、凝聚、并合、加捻成纱的过程。其工艺流程包括喂入、分梳、排杂、气流输送、纺纱杯加捻、隔离、假捻和引纱卷绕等步骤。转杯纺纱机的核心部件是纺纱器,主要包括喂入部分、分梳部分、排杂装置、气流与纤维输送、纺纱杯、隔离盘和假捻盘。转杯纺纱机分为自排风式和抽气式两种类型,各有优缺点,适用于不同的纺纱需求。

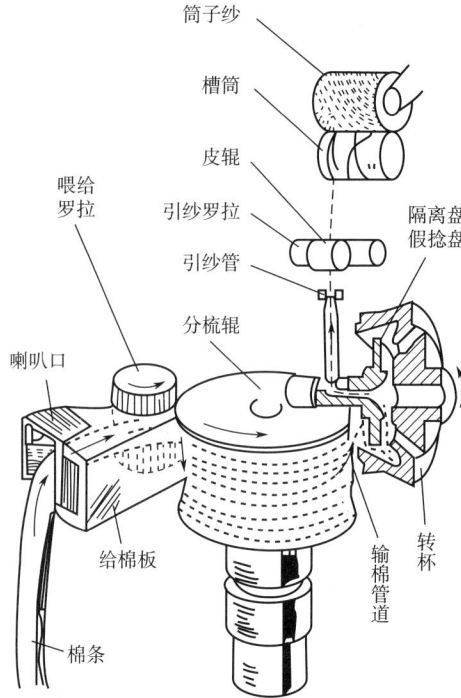

图 10-2-1　转杯纺工作原理

三、转杯纺智能生产的关键技术

转杯纺智能生产的实现依赖于多项关键技术的综合应用。传感器技术在转杯纺生产中扮演着重要角色,通过各种类型的传感器实时监测生产过程中的温度、湿度、张力、速度等参数,为生产过程的精确控制提供数据支持。在转杯纺纱工序中使用张力传感器监测纱线的张力变化,可以及时调整工艺参数,保证纱线的均匀度。

机器视觉技术在转杯纺生产中主要用于质量检测。通过高分辨率摄像头和图像处理算法,可以实时监测纱线的外观质量,及时发现并剔除不合格产品。自动化控制技术则贯穿于整个生产过程,从原料的自动称重配比到纺纱设备的自动调节,大大提高了生产效率和产品一致性。

智能转杯纺纱机的常见型号见表 10-2-1,各型号智能转杯纺纱机的技术参数对比见表 10-2-2。

表 10-2-1　智能转杯纺纱机的常见型号

型号	特点	适用领域
R40	高效节能型,转杯速度高达 150000r/min,适用于中细支纱线生产	棉纺、化纤纺纱
Autocoro 9	全自动化设计,配备智能接头系统和质量监控功能,生产效率高	高端纺织、大规模纱线生产
BT902	模块化设计,支持多种纱线类型,操作灵活,维护方便	中小型纺织厂、多品种纱线生产
TC11	高精度转杯纺纱机,转杯速度可达 140000r/min,纱线质量稳定	高支纱、特种纱线生产
SR80	经济实用型,转杯速度为 120000r/min,适用于中小规模生产	棉纺、混纺纱线生产
Autocoro 8	经典型号,性能稳定,支持多种纺纱工艺,市场认可度高	纺织、化纤行业

型号	特点	适用领域
F360	高速高效型,转杯速度为160000r/min,适用于大规模连续生产	大规模纺织、化纤生产
TCO21	智能控制系统,支持远程监控和故障诊断,适用于高精度纱线生产	高端纺织、实验室研究

表 10-2-2　各型号智能转杯纺纱机的技术参数对比

型号	转杯速度(r/min)	锭数	自动化程度	适用纱线类型	功率(kW)
R40	150000	120~240	半自动	棉纱、化纤纱	15~20
Autocoro 9	140000	240~360	全自动	棉纱、化纤纱、混纺纱	25~30
BT902	130000	80~160	半自动	棉纱、化纤纱、特种纱	10~15
TC11	140000	120~240	半自动	高支纱、特种纱	18~22
SR80	120000	60~120	半自动	棉纱、混纺纱	8~12
Autocoro 8	135000	200~300	全自动	棉纱、化纤纱	20~25
F360	160000	300~400	全自动	棉纱、化纤纱	30~35
TCO21	145000	120~240	全自动	高支纱、特种纱	22~28

四、Autocoro 9 型转杯纺纱机的主要工艺参数

1. 转杯速度

转杯速度范围:40000~150000r/min。

选择依据:转杯速度直接影响纱线的产量和质量。速度越高,产量越高,但过高的速度可能导致纱线强力下降、断头率增加。根据纱线品种、纤维长度、质量要求选择合适的转杯速度。纺制细特纱时,转杯速度应较高;纺制粗特纱时,转杯速度可适当降低。

2. 分梳辊速度

分梳辊速度范围:5000~10000r/min。

选择依据:分梳辊速度影响纤维的分梳效果和纱线的条干均匀度。速度过高可能导致纤维损伤,速度过低则影响纤维的分梳效果。根据原料品种、纱线质量要求选择分梳辊速度。纺棉纤维时,分梳辊速度一般为 6000~8000r/min;纺化纤时,速度可适当降低。

3. 捻系数

捻系数范围:350~450。

选择依据:捻系数是影响纱线强力和手感的重要参数。捻系数过大,纱线手感硬挺,强力增加;捻系数过小,纱线手感柔软,强力下降。根据纱线用途选择捻系数。例如,经纱的捻系数一般为 430±50,纬纱为 400±50,针织纱为 370±50。

4. 引纱速度

引纱速度范围:20~120m/min。

选择依据:引纱速度影响纱线的产量和质量。速度过高可能导致纱线强力下降,速度过低则影响生产效率。根据纱线品种、纤维长度、质量要求选择引纱速度。例如,纺制细特纱时,引

纱速度应较高;纺制粗特纱时,引纱速度可适当降低。

五、16tex 纯棉机织纱的工艺要求与计算

1. 16tex 纯棉机织纱的工艺要求

纱线用途:机织纱主要用于织造高档机织物,要求纱线强力高、条干均匀、毛羽少。

原料选择:纯棉纤维,纤维长度为 28~32mm,马克隆值为 3.5~4.5。

质量要求:单纱强力≥14cN/tex;条干均匀度 CV:≤12%;毛羽指数:H≤4.5

2. Autocoro 9 型转杯纺纱机的工艺参数选择

(1)转杯速度。16tex 纯棉机织纱属于细特纱,转杯速度应较高,以提高产量。过高的速度可能导致纱线强力下降,因此选择 80000r/min 作为平衡点。

(2)分梳辊速度。纯棉纤维分梳难度适中,选择 7500r/min 以确保纤维充分分梳且不损伤纤维。

(3)捻系数。机织纱要求强力较高,捻系数应较大。16tex 纯棉机织纱的捻系数选择 430,以确保纱线强力满足要求。

(4)引纱速度。16tex 纯棉机织纱的引纱速度选择 80m/min,以平衡产量和质量。

(5)转杯直径。16tex 纯棉机织纱属于细特纱,选择较小的转杯直径(40mm)以提高转杯速度。

3. 16tex 纯棉机织纱的工艺计算

16tex 纯棉机织纱的工艺单见表 10-2-3。

表 10-2-3　16tex 纯棉机织纱的工艺单

纱线线密度 (tex)	转杯速度 (r/min)	分梳辊速度 (r/min)	引纱速度 (m/min)	分梳辊直径 (mm)	转杯直径 (mm)	捻系数
16	80000	7500	80	80	40	430

(1)转杯速度的计算为:

$$n = \frac{V \times 1000}{\pi \times D} = \frac{80 \times 1000}{\pi \times 40} = 636.6(\text{r/min})$$

式中:n——转杯速度,r/min;

V——引纱速度,m/min;

D——转杯直径,mm。

(2)分梳辊速度的计算为:

$$n_s = \frac{V_s \times 1000}{\pi \times D_s} = \frac{600 \times 1000}{\pi \times 80} = 2387.3(\text{r/min})$$

式中:n_s——分梳辊速度,r/min;

V_s——分梳辊线速度,m/min;

D_s——分梳辊直径,mm。

（3）捻度的计算为：

$$T = \frac{\alpha_t}{\sqrt{Tt}} = \frac{430}{\sqrt{16}} = \frac{430}{4} = 107.5 (捻/10cm)$$

式中：T——捻度，捻/10cm；

α_t——捻系数；

Tt——纱线线密度，tex。

（4）引纱速度的计算为：

$$V = \frac{n \times \pi \times D}{1000} = \frac{8000 \times \pi \times 40}{1000} = 10.053 (m/min)$$

式中：V——引纱速度，m/min；

n——转杯速度，r/min；

D——转杯直径，mm。

技能训练

一、目标

(1)观察转杯纺纱机的工艺流程和各装置的外形结构。

(2)操作转杯纺纱机,学会开关车、中途落纱、紧急情况关车等操作。

二、器材或设备

Autocoro 9 型转杯纺纱机以及熟条、槽筒等。

三、步骤

(1)开关车、落纱。

(2)转杯纺纱机试车练习。

(3)转杯纺纱机运转操作练习。

四、考核标准

考核标准表

考核项目	评分标准	配分	扣分	得分
认识转杯纺	1. 说出转杯纺纱机的工艺流程 2. 指出各部件的位置,说出各部件作用	30		
开关车、试纺	1. 操作空车运转的开关车顺序,全机开车后的进行检查 2. 试纺,说出开关车注意事项。空车运转正常后,在机台头、中、尾各纺四锭	20		
中途停车练习	1. 中途停车操作 2. 恢复开车操作考核	20		
中途落纱练习	1. 中途落纱操作 2. 中途落纱操作注意事项	20		
紧急情况关车练习	1. 紧急情况关车操作 2. 紧急情况关车操作注意事项	10		
合计		100		

课后习题

参考文献

[1]侯长勇.纺纱器材专件的现状与展望[J].纺织器材,2018(8):1-5.

[2]倪远.环锭集聚纺纱技术的发展[J].纺织导报,2011(6):36-39.

[3]郑小虎,刘正好,陈峰,等.环锭纺纱全流程机器人自动化生产关键技术[J].棉纺织技术,2022(9):12-20.

[4]张苏道,薛文良.传统棉纺企业的智能化改造建议[J].棉纺织技术,2022(1):4-8.

[5]杨华明,齐泽京,梅顺齐.全流程数字化智能化纺纱装备的开发与实践[J].纺织科学研究,2021(6):38-40.

[6]万由顺,卫江,桂长明,等.全流程智能化纺纱技术创新点及应用效果[J].棉纺织技术,2020,48(1):28-33.

[7]倪远.棉纺混抓棉技术现状及全喓混抓棉技术的创新与突破[J].纺织器材,2024(1):57-64.

[8]缪定蜀.纺织器材专件创新助力纺纱质量升级[J].纺织器材,2023(5):60-66.

[9]李毅.创新发展智能驱动提升纺机专用基础件制造水平[J].纺织器材,2018,45(1):2-4.

[10]谢家祥.清梳关键器材应用分析与工艺平衡[J].纺织器材,2019(2):14-21.

[11]孟进.纺纱关键器材的发展与选用[J].现代纺织技术,2016(2):40-45.

[12]图尔贡江·乌热依木,李欣,帕尔旦.JWF1213型梳棉机隔距调整对成纱质量的影响分析[J].纺织器材,2024(9):39-42.

[13]周泉涛,李世平.提升梳理效果的针布选用实践[J].棉纺织技术,2023(1):51-54.

[14]陈利国.梳棉机弹性盖板针布设计的分析与思考[J].辽东学院学报(自然科学版),2021,28(1):1-5.

[15]盖佳.立达推出新一代并条机,树立行业新标杆[J].中国纺织,2023(11):56.

[16]袁春妹,黄伟.立达新型并条机再竖行业标杆[J].纺织机械,2019(2):70-71.

[17]陆建伟.智能化技术在机械纺织安全监控中的应用探索:以棉纺粗纱机监控系统为例[J].化纤与纺织技术,2024(12):94-96.

[18]曹玉胜,杨朝,薛梅,等.单锭检测与粗纱对锭系统相结合的细纱断头分析系统[J].上海纺织科技,2024,52(11):86-89.

[19]马叶壮,吕泽林,朱智伟.智能化纺纱物流输送系统设计与应用研究[J].中国机械,2024(9):33-36.

[20]周泉涛,李世平.环锭纺细纱单锭检测系统的应用与管理[J].纺织器材,2025(1):66-68.

［21］范航,许多,唐建东,等.后区压力棒表观特征对纤维成纱性能的影响［J］.棉纺织技术,2021,42(5):53-57.

［22］吉宜军,范正春,邹小祥.摇架压力分配对细纱质量和能耗的影响［J］.纺织器材,2019,46(2):31-39.

［23］张建明,赵婷婷.自动络筒机空气捻接质量评价及工艺调整［J］.棉纺织技术,2024,52(11):65-67.

［24］张斌,陶冲,金堃,等.嵌入式并纱机总控制器设计［J］.宁波大学学报(理工版),2016,29(1):47-52.

［25］范红勇,吴迪,田维维.捻线机纱线张力监测系统设计［J］.武汉理工大学学报,2024(5):157-160.

［26］刘世辉.捻线机纱线张力监测系统设计［J］.化纤与纺织技术,2025(3):136-138.

［27］荣慧,陈艳华,万震.数字化配色技术在色纺纱领域的应用［J］.纺织导报,2024,(6):64-67.

［28］史志陶.现代棉纺工程［M］.北京:化学工业出版社,2018.

［29］谢春萍,苏旭中,王建坤.纺纱工程:下册［M］.3版.北京:中国纺织出版社,2019.

［30］张曙光.现代棉纺技术［M］.3版.上海:东华大学出版社,2017.

———— 课后习题参考答案 ————